問題・予想・原理の数学 **1**

連接層の導来圏に関わる諸問題

加藤文元・野海正俊 編　　戸田幸伸 著

数学書房

編 者

加藤文元
東京工業大学

野海正俊
神戸大学

シリーズ刊行にあたって

　昨今，大学教養課程以上程度の専門的な数学をもわかりやすく解説する〈入門書〉が多く出版されるようになり，内容的にも充実してきたと思う．そのような中にあって，理論の概略や枠組みを提示するだけでなく，そもそもの動機は何であったのか，あるいはその理論の研究を推進している原動力は何なのか，といった観点から書かれた本のシリーズを作りたい．

　パッケージ化され製品化された無重力状態の理論を展開するだけでなく，そこに主体的に関わる研究者達の目線から，理論の魅力が情熱的に語られるようなもの．「小説を読むように」とまでは期待できないにしても，単なる〈入門書〉や〈教科書〉ではなく，その分野の中でどのような問題・予想が基本的なものとして取り組まれ，さらにはそれに取り組んできた，あるいは現在でも取り組んでいる研究者たちの仕事・アイデア・気持ち・そして息遣いまでもが伝わるような「物語性」を込めた内容を目指したい．

　このような思いからシリーズ『問題・予想・原理の数学』の刊行を計画し，気鋭の研究者たちに執筆を依頼した．このシリーズを通して，数学の深層にも血の通った領域をいくつも見出し，さらなる魅力的な高みを感じ取られんことを願う．

2015 年 11 月　　　　　　　　　　　　　　　　　　　　　　　編　者

目 次

第 1 章　序　1
- 1.1　代数幾何学と連接層の導来圏 1
- 1.2　圏論的ミラー対称性 2
- 1.3　様々な対称性 3
- 1.4　本書の構成について 6

第 2 章　代数多様体事始め　7
- 2.1　代数多様体の例 7
- 2.2　アフィン代数多様体 10
- 2.3　一般の代数多様体 14
- 2.4　代数幾何学の問題意識 16
- 2.5　代数曲面の分類理論 21
- 2.6　特異点付き代数多様体と特異点解消定理 26

第 3 章　スキーム上の層の理論　29
- 3.1　スキーム論へ 29
- 3.2　圏論に関する準備 31
- 3.3　層についての概説 34
- 3.4　スキームについての概説 36
- 3.5　代数多様体 (スキーム) 上の連接層 39
- 3.6　連接層の例や性質 43
- 3.7　層係数コホモロジー 47
- 3.8　Riemann-Roch の定理 51
- 3.9　モジュライ理論 54

第 4 章　代数多様体上の連接層の導来圏　61
- 4.1　圏と幾何学の関係 61
- 4.2　連接層の圏の非関手性 62
- 4.3　アーベル圏の導来圏 65

4.4	三角圏の定義	68
4.5	連接層の導来圏の間の関手	71
4.6	連接層の導来圏と幾何学の関係	74
4.7	フーリエ・向井パートナーや自己同値の例	78
4.8	セール関手	84
4.9	圏論的不変量	86
4.10	代数曲線, 代数曲面のフーリエ・向井パートナー	90

第 5 章　圏論的ミラー対称性予想　93

5.1	ミラー対称性とは何か？	93
5.2	$\mathcal{N}=2$ 超共型場理論の間のミラー対称性	95
5.3	カラビ・ヤウ多様体の間の物理的ミラー対称性	97
5.4	A 模型と B 模型	100
5.5	5 次超曲面のミラー対称性	103
5.6	Gromov-Witten 不変量と量子コホモロジー	107
5.7	圏論的ミラー対称性	114

第 6 章　連接層の導来圏と双有理幾何学　119

6.1	高次元極小モデル理論の歴史	119
6.2	双有理幾何学における用語	125
6.3	Bridgeland による 3 次元フロップ導来同値	130
6.4	t-構造	132
6.5	Bridgeland による偏屈連接層	135
6.6	定理 6.18 の証明のアイデア	138
6.7	導来圏の準直交分解	142
6.8	MMP と導来圏	146
6.9	特異点付き代数多様体の導来圏	150

第 7 章　連接層の導来圏と表現論, 非可換代数, 行列因子化　159

7.1	McKay 対応	159
7.2	導来 McKay 対応	161
7.3	定理 7.4 の証明のアイデア	164

7.4	傾斜ベクトル束	165
7.5	一般 McKay 対応	169
7.6	McKay 対応のさらなる一般化	171
7.7	次数付き行列因子化の圏	174
7.8	特異点の三角圏	178
7.9	Orlov の定理	180

第 8 章　三角圏の安定性条件　　183

8.1	代数曲線上の安定層	185
8.2	アーベル圏の安定性条件	186
8.3	三角圏の安定性条件	188
8.4	安定性条件の空間	192
8.5	安定性条件の空間への群作用	196
8.6	ミラー対称性との関係	198
8.7	局所 $(-1,-1)$-曲線上の安定性条件の空間	200
8.8	定理 8.23 の証明の方針	202
8.9	その他の例	206
8.10	極大体積極限の近傍の安定性条件	208
8.11	5 次超曲面の安定性条件に関する予想	213
8.12	Bogomolov-Gieseker 型不等式予想	215
8.13	予想 8.40 の根拠	220

第 9 章　**Donaldson-Thomas 不変量**　　225

9.1	安定層の変形理論	226
9.2	Donaldson-Thomas 不変量	229
9.3	Behrend 関数による構成	231
9.4	曲線を数える DT 不変量	233
9.5	GW/DT 対応	236
9.6	Pandharipande-Thomas 安定対	238
9.7	生成関数の積展開公式	241
9.8	不変量 $N_{n,\beta}$ の意味	243

- 9.9 不変量 $L_{n,\beta}$ の意味 244
- 9.10 定理 9.19 の証明の哲学 246
- 9.11 弱安定性条件の空間 253
- 9.12 弱安定性条件の壁越え：DT/PT 対応 255
- 9.13 弱安定性条件の壁越え：MNOP 有理性 257
- 9.14 DT 型不変量のフロップ公式 258
- 9.15 今後の DT 型不変量の研究の方向 259

関連図書　263

索　引　273

第 1 章
序

1.1 代数幾何学と連接層の導来圏

本書のタイトルにある「**連接層の導来圏**」という言葉は，代数幾何学を学んだことのない読者は聞いたことがないかもしれない．これは非常に抽象的な数学的対象物であるが，ここ 20 年位の間に連接層の導来圏に関わる様々な興味深い現象が見つかっている．本書の目的は，これらの興味深い現象を証明の細部には立ち入らずに解説し，さらにこれまで未解決だった問題や予想，今後進展させるべき方向性について筆者の独断と偏見を交えて述べることである．

連接層の導来圏は抽象的であるが，それを定義する代数多様体は具体的な数学的対象物である．代数多様体とは大雑把に言って，いくつかの多項式の零点集合として定義される幾何的図形のことである．円, 楕円, 放物線など, 中学や高校の数学でもお馴染みの図形も代数多様体の例を与えている．扱う対象は幾何的図形であるが, 多項式で定義されているという点に着目すると代数的な手法で研究することも可能である．たとえば放物線と直線の交点を求める際には 2 次方程式を解くわけであるが, これは代数的な手法によるものである．扱う対象が基本的であるため, 代数多様体を扱う幾何学 (代数幾何学) の歴史は古く, 1600 年代のデカルトによる平面曲線の研究にまで遡る．本書では, 代数幾何学を学んだことのない読者でもある程度読めるように第 2 章と第 3 章で代数幾何学の簡単な復習をする．これらの章は, 旧来からの代数幾何学の問題意識を再確認し, 連接層の導来圏に関する新しい問題意識と結びつける役割も担っている．

代数多様体 X が与えられると, その連接層の導来圏 $D^b \operatorname{Coh}(X)$ が定義される．これは 1960 年代に Grothendieck によって導入された概念で, 代数幾何の歴史の中では比較的新しい概念である．連接層の導来圏について一言で説明す

ることは難しいが,無理やり説明すると次のようになる: $D^b\mathrm{Coh}(X)$ は各対象が X 上の連接層 (あるいは代数的ベクトル束) の有界複体

$$\cdots \to \mathcal{F}^0 \to \mathcal{F}^1 \to \cdots \to \mathcal{F}^i \to \mathcal{F}^{i+1} \to \cdots \qquad (1.1)$$

からなる圏のホモトピー圏を擬同型と呼ばれる複体の射のクラスで局所化したものである.代数多様体の自然な定義と比較すると,上記の連接層の導来圏の定義はやや人工的な感がするであろう.導来圏の定義についての詳細な解説は第 4 章で述べられる.

1960 年代に連接層の導来圏が導入された動機は,代数多様体上の層係数コホモロジーの双対性理論を一般化することであった.これは純数学的な動機であり,しかもどちらかといえば技術的な要請によるものである.それゆえ,連接層の導来圏とはコホモロジー論を一般的に扱う際に必要となる技術的な道具であって,それを直接の幾何学的対象と捉える視点はなかった.現在では,そのような考え方は一変している.連接層の導来圏とは,空間の本質を実現する新たな幾何模型であると言っても過言ではない.有界複体 (1.1) 達のなす圏が空間とみなせるというのは,突拍子もないことを言っていると思うかもしれない.このような驚異的な考えが浸透する契機となったのは,次節で述べる圏論的ミラー対称性予想である.

1.2 圏論的ミラー対称性

数学界では 4 年に一度,国際数学者会議が開催される.1994 年はその国際数学者会議の年であり,スイスのチューリッヒで開催された.そこで Maxim Kontsevich [73] は「圏論的ミラー対称性予想」という予想を提唱した.これはカラビ・ヤウ多様体と呼ばれるある種の代数多様体 X の連接層の導来圏と,それとミラー対称の関係にあるシンプレクティック多様体 $X^\vee$ の導来深谷圏 $D^b\mathrm{Fuk}(X^\vee)$ の間の圏同値を予想したものである.つまり,次の関係式が成立すると予想した:

$$D^b\mathrm{Coh}(X) \cong D^b\mathrm{Fuk}(X^\vee). \qquad (1.2)$$

ここで，シンプレクティック多様体とは至る所非退化な 2 次形式を持つ多様体として定義される．これは解析力学を起源としているが，代数幾何学とは異なり代数的な手法による研究は不可能である．$D^b\mathrm{Fuk}(X^\vee)$ の定義は $D^b\mathrm{Coh}(X)$ よりはるかに難しいが，第 5 章で簡単な解説を与える．代数幾何学とシンプレクティック幾何学は，これまで独立した幾何学理論として発展してきたため，関係式 (1.2) は大変驚くべき数学的予想であった．

　圏論的ミラー対称性のアイデアは，物質の最小単位が 1 次元のひもとみなす**超弦理論**という物理理論に由来している．超弦理論では，D-ブレインと呼ばれる，ひもに張りつく膜のようなものが存在する．上記の圏論的ミラー対称性予想は，異なるタイプの D-ブレインの間の対称性を数学的に述べたものとなっている．(より正確には $D^b\mathrm{Coh}(X)$ は X 上の B 型の D-ブレインの圏であり，$D^b\mathrm{Fuk}(X^\vee)$ は A 型の D-ブレインの圏である．) ここで重要な点は，カラビ・ヤウ多様体 X やそのミラー多様体 $X^\vee$ が定める弦理論は，X, $X^\vee$ そのものと言うよりそれらが定める連接層の導来圏や導来深谷圏から定まる (と考えられる) という点にある．したがって，我々はこれらの圏があたかも空間であるかのように扱わなければいけない．これが，連接層の導来圏があらたな幾何モデルであると考える由縁である．

　とは言っても，連接層の導来圏を幾何的対象とする厳密な幾何理論が現時点で確立されているわけではない．これは飽くまでも哲学的な発想である．しかし，この信念に基づくと，これまで代数幾何学と関連するとは考えられていなかった数学分野と代数幾何学との興味深い関係が見えてくる．圏論的ミラー対称性はその 1 つであり，これは代数幾何学とシンプレクティック幾何学の間の関係を意味している．しかもそれだけではなく，この導来圏を幾何的対象と思う哲学は，古典的な代数幾何学の問題に新たな視野を提供することにもなるのである．

1.3　様々な対称性

　圏論的ミラー対称性予想が世に出現してから，連接層の導来圏は単なる無機的な技術的道具ではなく，代数多様体の幾何学と密接に関連する有機的な数学的対象であると認識されるようになった．その後，Bondal, Orlov, Van den Bergh,

Bridgeland, Thomas らを中心として, 代数幾何学と様々な他の数学分野との間の対称性が連接層の導来圏を通じて発見, 確立されることとなった. たとえば, 非可換環, 有限群の表現論との間の対称性 (McKay 対応), 行列因子化との対称性 (CY/LG 対応) 等が挙げられる. また, 古典的な代数幾何学の研究分野である双有理幾何学に新たな視点を与えたことも特筆すべきである. 双有理幾何学とは, 代数多様体を双有理同値類 (2 つの代数多様体は「ほとんど同じ」とみなせるときに双有理同値であると呼ぶ) で分類する伝統的な研究分野である. 実は, 双有理同値なカラビ・ヤウ多様体の連接層の導来圏は同値であると予想されている. これは, 連接層の導来圏を幾何的対象とみなす哲学が双有理幾何学においても自然なものであることを意味している.

上記のような新たに発見された対称性は, 2002 年に Bridgeland によって導入された安定性条件の概念を用いて統一的に解釈できると考えられるようになった. この安定性条件の概念も超弦理論に端を発するものである. その一方, 代数多様体上の曲線を数える Donaldson-Thomas 不変量や, Gromov-Witten 不変量の関係も調べられるようになった. このような曲線の数え上げは, 古典的な代数幾何学の問題意識とも繋がっている. このような不変量の生成関数が持つ対称性を, Bridgeland の安定性条件と導来圏が持つ対称性を用いて説明することが可能になった. これは筆者が 2008 年頃から取り組んでいる課題であり, 導来圏における「壁越え現象」がキーワードとなっている.

他にも導来圏に関する様々なトピックが存在するが, これまで述べたものを図 1.1 にまとめて記しておいた. 図 1.1 において矢印で示された対応関係は, ほぼ完全にその対応関係が数学的に示されたものもあるが, その多くが未だ部分的にしか解決していない. それらを完全に解決する (たとえば圏論的ミラー対称性予想を完全に解決する) というのはもちろん, 連接層の導来圏に関する重要な研究課題である. しかし, 連接層の導来圏の研究の最大の醍醐味は, 図 1.1 のような様々な数学分野が交錯する「地図」をさらに拡げて行き, 思いがけない発見をすることである. 筆者自身, 図 1.1 の地図を拡張することに成功し, その度に驚きと興奮を感じてきた. それらは新たな予想となり, 一部は古典的な代数幾何の問題と繋がり, また一部は更に他の数学分野へと繋がろうとしている.

図 1.1 を見るとわかるように, これらの発展の起点となったのは超弦理論に

触発された圏論的ミラー対称性予想である．しかし，そこから出発して新たな数学を創り上げたのは数学者である．超弦理論の文献にはアイデアが豊富に含まれているが，そこは厳密な定義や証明のない混沌とした世界である．これらが旧来の数学の枠組みに当てはまることで，見事な数学的調和美が実現され，それらが図 1.1 のイタリック体で示したように超弦理論にフィードバックするのである．これだけを見ると導来圏の研究は数理物理の研究と思われるかもしれない．しかし重要な点は，超弦理論に由来する新しい概念や問題意識であっても，それが導来圏と関わると旧来の代数幾何学の問題意識にも繋がることが多いと

図 1.1　連接層の導来圏と関わる数学の「地図」

いう点である．この点において，導来圏の研究は新旧双方の問題意識が入り混じった，大変魅力溢れる研究課題となっている．この魅力を伝えるのが，本書の最大の目的である．

1.4 本書の構成について

本書では，連接層の導来圏に関わる図 1.1 の対応関係をその動機を含めて解説し，今後解決すべき未解決問題について解説する．とくに，古典的な代数幾何学の元々の問題意識と，超弦理論に触発された新たな問題意識がどのように相互作用するかに重点を置く．ただし，**本書はこれらのトピックについての系統的な教科書，あるいは入門書ではない**．むしろ，筆者の視点からこれらのトピックの魅力を伝える読み物として捉えてもらいたい．そのため，非形式的な記述で解説している箇所が多々存在する．また，定理の詳細な証明等は文献を引用するに留め，その代わり多くの具体例や筆者の視点を取り入れたものになっている．

まず第 2 章では代数多様体とは何か，という基本的な事柄について解説する．また第 3 章では代数多様体を一般化したスキーム論について解説する．これらの章は代数幾何学の予備知識を補うためのものであるが，伝統的な代数幾何学の問題意識を確認するものにもなっている．第 4 章では連接層の導来圏を導入し，その基本的性質について解説する．第 5 章ではミラー対称性予想について解説し，連接層の導来圏がミラー対称性とどのように関わるか解説する．第 6 章では双有理幾何学について概観し，連接層の導来圏を用いた新たなアプローチと，それを実現するための障害について解説する．第 7 章では連接層の導来圏と有限群の表現論，非可換代数，行列因子化との関わりについて解説し，それらのさらなる一般化に向けた予想を述べる．第 8 章では，Bridgeland による安定性条件の理論について解説し，第 7 章までのトピックが安定性条件を用いて統一的に解釈できることを見る．そして，Bridgeland 安定性条件の理論をさらに発展させるために解決しなければいけない予想，とくに筆者が Bayer 氏，Macri 氏らと共同で提唱した Bogomolov-Gieseker 型不等式予想について解説する．第 9 章では，Donaldson-Thomas 不変量の理論と，筆者による導来圏の安定性条件を用いた応用について解説し，今後の方向性について議論する．

# 第 2 章
代数多様体事始め

　代数幾何学とは, 代数多様体と呼ばれる幾何的対象を研究する学問である. この章では本書で必要となる代数幾何学の基本的な用語や結果について, 非形式的に解説する. これらの基礎事項は, たとえば [50], [133], [134] で確認することができる. また, 古典的な代数幾何学の問題意識についても述べる. 現在では代数多様体論はスキーム論に基づいて展開されているが, 本章ではより古典的かつ初等的に代数多様体を取り扱う. スキーム論については第 3 章で取り扱っているので, そちらも合わせて参照されたい. 代数幾何学をご存知の読者は本章と次章は飛ばしても構わない.

2.1　代数多様体の例

　代数多様体とは大雑把に言って, いくつかの多項式の零点集合が定める幾何的図形を指す. 代数多様体の一般的な定義を与える前に, いくつか例に慣れ親しんでおこう. たとえば, 次のような集合を考えよう:

$$\{(x_1, x_2) \in \mathbb{R}^2 : x_2 - x_1 = 0\} \tag{2.1}$$

$$\{(x_1, x_2) \in \mathbb{R}^2 : x_2 - x_1^2 = 0\}. \tag{2.2}$$

(2.1) は直線を, (2.2) は放物線を与えている (図 2.1 を参照).
　また, $a \in \mathbb{R}$ に対して次の集合を考えよう:

$$V_a := \{(x_1, x_2) \in \mathbb{R}^2 : x_1^2 + ax_2^2 - 1 = 0\}. \tag{2.3}$$

$a > 0$ ならば V_a は楕円に, $a = 0$ ならば V_0 は 2 直線に, そして $a < 0$ ならば V_a は双曲線になる (図 2.2 を参照).
　さらに, 次の集合を考えよう:

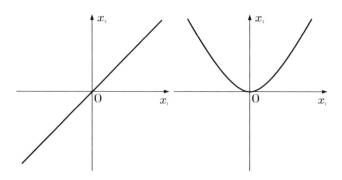

図 2.1 　直線：$x_2 - x_1 = 0$ (左), 放物線：$x_2 - x_1^2 = 0$ (右)

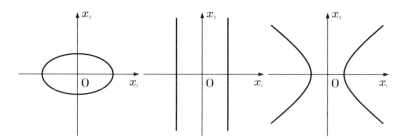

図 2.2 　楕円：$a > 0$ (左), 2 直線：$a = 0$ (中央), 双曲線：$a < 0$ (右)

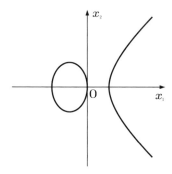

図 2.3 　楕円曲線：$x_2^2 - x_1^3 - x_1 = 0$

$$\{(x_1, x_2) \in \mathbb{R}^2 : x_2^2 - x_1^3 - x_1 = 0\} \tag{2.4}$$

これは図 2.3 のようになる.

以上は代数多様体の例である. 様々な多項式の零点を考えることで, 様々な幾何的図形が出現するのがわかる. 代数幾何学の目的は, 代数多様体を定義する多項式と, 代数多様体の幾何学の関係を明らかにすることである.

しかし, 上の例では多項式と零点の幾何学の関係が正しく反映されてはいない. たとえば (2.3) における多項式 $x_1^2 + ax_2^2 - 1$ は a が正でも負でも多項式の形は良く似ているのに, 出来上がる図形は楕円と双曲線という全く別のものになってしまう. 一方で, 零点集合を複素数 $\mathbb{C}$ まで拡張させた次の集合達を考えよう:

$$V_a' := \{(x_1, x_2) \in \mathbb{C}^2 : x_1^2 + ax_2^2 - 1 = 0\}. \tag{2.5}$$

これは a の正, 負に限らず次の対応によって $\mathbb{C} \setminus \{0\}$ と同一視される:

$$\mathbb{C} \setminus \{0\} \ni t \mapsto \left(\frac{t^2+1}{2t}, \frac{i(t^2-1)}{2\sqrt{a}t}\right) \in V_a'.$$

図 **2.4**　$x_1^2 + ax_2^2 - 1 = 0$

よって V_a' は球面から 2 点を除いた図形になる (図 2.4 を参照). 上の例では, 多項式の形と対応する零点集合の幾何学を如実に反映しているのは V_a よりも V_a' の方である. この違いは, $\mathbb{R}$ が代数閉体ではない一方, $\mathbb{C}$ が代数閉体であることに由来している. (つまり $\sqrt{a}$ が存在するか否かの違いがある.) 一般に, 多項式とその零点の幾何学の関連性は $\mathbb{R}$ 上ではなく代数閉体である $\mathbb{C}$ 上で考えた方が美しい関連性があることが示されている. そこで以後, 代数多様体はすべて $\mathbb{C}$ 上で定義されるもののみを考える.

同様に (2.1), (2.2) を $(x_1, x_2) \in \mathbb{C}^2$ まで拡張して考えよう．

$$\{(x_1, x_2) \in \mathbb{C}^2 : x_2 - x_1 = 0\} \tag{2.6}$$

$$\{(x_1, x_2) \in \mathbb{C}^2 : x_2 - x_1^2 = 0\}. \tag{2.7}$$

これらはいずれも球面から 1 点を除いた図形になる．実際, (2.6), (2.7), は $x_1 \in \mathbb{C}$ を決めると定まるので，集合としては $\mathbb{C}$ と同一視できる．

一方で (2.4) を $\mathbb{C}$ 上で考えた次の代数多様体

$$\{(x_1, x_2) \in \mathbb{C}^2 : x_2^2 - x_1^3 - x_1 = 0\} \tag{2.8}$$

を考えると，これはトーラスから 3 点を除いた空間になることが知られている (図 2.5 を参照).

図 **2.5**　$x_2^2 - x_1^3 - x_1 = 0$

とくに, (2.8) は球面からいくつかの点を除いたものにはならず, (2.5), (2.6), (2.7) とは本質的に異なる代数多様体であることがわかる．後に述べるように代数多様体 (2.8) は楕円曲線と呼ばれる代数多様体の一例である．楕円曲線は代数幾何のみならず, 整数論や数理物理などでも頻繁に出現する重要な代数多様体である．

上記の例から，次の問題が代数幾何学の重要な問題として古来から研究されている：

問 2.1　「与えられた多項式の形と，その零点集合の複素代数多様体の幾何構造の関係を調べよ.」

2.2　アフィン代数多様体

前節では 2 変数の多項式を考えたが，より一般には変数の数は 2 つである必要はないし，代数多様体を定める多項式の数も 1 つとは限らない．また, 前

節で述べたように多項式の零点集合も複素数まで拡張して考える．つまり $f_1(x_1,\cdots,x_n),\cdots,f_m(x_1,\cdots,x_n)$ を $x_1,\cdots,x_n$ についての多項式として，その解空間

$$\{(a_1,\cdots,a_n)\in\mathbb{C}^n : f_1(a_1,\cdots,a_n)=\cdots=f_m(a_1,\cdots,a_n)=0\} \quad (2.9)$$

を考える．解空間 (2.9) は，**アフィン代数多様体**と呼ばれている．環 R を

$$R = \mathbb{C}[x_1,\cdots,x_n]/(f_1(x_1,\cdots,x_n),\cdots,f_m(x_1,\cdots,x_n)) \quad (2.10)$$

と定義して，解空間 (2.9) を $\mathrm{Spm}\,R$ と記述する．この記述は解空間 (2.9) が環 R から定まっているような書き方であるが，実際その通りで $\mathrm{Spm}\,R$ は集合としては R の極大イデアル全体と 1 対 1 に対応している．この対応は，解空間 (2.9) の点 $(a_1,\cdots,a_n)$ に対して極大イデアル

$$(x_1-a_1,\cdots,x_n-a_n)\subset R \quad (2.11)$$

を対応させることで得られる．また $\mathbb{C}$ が代数閉体であることを用いると R のすべての極大イデアルが (2.11) の形をしていることもわかる ([49, Theorem 3.2] を参照).

注意 2.2 上で述べた解空間 (2.9) と R の極大イデアルの 1 対 1 対応は，実数体 $\mathbb{R}$ 上で考えると成立しない．たとえば次のような環を考えよう:

$$R' = \mathbb{R}[x,y]/(x^2+y^2-1).$$

このときイデアル $(y-\sqrt{2})\subset R'$ は $R'/(y-\sqrt{2})=\mathbb{C}$ となるため極大イデアルとなるが，これは (2.11) のような形をしていない．

アフィン代数多様体には $\mathbb{C}^n$ の通常のユークリッド位相が誘導する位相が入る．アフィン代数多様体 (2.9) がユークリッド位相について $\mathbb{C}^n$ の複素部分多様体となるとき，つまり (2.9) の各点のユークリッド近傍が複素多様体として $\mathbb{C}^k$ の開集合と同型になるとき，(2.9) は滑らかであると言う．このとき，(2.9) の各点の近傍で複素座標系 $(z_1,\cdots,z_k)$ が取れ，k を (2.9) の次元と呼ぶ．一方，その点の近傍で複素座標系が取れない点は特異点であると呼ばれる [1].

---

[1] (非) 特異性についての代数的な定義は [50, Chapter 1.5] を参照されたい．

例 2.3 $a \in \mathbb{C}$ に対してアフィン代数多様体
$$W_a := \{(x_1, x_2) \in \mathbb{C}^2 : x_1 x_2 = a\}$$
を考えよう. $a \neq 0$ の場合, $(a_1, a_2) \in W_a$ は a_1 を定めると決まるので, 複素座標系 x_1 が取れる. よって W_a は $a \neq 0$ で滑らかであり, その次元は 1 である. $a = 0$ の場合, $(a_1, a_2) \in W_0$ は $a_1 = 0$ か $a_2 = 0$ である. $a_i \neq 0$ ならばこの点の近傍で複素座標系 x_i が取れるが, $(a_1, a_2) = (0, 0)$ の近傍では複素座標系が取れず, 滑らかにならない. よって $(0, 0) \in W_0$ は特異点である (図 2.6 を参照). このような特異点は結節点と呼ばれる.

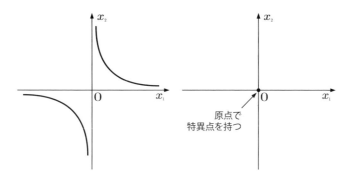

図 2.6 W_a $(a \neq 0)$ (左), W_0 (右)

アフィン代数多様体に入るユークリッド位相はその幾何的イメージを掴むのには有用であるが, 代数多様体の幾何学を正しく反映した位相ではない. たとえば, 次の写像を考えよう.
$$\mathbb{C} \ni z \mapsto e^{2\pi i z} \in \mathbb{C}. \tag{2.12}$$
両辺の $\mathbb{C}$ は $\mathrm{Spm}\,\mathbb{C}[x]$ と書けるアフィン代数多様体であり, 上の写像はユークリッド位相についての連続写像である. しかし, 写像 (2.12) は多項式で与えられてはいない. アフィン代数多様体が多項式の零点集合であることを考えると, その間の連続写像も多項式関数で与えられるべきで, 上のような写像は連続写像から排除したい. そのため, アフィン代数多様体に対してユークリッド位相とは異なる別の位相を定める. アフィン代数多様体 $\mathrm{Spm}\,R$ と $f \in R$ に対し, U_f を

次で定める.
$$U_f := \{(a_1, \cdots, a_n) \in \operatorname{Spm} R : f(a_1, \cdots, a_n) \neq 0\}. \tag{2.13}$$
このとき $\operatorname{Spm} R$ には $\{U_f\}_{f \in R}$ を開基底とする位相が入る. この位相は**ザリスキ位相**と呼ばれる. 各 U_f は
$$U_f = \operatorname{Spm} R[z]/(zf(x_1, \cdots, x_n) - 1)$$
と書けるため, アフィン代数多様体である.

注意 2.4 アフィン代数多様体上のユークリッド位相とザリスキ位相の違いの 1 つに, 前者はハウスドルフであるが後者はハウスドルフではない点が挙げられる. たとえば $\mathbb{C}^n$ 内の空ではないザリスキ開集合 U, V を取ってこよう. すると $U \cap V$ は必ず共通部分を持ち, なおかつこれは U および V 内で稠密になっている. また, 写像 (2.12) はザリスキ位相では連続にはならないことにも注意する. 実際, ザリスキ位相では $\mathbb{C}$ のザリスキ開集合は $\mathbb{C} \setminus \{$有限個の点$\}$ で与えられるが, 写像 (2.12) で $\mathbb{C} \setminus \{1\}$ を引き戻すと $\mathbb{C} \setminus \mathbb{Z}$ となり, これは $\mathbb{C}$ から無限個の点を除いているのでザリスキ開集合ではない.

別のアフィン代数多様体
$$Y = \{(b_1, \cdots, b_l) \in \mathbb{C}^l : g_1(b_1, \cdots, b_l) = \cdots = g_k(b_1, \cdots, b_l) = 0\}$$
に対して, X から Y への射とは多項式 $h_1(x_1, \cdots, x_n), \cdots, h_l(x_1, \cdots, x_n)$ によって与えられる次のような X から Y への写像である:
$$(a_1, \cdots, a_n) \mapsto (h_1(a_1, \cdots, a_n), \cdots, h_l(a_1, \cdots, a_n)). \tag{2.14}$$
上の写像はザリスキ位相について連続である. またこのとき,
$$y_i \mapsto h_i(x_1, \cdots, x_n)$$
によって次の環準同型写像が定まることに注意する.
$$S := \mathbb{C}[y_1, \cdots, y_l]/(g_1, \cdots, g_k)$$
$$\to R = \mathbb{C}[x_1, \cdots, x_n]/(f_1, \cdots, f_m). \tag{2.15}$$
(ただし, R にべき零が存在しないことを仮定している.) とくに, R は S 上の加群である.

2.3 一般の代数多様体

一般の代数多様体を定義する前に，通常の多様体の定義を思い起こそう．位相空間 M が n 次元の可微分多様体であるとは，開被覆

$$M = \bigcup_{\lambda \in \Lambda} U_\lambda, \tag{2.16}$$

$\mathbb{R}^n$ のユークリッド位相での開集合 $V_\lambda \subset \mathbb{R}^n$ および同相写像 $\phi_\lambda\colon U_\lambda \to V_\lambda$ が存在して，$\mathbb{R}^n$ の開集合の間の写像

$$\phi_{\lambda_1} \circ \phi_{\lambda_2}^{-1}\colon \phi_{\lambda_2}(U_{\lambda_1} \cap U_{\lambda_2}) \to \phi_{\lambda_1}(U_{\lambda_1} \cap U_{\lambda_2}) \tag{2.17}$$

の各座標成分が C^∞ 級の写像になっているものである．$\mathbb{R}^n$ 内の開集合で与えられる各 V_λ 達を C^∞ 級の写像で貼り合わせているのである．

一般の代数多様体は，上の可微分多様体の定義における各 V_λ をアフィン代数多様体で置き換え，貼り合わせ関数 (2.17) をアフィン代数多様体の射 (つまり多項式関数で与えられる写像) で置き換えることによって定義される．ただし，代数多様体の場合は貼り合わせるアフィン代数多様体は有限個であると仮定する．

定義 2.5 位相空間 X が**代数多様体**であるとは，有限個の開被覆

$$X = \bigcup_{i=1}^{N} U_i, \tag{2.18}$$

アフィン代数多様体 V_i および同相写像 $\phi_i\colon U_i \to V_i$ があり，任意の i,j の組と $\phi_i(U_i \cap U_j)$ に含まれる任意のアフィン開集合 $V_i' \subset V_i$ に対して写像

$$\phi_j \circ \phi_i^{-1}\colon V_i' \to V_j$$

がアフィン代数多様体の射になるものを指す．

以後，代数多様体を考える際は U_i と V_i を同一視して U_i をアフィン代数多様体であるとみなし，開被覆 (2.18) をアフィン開被覆と呼ぶ．代数多様体 X は各 U_i が滑らかになるときに滑らかであると定義される．各 U_i 上のザリスキ位相は X 上に自然に位相を定め，これを X 上のザリスキ位相と呼ぶ．

例 2.6 複素射影空間

$$\mathbb{P}^n := (\mathbb{C}^{n+1} \setminus \{0\})/\mathbb{C}^*$$

は滑らかな代数多様体である．ここで$\mathbb{C}^*$は$\mathbb{C}^{n+1}$に $t \cdot (y_0, \cdots, y_n) = (ty_0, \cdots, ty_n)$ で作用している．実際，$\mathbb{P}^n$は$U_i := \{y_i \neq 0\}$, $0 \leq i \leq n$ からなる開被覆を持つ．各U_iと$\mathbb{C}^n$の間には次の同相写像$\phi_i \colon U_i \to \mathbb{C}^n$が存在する：

$$\phi_i(y_0, \cdots, y_n) = \left(\frac{y_0}{y_i}, \cdots, \frac{y_{i-1}}{y_i}, \frac{y_{i+1}}{y_i}, \cdots, \frac{y_n}{y_i}\right) \in \mathbb{C}^n.$$

各U_iとϕ_iによって$\mathbb{P}^n$に代数多様体の構造が入ることが容易にわかる．以後，$(a_0, \cdots, a_n) \in \mathbb{C}^{n+1} \setminus \{0\}$に対応する$\mathbb{P}^n$の点は$[a_0 : \cdots : a_n]$と記述され，同次座標と呼ぶ．

例 2.7 $F_1(X_0, \cdots, X_n), \cdots, F_m(X_0, \cdots, X_n)$を同次多項式とすると，$\mathbb{P}^n$内の零点集合

$$X = \{F_1 = \cdots = F_m = 0\} \subset \mathbb{P}^n \tag{2.19}$$

は代数多様体になる．実際，例 2.6 の記号で$z_j = y_j/y_i$と置くと，$U_i \cap X$は次のアフィン代数多様体になる：

$\mathrm{Spm}\,\mathbb{C}[z_0, \cdots, \hat{z}_i, \cdots, z_n]/(F_k(z_0, \cdots, z_{i-1}, 1, z_{i+1}, \cdots, z_n) : 1 \leq k \leq m).$

ここで$\hat{z}_i$はz_iを除くことを意味している．代数多様体 (2.19) は**複素射影的代数多様体**と呼ばれ，ユークリッド位相においてコンパクトな空間になっている．本書で扱う代数多様体はもっぱら上の形の代数多様体か，そのザリスキ開集合である．後者は**準複素射影的代数多様体**と呼ばれる．

注意 2.8 スキーム論の枠組みでは，(2.18) は被約な複素代数的スキームと呼ばれる．これを代数多様体と呼ぶには，さらに (2.19) が分離的 (ハウスドルフ性の類似的概念) および位相空間として既約 (つまり，$X = X_1 \cup X_2$, X_iは閉集合で$X_i \subsetneq X$とは書けない) であることを要求する．前者の条件は (2.19) で与えられる代数多様体やその開集合については自動的に成立している．本書では代数多様体を扱う際には上記の条件 (分離性および既約性) を暗に仮定している．

注意 2.9 代数多様体 X には各アフィン開集合 U_i 上のユークリッド位相から定まる位相も存在する.代数多様体の位相型を問題にする際は,ザリスキ位相よりもユークリッド位相を用いる方が自然である.以後,代数多様体 X にユークリッド位相を入れた位相空間を X^h と書く.X が滑らかな準射影的代数多様体のときは,X^h は複素多様体の構造を持つ.

この節の最後に代数多様体の射の定義を与える.

定義 2.10 代数多様体の間の写像 $f\colon X \to Y$ は,X および Y のアフィン開被覆
$$X = \bigcup_{i=1}^{N} U_i,\ Y = \bigcup_{i=1}^{N'} V_i \tag{2.20}$$
で次の性質を満たすものが存在するときに代数多様体の射であると言う.

- 写像 $\sigma\colon \{1,\cdots,N\} \to \{1,\cdots,N'\}$ が存在して,$f(U_i) \subset V_{\sigma(i)}$ となる.
- $f|_{U_i}\colon U_i \to V_{\sigma(i)}$ がアフィン代数多様体としての射になる.

例 2.11 $X \subset \mathbb{P}^n$ を射影的代数多様体とし,$p = [1\colon 0\colon \cdots \colon 0] \notin X$ とする.このとき,次の代数多様体の射が存在する:
$$X \ni [y_0\colon y_1\colon \cdots y_n] \mapsto [y_1\colon \cdots \colon y_n] \in \mathbb{P}^{n-1}.$$

X を代数多様体とすると,X の任意のザリスキ閉集合にも代数多様体の構造が入る.代数多様体の間の射 $f\colon X \to Y$ が閉埋め込みであるとは,Y の閉部分集合 $Y' \subset Y$ が存在して f が X と Y' の間の同型を与えていることを指す.例 2.7 における埋め込み $X \subset \mathbb{P}^n$ は閉埋め込みの例である.

2.4　代数幾何学の問題意識

ここでは問 2.1 について,前節における代数多様体の一般的な定義を踏まえた上で議論しよう.再び,(2.5), (2.6), (2.7) を考える.(ただし,常に $a \neq 0$ を仮定する.) これらはすべて球面から何点かを除いたものであったが,この除くべき点というのは代数多様体の大域的な幾何構造に影響を及ぼさない.よって代数多

様体の幾何構造を分類する際にはこれら除くべき点を埋めて (2.5), (2.6), (2.7) はすべて同じ幾何図形 (球面) と思うのが自然である. 点を埋める操作はユークリッド位相におけるコンパクト化に他ならないが, 例 2.6 で述べた射影空間がコンパクトであることに着目して, これら (2.5), (2.6), (2.7) を $\mathbb{P}^2$ に埋め込んで閉包を取るとコンパクト化できる. 例 2.6 の記号で (2.5), (2.6), (2.7) を $U_0 \cong \mathbb{C}^2$ 内の代数多様体とみなすと, その $\mathbb{P}^2$ 内での閉包はそれぞれ次のようになる.

$$\{[X_0 : X_1 : X_2] \in \mathbb{P}^2 : X_1^2 + aX_2^2 = X_0^2\} \tag{2.21}$$

$$\{[X_0 : X_1 : X_2] \in \mathbb{P}^2 : X_2 = X_1\} \tag{2.22}$$

$$\{[X_0 : X_1 : X_2] \in \mathbb{P}^2 : X_1^2 = X_0 X_2\}. \tag{2.23}$$

上の代数多様体はすべて $\mathbb{P}^1$ と同型になる. 上の例により, 問 2.1 はアフィン代数多様体ではなく, それを射影空間の中でコンパクト化した射影的代数多様体に対して問うのがより自然である.

次に, 問 2.1 における「多項式の形」の意味を明確にしよう. まず代数多様体 X は (2.18) のようにアフィン代数多様体の貼り合わせだったことに注意しよう. X に開集合として含まれるアフィン代数多様体 $\mathrm{Spm}\,R$ を 1 つ取る. $\mathrm{Spm}\,R$ を定義する多項式や環 R の構造はアフィン開集合 $\mathrm{Spm}\,R$ の取り方に依存するが, R の商体

$$\mathbb{C}(X) = \left\{ \frac{g_1}{g_2} : g_1 \in R, g_2 \in R \setminus \{0\} \right\}$$

はアフィン開集合の取り方に依存せず, 代数多様体 X のみから定まっている. 体 $\mathbb{C}(X)$ は X の関数体と呼ばれ, X 上の有理型関数全体がなす体である.

さて, 問 2.1 中の「多項式の形」を商体 $\mathbb{C}(X)$ の体としての構造と言い換え, 考える代数多様体を射影的代数多様体に制限する. すると, 問 2.1 は以下のように置き換えることができる.

問 2.12 「与えられた体 K と, $K = \mathbb{C}(X)$ となる射影的代数多様体 X の幾何構造の関係を調べよ.」

最も簡単な 1 次元の代数多様体 (代数曲線) の場合を考えよう. 体 K に対して, 1 次元の射影的代数曲線 X が存在して $K = \mathbb{C}(X)$ が成立すると仮定する.

もし X が滑らかならば, このような X は同型を除いてただ 1 つに定まることが知られている. さらに, X^h の位相空間としての構造は種数

$$g(X) := \frac{1}{2} \dim H^1(X^h, \mathbb{R}) \tag{2.24}$$

のみで完全に決定される. $K = \mathbb{C}(X)$ となる滑らかな射影的代数曲線がただ 1 つに定まることから, 種数 $g(X)$ は関数体 K の不変量であるとも言える.

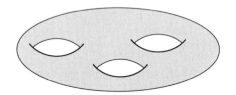

図 **2.7**　種数が 3 の代数曲線

　種数が $g = g(X)$ となる滑らかな射影的代数曲線は, 位相空間としては g 個の穴が開いているドーナツ状の球面と同相である (図 2.7 を参照). そこでまずは X の種数を決定してから (つまり位相空間としての構造を決定してから), その代数曲線の代数多様体としての構造を調べれば良いことになる. たとえば $K = \mathbb{C}(t)$ の場合, $K = \mathbb{C}(X)$ となる代数曲線 X の種数は 0 であり, X は $\mathbb{P}^1$ と同型になる. また K が楕円関数体と呼ばれる体の場合には, $K = \mathbb{C}(X)$ となる代数曲線の種数は 1 となり, 楕円曲線と呼ばれる. たとえば (2.8) で定義される代数曲線は楕円曲線の例である. 楕円曲線は位相空間としては一意的 (トーラス) であるが, 代数多様体としては一意的ではない. しかしこれらは $\mathbb{P}^2$ 内の同次 3 次式の零点集合となり, またその同型類は高々1 次元の変形のパラメータで尽くされることが知られている. 種数が高い場合の代数曲線の (位相空間としてではなく) 代数多様体としての構造を決定せよ, という問題は現在でも完全な答えが得られているわけではないが, とりあえず種数を用いて少なくとも位相空間としては代数曲線の幾何構造を分類できたことになる. 要約すると, 次が得られる:

　定理 2.13　X を滑らかな射影的代数曲線とする. このとき, 次のいずれかが成立する:

- $g(X) = 0$ のとき，**有理曲線**: $X \cong \mathbb{P}^1$ であり，X^h は位相空間として球面と同型．
- $g(X) = 1$ のとき，**楕円曲線**: X は $\mathbb{P}^2$ 内の同次 3 次式の零点集合であり，X^h は位相空間としてトーラスと同型．
- $g(X) \geq 2$ のとき，**一般型曲線**: X^h は位相空間として g 個の穴が開いたトーラスと同型．

例 2.14 $W(y_0, y_1, y_2)$ を次数が d の同次多項式とし，$X = (W = 0) \subset \mathbb{P}^2$ とする．X が滑らかな射影的代数曲線になるなら，その種数 $g(X)$ は次で与えられる ([134, 系 4.4.3] を参照):

$$g(X) = \frac{1}{2}(d-1)(d-2).$$

よって X は W の次数 d に応じて次のように分類できる:

- $d \leq 2$ のとき，$g(X) = 0$ で $X \cong \mathbb{P}^1$．
- $d = 3$ のとき，$g(X) = 1$ で X は楕円曲線．
- $d \geq 4$ のとき，$g(X) \geq 3$ で X は一般型．

代数多様体 X の次元が 2 以上のときは，1 次元の場合と異なり与えられた体 K に対して $K = \mathbb{C}(X)$ となる滑らかな X が一意的ではない．たとえば次の例を考えよう．

例 2.15 代数多様体 $\widehat{\mathbb{C}}^n \subset \mathbb{C}^n \times \mathbb{P}^{n-1}$ を次のように定める:
$\widehat{\mathbb{C}}^n =$

$$\left\{ ((x_1, \cdots, x_n), [X_1 : \cdots : X_n]) \in \mathbb{C}^n \times \mathbb{P}^{n-1} : \begin{array}{l} \text{すべての } 1 \leq i, j \leq n \\ \text{について } x_i X_j = x_j X_i \end{array} \right\}.$$

射影 $\mathbb{C}^n \times \mathbb{P}^{n-1} \to \mathbb{C}^n$ を $\widehat{\mathbb{C}}^n$ に制限することで射 $\pi \colon \widehat{\mathbb{C}}^n \to \mathbb{C}^n$ を得る．これは原点以外での逆像は 1 点であるが，原点での逆像は $\mathbb{P}^{n-1}$ になる．π は $\mathbb{C}^n$ の原点でのブローアップと呼ばれる (図 2.8 を参照)．次に例 2.6 の記号で $U_0 \subset \mathbb{P}^n$ と $\mathbb{C}^n$ を ϕ_0 によって同一視しよう．上と同様に U_0 を原点でブローアップして $\widehat{U}_0 \to U_0$ を得る．$i \neq 0$ に対して $0 \notin U_0 \cap U_i$ なので，$\widehat{U}_0$ と U_i $(i \neq 0)$ 達

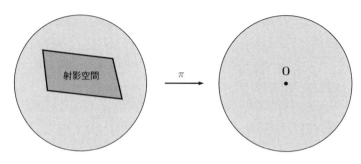

図 2.8 ブローアップ $\pi\colon \widehat{\mathbb{C}}^n \to \mathbb{C}^n$ の図

は貼り合って代数多様体 $\widehat{\mathbb{P}}^n$ が出来上がる:
$$\widehat{\mathbb{P}}^n = \widehat{U}_0 \cup \bigcup_{i=1}^{n} U_i.$$

$\widehat{\mathbb{P}}^n$ は射影的代数多様体である.$\widehat{\mathbb{P}}^n$ と $\mathbb{P}^n$ の関数体はいずれも有理関数体 $\mathbb{C}(t_1,\cdots,t_n)$ と同型になるが,$n \geq 2$ ならば $\mathbb{P}^n$ と $\widehat{\mathbb{P}}^n$ は同型ではない.(たとえば両者のユークリッド位相における 2 次のベッチ数を比較すると $b_2(\mathbb{P}^n) = 1$ であるが $b_2(\widehat{\mathbb{P}}^n) = 2$ となる.)

上のブローアップは,次の双有理射の例になっている.

定義 2.16 代数多様体の間の射 $f\colon X \to Y$ が関数体の間の同型 $\mathbb{C}(Y) \xrightarrow{\cong} \mathbb{C}(X)$ を誘導するとき,f は**双有理射**であると呼ぶ.

$f\colon X \to Y$ が双有理射を与えるとき,X と Y には空でないアフィン開集合 $U \subset X, V \subset Y$ が存在して $f|_U \colon U \xrightarrow{\cong} V$ となる.このような U のうちで最大のものを取るとき,$E = X \setminus U$ を f の**例外集合**と呼ぶ.例 2.15 の状況では,$E = \mathbb{P}^{n-1}$ である.

一方,単に体の同型 $\mathbb{C}(X) \cong \mathbb{C}(Y)$ が存在するときは X, Y の空でないアフィン開集合 U, V が存在して $U \cong V$ となる.この同型は X から Y への射に拡張するとは限らないから $f\colon X \dashrightarrow Y$ と点線を用いて記述し,これを**双有理写像**と呼ぶ.つまり $f\colon X \dashrightarrow Y$ が双有理写像であるとは,X, Y の間に空でないアフィン開集合 U, V が存在して,f は U 上で定義され,$f|_U \colon U \xrightarrow{\cong} V$ となるものであ

る．X, Y の間に双有理写像が存在するとき，X と Y は**双有理同値**であると呼ぶ．

双有理同値な 2 つの代数多様体の幾何構造は，その定義からほとんど同じようなものであると思える．しかし，双有理同値な代数多様体の間にも幾何構造のわかりやすさには違いが生じる．上の状況で，$X \setminus U$ と $Y \setminus V$ を比較してみよう．もしも後者の方が次元が小さければ，Y の幾何構造を調べる方が X を調べるよりも簡単そうである．たとえば例 2.15 で $X = \widehat{\mathbb{P}}^n, Y = \mathbb{P}^n$ と置く．すると，$U = V = \mathbb{P}^n \setminus \{0\}$ と取れ，$X \setminus U = \mathbb{P}^{n-1}, Y \setminus V = \{0\}$ となる．$n \geq 2$ なら前者の方が次元が高いが，確かに $\widehat{\mathbb{P}}^n$ よりも $\mathbb{P}^n$ の幾何構造の方が簡単そうである．

そこで，問 2.12 を精密化した次の問いを考える．

問 2.17 与えられた体 K に対して，$K = \mathbb{C}(X)$ となる代数多様体 X でその幾何構造が最も簡単なものを見つけ，その幾何構造を記述せよ．

問 2.17 が双有理幾何学における最も基本的な問題である．双有理幾何学は非常に豊かな理論に発展しており，次節で代数曲面の場合に解説する．その歴史等については第 6 章で詳しく述べる．

2.5 代数曲面の分類理論

2 次元の代数多様体は**代数曲面**と呼ばれる．この節では 2 次元の滑らかな射影的代数曲面に対する問 2.17 について解説する．この場合の問 2.17 に関する研究は 19 世紀末から 20 世紀初頭にかけてのイタリア学派による研究で進展を見た．前述したように，$\dim X \geq 2$ の場合は与えられた体 K に対して $K = \mathbb{C}(X)$ となる X が一意的ではない．たとえば $p \in X$ に対して p でのブローアップ $\pi \colon \widehat{X} \to X$ を取ると，$\widehat{X}$ と X は同じ関数体を持つにも関わらず同型ではない．($X = \mathbb{P}^2$ のブローアップは例 2.15 で述べた．一般の代数多様体上のブローアップについては例 3.20 で後述する．) $\widehat{X}$ と X を比較してみよう．$x \in X$ に対して $\pi^{-1}(x)$ は $x \neq p$ ならば 1 点になる．一方，$C = \pi^{-1}(p)$ は $\mathbb{P}^1$ と同型である．つまり，$\widehat{X}$ は X における p を取り除いて，代わりに $\mathbb{P}^1$ を埋め込むことにより得られている．$\widehat{X}$ の視点からみると，C を 1 点 p に潰すことによって X が得られていることになる．曲線 C と 1 点 p を比較すると当然 p の方が簡単な

ので, $\widehat{X}$ よりも X の方が幾何構造が簡単であると考えられる. $\widehat{X}$ から出発して C を潰して X を得る操作 $\widehat{X} \to X$ は**ブローダウン**と呼ばれる. この潰れる曲線は, 次の (-1)-曲線と呼ばれるものになる:

定義 2.18 滑らかな射影的代数曲面 X 上の曲線 $C \subset X$ は $C^2 = K_X \cdot C = -1$ となるとき, **(-1)-曲線**と呼ばれる.

ここで, 交点数 $C^2, K_X \cdot C$, および標準因子 K_X についてはそれぞれ第 3.8 節, 例 3.25 を参照されたい. X を与えられた滑らかな射影的代数曲面とする. 仮に X に (-1)-曲線 C_1 が存在するとしよう. すると Castelnuovo の収縮定理 (証明は [133, 定理 5.2.3] を参照) により, C_1 を点に潰すブローダウンが存在する. つまり双有理射 $f_1 \colon X \to X_1$ で, $\mathbb{P}^1 \cong C_1 \subset X$ を点 $p_1 \in X_1$ に潰すものが存在する. X_1 の方から見ると, f_1 は $p_1 \in X_1$ におけるブローアップである. もし X_1 にも (-1)-曲線 $C_2 \subset X_1$ が存在するなら, 同様の双有理射 $f_2 \colon X_1 \to X_2$ を得る. この操作を続けていくと, 次の双有理射の列を得ることになる (図 2.9 を参照).

$$X \xrightarrow{f_1} X_1 \xrightarrow{f_2} X_2 \to \cdots \to X_{i-1} \xrightarrow{f_i} X_i \to \cdots. \tag{2.25}$$

上の操作はいずれ止まる. これは, 各ステップで $b_2(X_{i-1}) > b_2(X_i)$ であることと, $b_2(X)$ が非負の有限の値であることから従う. よって, ある $m > 0$ が存在して X_m はこれ以上ブローダウンできない, つまり (-1)-曲線が存在しない代数曲面になる. このような X_m は**古典的極小モデル**と呼ばれる. 「古典的」と書いたのは, 現代流の極小モデルの定義とは若干ずれがあるためである. この点につ

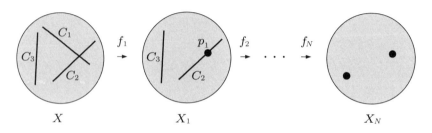

図 **2.9** 代数曲面の MMP の様子

いては,第 6 章を参照されたい. 列 (2.25) は**極小モデルプログラム (MMP)**[2]
と呼ばれる. 終着点 X_m は双有理射の列 (2.25) の取り方によらず, 一意に定ま
ることが知られている. (ただし, 第 6 章で述べるように 3 次元以上では極小モ
デルは必ずしも一意的ではない.) MMP の各ステップで代数曲面の幾何構造は
より簡単になっていくため, 問 2.12 に答えるには X_m の幾何構造を調べれば十
分である.

ここで, 問 2.12 における「幾何構造が最も簡単」という条件を「古典的極小」
に置き換える. すると, 問 2.12 を修正した以下の問になる.

問 2.19 与えられた体 K に対して $K = \mathbb{C}(X)$ となる滑らかかつ古典的極
小な射影的代数曲面 X の幾何構造を決定せよ.

問 2.19 は代数曲面に対してしか意味をなしていないが, より高次元の代数多
様体に対しても「幾何構造が最も簡単」な極小モデルの概念を定義することが
でき, 問 2.17 を問 2.19 のように修正することができる. この点については第 6
章で詳しく解説する.

ここで, 代数曲線の場合には種数 (2.24) を用いて問 2.12 にアプローチできた
ことを思い起こそう. 代数曲線の種数は, 関数体のみに依存する不変量でもあり,
そのような不変量は**双有理不変量**と呼ばれる. そこで. 代数曲面の場合にも双有
理不変量を用いて分類を行うと良いと考えられる. そのような不変量の 1 つに**不
正則数** $q(X)$ がある. これは代数曲線の種数 (2.24) と同様に, 次で与えられる:

$$q(X) = \frac{1}{2} \dim H^1(X^h, \mathbb{R}).$$

上の定義を見ると単に代数曲線の種数の代数曲面版であるように見えるが, そ
の振る舞いは代数曲線の場合とは大分様子が異なっている. たとえば例 2.22 で
$\mathbb{P}^3$ 内の超曲面で与えられる代数曲面について述べるが, これらは次数に限らず
すべて不正則数が 0 である. これは $\mathbb{P}^2$ 内の代数曲線の種数が次数に応じて増
大する様子と異なっている (例 2.14 を参照).

実は**小平次元** $\kappa(X)$ と呼ばれる双有理不変量の方が種数の概念のより正しい

---

[2] Minimal model program の略.

高次元化である．一般に滑らかな射影的代数多様体 X に対して，その小平次元 $\kappa(X)$ は次で定義される：

$$m^{\kappa(X)} \sim \dim \Gamma(X, \omega_X^{\otimes m}), \quad m \gg 0. \tag{2.26}$$

ただし，右辺がすべての $m > 0$ に対して 0 になる場合，$\kappa(X) = -\infty$ と定義する．ω_X は標準束と呼ばれる X 上の直線束で，これは代数多様体の分類理論において非常に重要な概念である．ω_X および (2.26) の右辺の $\Gamma(X, *)$ については次章の例 3.25 および第 3.3 節で解説する．

注意 2.20 式 (2.26) の右辺は，複素多様体論の枠組みで次のようにも定義できる：正則接バンドル T_{X^h} を用いて $\omega_{X^h} = \overset{\dim X}{\wedge} T_{X^h}^{\vee}$ とし，$\Gamma(X, \omega_X^{\otimes m})$ は $\omega_{X^h}^{\otimes m} \to X^h$ の正則切断のなすベクトル空間である．

定義から，次が容易にわかる：

$$\kappa(X) \in \{-\infty, 0, \cdots, \dim X\}.$$

また，$\dim X = 1$ のときは種数 $g(X)$ と次のように関係している．

$$g(X) = 0 \quad \leftrightarrow \quad \kappa(X) = -\infty$$
$$g(X) = 1 \quad \leftrightarrow \quad \kappa(X) = 0$$
$$g(X) \geq 2 \quad \leftrightarrow \quad \kappa(X) = 1.$$

小平次元 $\kappa(X)$ が双有理不変量であることは，比較的簡単な議論で示すことができる ([133, 定理 3.4.8] を参照)．問 2.19 は小平次元が大きければ大きいほど難解になるのが一般的な傾向である．これは代数曲線の場合に種数が大きければ大きいほど構造が複雑になる現象と似ている．

以上の準備を基に，問 2.19 について広く知られている結果を次に述べる (証明は [133, 定理 5.3.3] を参照)．ここで，$\mathcal{O}_X$ は自明な直線束を表す．

定理 2.21 X を滑らかかつ古典的極小な射影的代数曲面とする．このとき，次のいずれかが成立する：

- $\kappa(X) = -\infty$ のとき, X は次のいずれかである.
  (i) **射影平面**: $X \cong \mathbb{P}^2$.
  (ii) $\mathbb{P}^1$**-束**: 滑らかな射影的代数曲線 B と射 $\pi\colon X \to B$ が存在して, すべての $p \in B$ に対して $\pi^{-1}(p)$ は $\mathbb{P}^1$ と同型である.
- $\kappa(X) = 0$ のとき, X は次のいずれかである.
  (i) **K3 曲面**: $\omega_X = \mathcal{O}_X, q(X) = 0$.
  (ii) **エンリケス曲面**: $\omega_X \neq \mathcal{O}_X, \omega_X^{\otimes 2} = \mathcal{O}_X, q(X) = 0$.
  (iii) **アーベル曲面**: $\omega_X = \mathcal{O}_X, q(X) = 2$.
  (iv) **超楕円曲面**: $\omega_X \neq \mathcal{O}_X, \omega_X^{\otimes 12} = \mathcal{O}_X, q(X) = 1$.
- $\kappa(X) = 1$ のとき, **一般型楕円曲面**: 滑らかな代数曲線 B と射 $\pi\colon X \to B$ が存在して有限個を除くすべての点 $p \in B$ に対して $\pi^{-1}(p)$ は楕円曲線になる.
- $\kappa(X) = 2$ のとき, **一般型曲面**: ω_B が豊富[3)] であり, 高々有理 2 重点しか持たない代数曲面 B と双有理射 $X \to B$ が存在する.

例 2.22 次数が d の同次多項式 $W(y_0, y_1, y_2, y_3)$ で定義される次の滑らかな射影的代数曲面を考える:
$$X = (W = 0) \subset \mathbb{P}^3.$$
このとき, X は W の次数 d に応じて定理 2.21 の分類にどのように当てはまるか見てみよう.

- $d = 1$ の場合, $X = \mathbb{P}^2$ である.
- $d = 2$ の場合, $X = \mathbb{P}^1 \times \mathbb{P}^1$ である. とくにどちらかの成分への射影 $X \to \mathbb{P}^1$ のすべての逆像は $\mathbb{P}^1$ になる.
- $d = 3$ の場合, $X \subset \mathbb{P}^3$ には 27 本の直線が存在する. その内の適当な 6 本を点に潰すと, $\mathbb{P}^2$ と同型になる. つまり, X は $\mathbb{P}^2$ の 6 点ブローアップである.
- $d = 4$ の場合, $\omega_X = \mathcal{O}_X, q(X) = 0$ となり, X は K3 曲面になる.
- $d \geq 5$ の場合, X は一般型曲面である.

[3)] 豊富性については例 3.23 を参照.

以上により, 問 2.17 に答えるには定理 2.21 の各分類に属する代数曲面のより詳細な幾何構造を調べれば良い. たとえば, 小平次元が 1 の場合の古典的極小モデルは射 $\pi\colon X \to B$ を持つ. これは B から有限個の点を除いた空間でパラメータ付けされる楕円曲線の族とみなせるが, 有限個の点では楕円曲線が退化して特異点が生じている (図 2.10 を参照). よって, X を調べるにはこの楕円曲線の族の振る舞いを調べれば良い. 曲面自体を調べるよりも, 曲線の族を調べる方が手がかりが多い. また, 小平次元が $-\infty$ になる場合は定理 2.21 によりその幾何構造が具体的に記述されているが, 小平次元が大きくなればなるほどその幾何構造を完全に決定することは困難になる. しかし, いずれにせよ定理 2.21 は問 2.17 に関する大きな手がかりであり, これを出発点として代数曲面の研究がなされている.

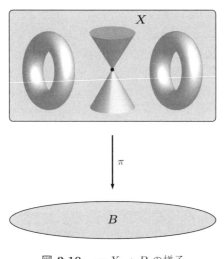

図 **2.10**　$\pi\colon X \to B$ の様子

2.6　特異点付き代数多様体と特異点解消定理

これまでは滑らかな代数多様体について扱ってきた. 一般には代数多様体は特異点を持つ可能性があり, そのような特異点付き代数多様体はとくに第 6 章で述べる 3 次元以上の MMP を扱う際には非常に重要になる. 一方, 特異点が

ある代数多様体の双有理幾何学を扱うには，一度特異点のない双有理モデルに置き換えるのが便利である．この特異点のないモデルに置き換える操作は，広中平祐氏による特異点解消定理により可能になる．一般的な定理を述べる前に，次の例で特異点解消の様子を観察する：

例 2.23 Y を次で定義されるアフィン代数多様体とする：
$$Y = \{(x_1, x_2, x_3) : x_1^2 + x_2^2 + x_3^2 = 0\} \subset \mathbb{C}^3.$$
これは原点でのみ特異点を持つ．実際，$Y \cap (\mathbb{R}^2 \times \sqrt{-1}\mathbb{R})$ は原点に頂点を持つ 2 つの円錐をくっつけたものになり，これは原点の近くで 2 次元の座標系を持たない．一方，$\pi : \widehat{\mathbb{C}}^3 \to \mathbb{C}^3$ を原点でのブローアップとし，$\widehat{Y}$ を次のように置く：
$$\widehat{Y} = \overline{\pi^{-1}(Y \setminus \{0\})} \subset \widehat{\mathbb{C}}^3.$$
$\pi|_{\widehat{Y}} : \widehat{Y} \to Y$ は Y の原点でのブローアップに他ならない (例 3.20 を参照)．$\pi|_{\widehat{Y}}$ は双有理射であり，その例外集合は $\mathbb{P}^2$ の 2 次曲線 (よって $\mathbb{P}^1$) と同一視できる．さらに，$\widehat{Y}$ は滑らかな代数曲面になる．よって $\widehat{Y}$ は Y の滑らかな双有理モデルを与える (図 2.11 を参照)．

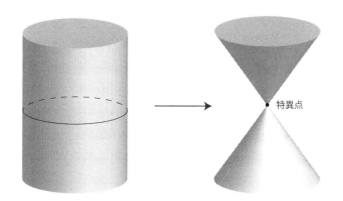

図 2.11 特異点解消 $\pi|_{\widehat{Y}} : \widehat{Y} \to Y$ の図

例 2.23 における Y は非常に簡単な特異点の例であり，一般には特異点は非常に複雑な振る舞いをする．それにも関わらず，例 2.23 と同様の操作を繰り返すことで滑らかな代数多様体が得られることが知られている：

定理 2.24 (広中 [52])　任意の代数多様体 X に対し, 滑らかな代数多様体 Y と射影的な双有理射 $\pi\colon Y \to X$ が存在する.

注意 2.25　上の定理の「射影的射」の定義については [50, 2.7 節] を参照されたい. 大雑把に言うと, 任意の $x \in X$ の π による逆像が射影的代数多様体になることを保証する.

注意 2.26　定理 2.24 はさらに強く, 滑らかな中心に沿ったブローアップ (例 2.15 を参照) の合成で得られることも知られている. さらに, π の例外集合が局所的に $\mathbb{C}^n$ 内で $z_1 z_2 \cdots z_k = 0$ で与えられることも言える. このような部分閉集合は**正規交差因子**と呼ばれる.

定理 2.24 における $\pi\colon Y \to X$ を X の**特異点解消**と呼ぶ. 一般に特異点解消は一意的ではないことに注意する. 定理 2.24 により, 特異点を持った代数多様体に対してもその特異点解消に対して問 2.17 を考察することができる. しかし, 3 次元以上では「幾何構造が最も簡単」な双有理モデルが滑らかとは限らない. この点については第 6 章で詳述するが, 3 次元以上では特異点付き代数多様体の幾何を扱う必要性があり, これが高次元双有理幾何学を豊かなものにし, また連接層の導来圏の研究と深く関わってくる.

第 3 章

スキーム上の層の理論

3.1 スキーム論へ

　前章で, 古典的な代数幾何学の枠組みの中で代数多様体について議論してきた. それによると, 代数多様体とは多項式の零点集合で与えられる「点の集まり」達を貼り合わせたものであった. 考えている対象が点の集まりなので, 人間の持つ幾何的な直観を有効活用できるというメリットがある. 第 2.5 節のイタリア学派による仕事は, このような幾何的直観を最大限に活用して得られたものである.

　Grothendieck によるスキームの理論は, 代数多様体とはそもそも何者なのかをより抽象的な視点から見直したものである. これは, イタリア学派のように代数多様体を具体的に理解する立場とは逆の方向の発想である. スキーム理論の進展によって, 複素数体だけではなく有理数体や正標数の体上の代数多様体も扱うことが可能になり, とくに代数幾何を整数論に応用する数論幾何学が産み出されることになった. しかし, それでは複素数体上の代数多様体の具体的な問題 (たとえば問 2.12) に興味を持っていて, 数論への応用などを考えていない場合はスキーム論は必要ないのだろうか？ 決してそうではない. 複素数体上の代数幾何学に限っても, スキーム論がもたらすご利益は色々とある. 少し挙げてみると,

- 理論が抽象化されると, 様々な一般論が展開しやすくなり, これまで煩雑だった議論の見通しが良くなった.
- 複素数体に限っても古典的な代数多様体の範疇に収まらない幾何的対象が構成でき, 理論の幅が広がった.
- 空間とは何か？ という問いに新しい哲学を提供した.

最後の哲学的なご利益は, 超弦理論の幾何学とも関連する重要なポイントであ

る．Grothendieck が超弦理論を意識していたとは思えないので，これは非常に驚きであるが，詳細については次章で述べる．ここでは 2 番目のご利益について，次の例で説明する．

例 3.1 次の 2 つの代数多様体を考えよう：
$$X = (x_2 = x_2 - x_1 = 0) \subset \mathbb{C}^2$$
$$Y = (x_2 = x_2 - x_1^2 = 0) \subset \mathbb{C}^2.$$

これらは共に集合としては 1 点 $(0,0)$ からなり，古典的な枠組みでは同型な代数多様体である．ところが両者の連立方程式を解いてみると，X の方では $x_1 = 0$，Y の方では $x_1^2 = 0$ となる．よって，多項式の零点＝方程式の解という立場は，前者が単根しか持たず後者が重根を持つという事実と反することになる．そこで，Y の方には「解が重根を持つ」というデータが付与されているべきである．

上の例において，スキーム論では X と Y は区別される．X と Y の違いは，古典的枠組みでどのように捉えたら良いだろうか？ 前章で述べたように，X と Y は次の環の極大イデアルの集合と同一視できた．

$$R_X = \mathbb{C}[x_1, x_2]/(x_2, x_2 - x_1) \cong \mathbb{C} \tag{3.1}$$
$$R_Y = \mathbb{C}[x_1, x_2]/(x_2, x_2 - x_1^2) \cong \mathbb{C}[x_1]/(x_1^2).$$

R_X と R_Y は環としては同型ではないが，極大イデアルの集合を取ると同一視されてしまうのである．ここにスキーム論のアイデアがある．与えられた多項式系の零点集合ではなく，多項式環を多項式系が生成するイデアルで割った環そのものが本来考えるべき幾何的対象である，という考え方である．しかし，これでは幾何との関連が見えてこないだろう．そこで，次のように言い換える：環の圏と同値になる，何らかの「幾何学」の圏を構築する．すると，すべての環は後者の幾何的対象と思うことができる．多項式環を与えられた多項式が生成するイデアルで割った環に対応する「幾何的対象」こそが本来考えるべき「多項式系の零点集合」である．この「幾何的対象」の部分が，スキーム論のひな型になるアフィンスキームに対応している．これは一応，位相空間になるので，その意味で環そのものよりも幾何的なイメージが湧くであろう．しかし重要なのは，その

上の環の層を込みで考えるということである．位相空間上の環の層は，その上に許される関数の概念を指定するものである．環の層が付与されている位相空間である性質を満たすものは，局所環付き空間と呼ばれ，アフィンスキームは局所環付き空間の例を与える．環の層も同時に考えることで，アフィンスキームからなる局所環付き空間の圏は環の圏と同値になることが従うのである．

代数多様体がアフィン代数多様体の貼り合わせによって定義されたように，一般のスキームもアフィンスキームの貼り合わせによって定義される．アフィンスキームの理論が環の理論と等価であることを考えると，スキームとは環を貼り合わせたものと言うことができる．このようにスキームを解釈すると，スキーム論を展開するのに「点」という概念が不必要になってしまうことに気づくだろう．厳密には貼り合わせる際に点のデータが必要になるが，これも環の貼り合わせを環上の加群の圏の貼り合わせと解釈することで不必要になる．この「環上の加群の圏の貼り合わせ」が連接層の圏に他ならず，点の存在しない幾何的対象を与える (第 4.1 節を参照)．さらに，上述のように環の貼り合わせをその上の加群の圏の貼り合わせと解釈することにより，非可換環を貼り合わせた非可換環スキームを構成することも可能である．こうなると，「点」というものは本当に何処にも見当たらなくなってしまうが，このような「点」のない幾何学こそ超弦理論が求める幾何学なのである．まとめると，Grothendieck によるスキーム論は空間にはそもそも「点」は必要ではないという哲学をもたらした．これはアインシュタインが時空の概念を変えたことに匹敵するのではないだろうか．

3.2 圏論に関する準備

代数多様体とは元来，非常に具体的な数学的対象である．しかし，スキーム論や本書の主題である連接層の導来圏を語る上で，圏論は避けて通れない．圏について初めて触れる読者は，その抽象性から距離を置きたくなるかもしれない．しかし，これは非常に自然な概念だし，慣れれば非常に便利である．この節では，本書で必要となる圏についての基礎知識について簡単に述べる．より詳細については，たとえば [132] を参照されたい．

定義 3.2 $\mathcal{C}$ が圏であるとは,「対象」という集団 $\mathrm{Ob}(\mathcal{C})$ と, 2 つの対象 $A, B \in \mathrm{Ob}(\mathcal{C})$ に対する「射」の集合 $\mathrm{Hom}_\mathcal{C}(A, B)$ が存在して, 次の公理を満たすものとして定義される.

- 射の合成写像

$$\circ \colon \mathrm{Hom}_\mathcal{C}(A,B) \times \mathrm{Hom}_\mathcal{C}(B,C) \to \mathrm{Hom}_\mathcal{C}(A,C), \quad (g,f) \mapsto f \circ g$$

が存在して $(f \circ g) \circ h = f \circ (g \circ h)$ が成立する.
- 任意の対象 $A \in \mathrm{Ob}(\mathcal{C})$ に対して恒等射 $\mathrm{id}_A \in \mathrm{Hom}_\mathcal{C}(A, A)$ が存在して, 任意の $f \in \mathrm{Hom}_\mathcal{C}(A, B)$ に対して $\mathrm{id}_B \circ f = f \circ \mathrm{id}_A = f$ が成立する.

$\mathrm{Hom}_\mathcal{C}(A, B)$ はしばしば $\mathcal{C}$ を省略して $\mathrm{Hom}(A, B)$ と書く. 対象だけを考えるのではなく, 射も含めて考えることで数学的対象達の間に 1 つのコミュニティーが形成され, より本質が明確になるのである (図 3.1 を参照).

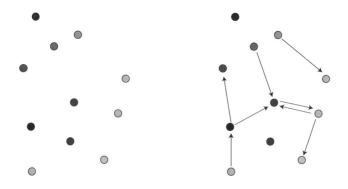

対象だけ考えていても, 対象達の間の関係はわからないが…

射も考えることで対象達の間の関係がわかり, 1 つのコミュニティーが形成される.

図 3.1 左：対象だけの図, 右：射も含めた圏の図

たとえば $\mathrm{Ob}(\mathcal{C})$ を集合全体として, $\mathrm{Hom}(A, B)$ を A から B への集合としての写像全体とすると, これは圏をなす. またたとえば, $\mathrm{Ob}(\mathcal{C})$ を $\mathbb{C}$ 上の線形空間全体として, $\mathrm{Hom}(A, B)$ を A から B への線形写像全体とするとこれも 1 つの圏をなす. 後者の方は, とくにすべての射に対して核や余核といった概念が存在しており, このような圏は**アーベル圏**と呼ばれている. アーベル圏の代表例は,

環 R[1] 上の加群のなす圏である．これは，対象が R-加群からなり，射の集合が R-加群の準同型からなる圏である．アーベル圏の正確な定義は [132, 第 5 章] を参照されたい．

定義 3.3 $\mathcal{C}_1, \mathcal{C}_2$ を圏とする．F が $\mathcal{C}_1$ から $\mathcal{C}_2$ への関手であるとは，各 $E \in \mathrm{Ob}(\mathcal{C}_1)$ および $f \in \mathrm{Hom}_{\mathcal{C}_1}(A,B)$ に対して，$F(E) \in \mathrm{Ob}(\mathcal{C}_2)$ および $F(f) \in \mathrm{Hom}_{\mathcal{C}_2}(F(A), F(B))$ が対応して，次の条件を満たすものである：

- 射の合成が保存される．すなわち $F(f \circ g) = F(f) \circ F(g)$．
- 恒等射 id_A が保存される．すなわち $F(\mathrm{id}_A) = \mathrm{id}_{F(A)}$．

さらに対応 $f \mapsto F(f)$ が全単射となるとき，F は**充満忠実**であると言う．

F が $\mathcal{C}_1$ から $\mathcal{C}_2$ への関手であるとき，

$$F\colon \mathcal{C}_1 \to \mathcal{C}_2$$

と記述される．$\mathcal{C}$ を圏とすると，その**反対圏** $\mathcal{C}^{\mathrm{op}}$ は $\mathrm{Ob}(\mathcal{C}^{\mathrm{op}}) = \mathrm{Ob}(\mathcal{C})$, $\mathrm{Hom}_{\mathcal{C}^{\mathrm{op}}}(A, B) = \mathrm{Hom}_{\mathcal{C}}(B, A)$ と置くことで定義される．$\mathcal{C}_1^{\mathrm{op}}$ から $\mathcal{C}_2$ への関手は $\mathcal{C}_1$ から $\mathcal{C}_2$ への**反変関手**と呼ばれる．

定義 3.4 関手 $F\colon \mathcal{C}_1 \to \mathcal{C}_2$ の**右 (左) 随伴関手**とは，関手 $G\colon \mathcal{C}_2 \to \mathcal{C}_1$ であって，各 $A \in \mathcal{C}_1, B \in \mathcal{C}_2$ に対して自然な整合性[2] を持つ同型

$$\mathrm{Hom}(F(A), B) \cong \mathrm{Hom}(A, G(B)),$$

$$(\mathrm{Hom}(A, F(B)) \cong \mathrm{Hom}(G(A), B))$$

が存在するものである．

以上の概念は，後に様々な例で遭遇することになる．

---

[1] 本書では環とは単位元 1 を持つ可換環のことを意味する．

[2] 詳細な定義は [132, 第 6 章] を参照．

3.3 層についての概説

この節では位相空間上の層について,そして次節ではスキームについて簡単に解説する.本書はこれらの理論の詳細を展開する代数幾何学の教科書ではないので,より詳細については [50, 2, 3 章] を参照されたい.位相空間 X 上の層とは,大雑把に言うと X 上の関数の概念を一般化したものである.層の前に,まず前層の定義を述べる.

定義 3.5 X を位相空間とする.X 上の**前層** $\mathcal{F}$ とは,各開集合 $U \subset X$ に対してアーベル群 $\mathcal{F}(U)$,および各開埋め込み $V \subset U$ に対してアーベル群の準同型 $\rho_{UV} \colon \mathcal{F}(U) \to \mathcal{F}(V)$ が対応して,次の条件を満たすものとして定義される.

- $\rho_{UU} \colon \mathcal{F}(U) \to \mathcal{F}(U)$ は恒等写像である.
- 3 つの開集合 $W \subset V \subset U$ に対して $\rho_{UW} = \rho_{VW} \circ \rho_{UV}$ が成立している.

上の定義における ρ_{UV} は制限写像と呼ばれ,しばしば $\rho_{UV}(s)$ を $s|_V$ と書く.

例 3.6 位相空間 X に対し,各開集合 $U \subset X$ に $\mathcal{F}(U) = \mathbb{Z}$ を対応させる.また,$\rho_{UV} = \mathrm{id}$ と置く.すると,これは前層になる.アーベル群 $\mathcal{F}(U)$ は U 上の整数値定数関数全体の集合と同一視できる.

層とは,前層であって自然な貼り合わせ条件を満たすものである.

定義 3.7 位相空間 X 上の前層 $\mathcal{F}$ は,任意の開集合 $U \subset X$ とその開被覆 $\{V_i\}$ に対して次の条件を満たすとき**層**と呼ばれる:

- もし $s \in \mathcal{F}(U)$ が任意の i に対して $s|_{V_i} = 0$ を満たすならば,$s = 0$ である.
- 各 i に対して $s_i \in \mathcal{F}(V_i)$ が与えられ,$s_i|_{V_i \cap V_j} = s_j|_{V_i \cap V_j}$ が成立するならば,ある $s \in \mathcal{F}(U)$ が存在して $s|_{V_i} = s_i$ となる.(最初の条件より,このような s は存在するならば一意的である.)

定義 3.7 で初めて層の定義に触れた読者は,抽象的すぎてイメージが湧かないかもしれない.しかし,本書をある程度理解するのに上の層の定義を完全に理解する必要はない.というのも,第 3.3 節で述べる連接層にはより具体的な記述

が存在するためである (命題 3.18 を参照). 例 3.6 の前層は貼り合わせ条件を満たさないため層ではないが, 次の例は層を与える:

例 3.8　X を可微分多様体とし, $\pi\colon F \to X$ をベクトル束とする. 各開集合 $U \subset X$ に対して $\mathcal{F}(U)$ を U 上のベクトル束 $\pi^{-1}(U) \to U$ の C^∞ 級切断全体とする. すると, これは層になる. とくに $C^\infty(U)$ を U 上の C^∞ 級関数全体とすると, $U \mapsto C^\infty(U)$ は層である.

注意 3.9　定義から層は前層であるが, 一般に前層に対して層を対応させる層化という操作が存在する. 詳細については [50, 2.1 節] を参考されたい. 例 3.6 の $\mathcal{F}$ は層ではないが, 層化して得られた層は各開集合 $U \subset X$ に対して U 上の整数値局所定数関数全体のなすアーベル群が対応する.

位相空間 X 上の層 $\mathcal{F}$ と開集合 $U \subset X$ に対して, $\mathcal{F}(U)$ の元は U 上の**切断**と呼ばれる. とくに X 上の切断は**大域切断**と呼ばれ, $\Gamma(X, \mathcal{F})$ と記述される. また, 各点 $x \in X$ における $\mathcal{F}$ の**茎** $\mathcal{F}_x$ を次で定める.

$$\mathcal{F}_x := \varinjlim_{x \in U} \mathcal{F}(U).$$

ここで, U は x を含む X のすべての開集合に渡る. 茎の元は, 点 x の十分小さな近傍での関数である.

層の概念の便利な点の 1 つに, 連続写像 $f\colon X \to Y$ から自然に押し出しや引き戻しが定まるということがある. $\mathcal{F}$ を X 上の層とすると, その押し出し $f_*\mathcal{F}$ は Y 上の層を定める. これは次で与えられる.

$$f_*\mathcal{F}\colon (U \subset Y) \mapsto \mathcal{F}(f^{-1}(U)). \tag{3.2}$$

$\mathcal{F}$ が Y 上の層の場合にも, X 上の層を対応させる引き戻し $f^{-1}\mathcal{F}$ が定義できる:

$$f^{-1}\mathcal{F}\colon (V \subset X) \mapsto \varinjlim_{f(V) \subset U} \mathcal{F}(U). \tag{3.3}$$

ここで, U は $f(V)$ を含むすべての Y の開集合を動く. (ただし, 対応 (3.3) は必ずしも層にはならないので, 層化する必要がある.)

$\mathcal{F}$ を X 上の層とする. 各開集合 $U \subset X$ に対して集合 $\mathcal{F}(U)$ が環の構造を持

ち，これが自然な整合性を満たすなら $\mathcal{F}$ は環の層と呼ばれる．例 3.8 における層 $U \mapsto C^\infty(U)$ は環の層になっている．また，層 $\mathcal{F}_1$ から層 $\mathcal{F}_2$ への射とは各開集合 U に対する群準同型 $\mathcal{F}_1(U) \to \mathcal{F}_2(U)$ のデータで，自然な整合性を満たすものである．

定義 3.10 位相空間 X とその上の環の層 $\mathcal{O}_X$ の組 $(X, \mathcal{O}_X)$ は，各点での茎 $\mathcal{O}_{X,x}$ が局所環になるとき**局所環付き空間**と呼び，$\mathcal{O}_X$ をその構造層と言う．2 つの局所環付き空間 $(X_i, \mathcal{O}_{X_i})$, $i = 1, 2$ の間の射とは，連続写像 $f\colon X_1 \to X_2$ および環の層の射 $\psi\colon \mathcal{O}_{X_2} \to f_*\mathcal{O}_{X_1}$ であり，各点 $x \in X_1$ において誘導される射 $\mathcal{O}_{X_2, f(x)} \to \mathcal{O}_{X_1, x}$ が極大イデアルを極大イデアルに移すものを指す．

たとえば，X を可微分多様体とし $\mathcal{O}_X(U) = C^\infty(U)$ とすると $(X, \mathcal{O}_X)$ は局所環付き空間となる．局所環付き空間とは，単に空間が与えられただけではなく，その空間上の関数とは何かを指定したものである．局所環付き空間の間の射とは，連続写像であってなおかつ関数の引き戻しが定義できるものということである．

3.4 スキームについての概説

ここでは，スキームについて簡単に解説する．まず，アフィンスキームについて述べる．

定義 3.11 環 R に対して，$\operatorname{Spec} R$ は環 R における素イデアル全体の集合とする．

R が $\mathbb{C}$ 上の有限生成代数の場合，$\operatorname{Spm} R$ の点は R の極大イデアル全体の集合と同一視できたことに注意しよう．よってこの場合，$\operatorname{Spec} R$ は集合として $\operatorname{Spm} R$ を含んでいることになる．$\operatorname{Spm} R$ が方程式系の零点集合であることと比較すると，$\operatorname{Spec} R$ は方程式系の零点集合の既約な代数的部分集合全体とも言える．また，$\operatorname{Spm} R$ と同様に $\operatorname{Spec} R$ にもザリスキ位相を入れる．これは $f \in R$ に対して

$$U_f := \{\mathfrak{p} \in \operatorname{Spec} R : f \notin \mathfrak{p}\}$$

を開基底とする位相である．$U_f \cap \operatorname{Spm} R$ は前章で定義したザリスキ開集合 (2.13)

に他ならない．さらに重要なのは位相空間 $\operatorname{Spec} R$ 上の環の層である．ザリスキ位相による位相空間 $\operatorname{Spec} R$ 上には環の層 $\mathcal{O}_{\operatorname{Spec} R}$ がただ 1 つ存在して，開基底 $U_f \subset X$ に対しては $\mathcal{O}_{\operatorname{Spec} R}(U_f) = R[1/f]$ が成立することが知られている．さらに，$\mathfrak{p} \in \operatorname{Spec} R$ における $\mathcal{O}_{\operatorname{Spec} R}$ の茎は R の $\mathfrak{p}$ における局所化 $R_\mathfrak{p}$ となる．とくに $\mathcal{O}_{\operatorname{Spec} R, \mathfrak{p}}$ は局所環となり，組 $(\operatorname{Spec} R, \mathcal{O}_{\operatorname{Spec} R})$ はアフィンスキームと呼ばれる局所環付き空間となる．今，環準同型 $\phi \colon S \to R$ が与えられるとしよう．すると，次の連続写像を得る．

$$f \colon \operatorname{Spec} R \to \operatorname{Spec} S$$

$$\mathfrak{p} \mapsto \phi^{-1}(\mathfrak{p}).$$

また環準同型 ϕ は環の層の準同型 $\mathcal{O}_{\operatorname{Spec} S} \to f_* \mathcal{O}_{\operatorname{Spec} R}$ を誘導する．組 (f, ϕ) はアフィンスキームの間の射である．よって，次の反変関手を得る：

$$(\text{環の圏}) \to (\text{アフィンスキームの圏}), \tag{3.4}$$

$$R \mapsto (\operatorname{Spec} R, \mathcal{O}_{\operatorname{Spec} R}).$$

上の関手は圏同値になることが示される．実際，逆の関手は $(X, \mathcal{O}_X) \mapsto \Gamma(X, \mathcal{O}_X)$ で与えられる．

例 3.12 (3.1) の 2 つの環 R_X, R_Y から定まるアフィンスキーム $\operatorname{Spec} R_X$，$\operatorname{Spec} R_Y$ を考えよう．位相空間としてはこれらはどちらも 1 点である．しかし，そこに乗っている環の層が異なっている (R_X と R_Y が同型ではないため) ため，局所環付き空間としては同型ではない．よって例 3.1 で述べた X と Y はアフィンスキームの世界では区別できる．

代数多様体と同様に，アフィンスキームを貼り合わせて，スキームを得る：

定義 3.13 局所環付き空間 $(X, \mathcal{O}_X)$ は局所的にアフィンスキームと同型になるときに**スキーム**であると定義する．

定義により，スキームはアフィンスキームによる開被覆を持つ．以後，スキームの記号から $\mathcal{O}_X$ を省くことがある．我々が主に扱うのは，以下のようなスキームである：

$$X = \bigcup_{i=1}^{N} U_i, \ U_i \cong \operatorname{Spec} R_i, \ R_i は有限生成 \mathbb{C}\text{-代数}. \tag{3.5}$$

ここで $\mathfrak{U} := \{U_i\}_{i=1}^{N}$ はアフィンスキームによる X の開被覆である．上のような X は**有限型複素代数的スキーム**と呼ばれる．以降，本書で「スキーム」あるいは「代数的スキーム」と言ったときには常に「有限型複素代数的スキーム」を意味するものとする．

例 3.14 例 2.7 の状況で，同次多項式 $F_1, \cdots, F_m$ は自然にスキームを定める．実際，各 $0 \leq i \leq n$ に対して定まるアフィンスキーム

$\operatorname{Spec} \mathbb{C}[z_0, \cdots, \hat{z}_i, \cdots, z_n]/(F_k(z_0, \cdots, z_{i-1}, 1, z_{i+1}, \cdots, z_n) : 1 \leq k \leq m)$

は自然に貼り合って代数的スキームを定める．このようなスキームは**射影的スキーム**と呼ばれる．

この節の最後に，定義 2.18 で定義した代数多様体と，本節の代数的スキームの関係を見てみよう．一般に環 R に対して，そのイデアル $\sqrt{0}$ は次のように定義される：

$$\sqrt{0} := \{f \in R : f^k = 0, \ k \gg 0\}.$$

環 $R^\dagger := R/\sqrt{0}$ は $\operatorname{Spm} R^\dagger = \operatorname{Spm} R$ を満たす．イデアル $\sqrt{0}$ で割るという意味は，例 3.1 の Y に出てくるような重根の存在を許さないという意味である．実際，(3.1) の記号で $R_Y^\dagger = R_X$ が言える．X を定義 2.5 の意味での代数多様体とし，各 U_i が $\operatorname{Spm} R_i$ と書けるとしよう．このとき，$U_i^\dagger$ を環 $R_i/\sqrt{0}$ から定まるアフィンスキームとすると，U_i 達を貼り合わせる関数は自然に $U_i^\dagger$ 達を貼り合わせる関数を与える．よって，次のスキームが定まる

$$X^\dagger := \bigcup_{i=1}^{N} U_i^\dagger, \quad U_i^\dagger := \operatorname{Spec} R_i/\sqrt{0}.$$

対応 $X \mapsto X^\dagger$ は代数多様体の圏から代数的スキームの圏への充満忠実な関手を与えている．よって，この対応を通じて定義 2.5 の代数多様体を代数的スキームとみなすことができる．以後，上の対応によりすべての代数多様体は代数的スキームの特別なもの (とくに重根がない) として扱うこととする．

注意 3.15 上述の対応 $X \mapsto X^\dagger$ によって, 点集合としては $X \subset X^\dagger$ であり,
$$X = \{p \in X^\dagger : \overline{\{p\}} = p\}$$
となる. ここで $\overline{\{p\}}$ は点 p のザリスキ位相による閉包である. よって, X の点は $X^\dagger$ の**閉点**と呼ばれる. 以降, 代数的スキーム上の点とは常に閉点を意味するものとする.

3.5 代数多様体 (スキーム) 上の連接層

通常の多様体論でベクトル束の概念が本質的な役割を果たすように, 代数多様体上でもベクトル束 (とくに階数が 1 の直線束) を調べるのは有用である. たとえば問 2.17 において与えられた代数多様体 X の幾何構造を調べることを考える. 仮により次元の低い射影的代数多様体 Z への全射 $\pi\colon X \to Z$ が存在するとしよう. すると X の幾何構造を調べるには Z の幾何構造, 各 $p \in Z$ におけるファイバー $\pi^{-1}(p)$ の幾何構造, および $\pi^{-1}(p)$ が p を変化させたときにどのように振る舞うか, を調べれば良い. このように与えられた代数多様体から他の代数多様体への射を与えることは問 2.17 の研究の鍵になる. これは第 2.5 節における代数曲面の分類論からも明らかであろう. X 上の直線束およびその大域切断は他の代数多様体への射を与える際の手がかりを与える.

一般にスキーム X が与えられると, その上の連接層の圏が定義される. 連接層とは可微分多様体上のベクトル束の概念の類似物であるが, ベクトル束だけではなく部分多様体上のベクトル束や特異点付きベクトル束のような概念も含んでいる. 特異点付きベクトル束を微分幾何で扱うのは技術的に難しく, この点は代数幾何学が持つ強みである.

$\mathcal{F}$ をスキーム X 上の層とする. $\mathcal{F}$ が $\mathcal{O}_X$-加群であるとは, 各開集合 $U \subset X$ に対して $\mathcal{F}(U)$ が $\mathcal{O}_X(U)$-加群の構造を持ち自然な整合性を満たすものである. さらに, 連接層を次で定義する:

定義 3.16 X をスキームとし, $\mathcal{F}$ を $\mathcal{O}_X$-加群の層とする. このとき, $\mathcal{F}$ は次の連接性を満たすとき**連接層**であると言う:

- $\mathcal{F}$ は $\mathcal{O}_X$ 上有限型である.つまり,任意の $x \in X$ に対して開近傍 U と自然数 n および全射 $\mathcal{O}_U^{\oplus n} \twoheadrightarrow \mathcal{F}|_U$ が存在する.
- 任意の開集合 $U \subset X$,自然数 n および射 $\phi\colon \mathcal{O}_U^{\oplus n} \to \mathcal{F}|_U$ に対して,ϕ の核が有限型になる.

スキーム X 上の連接層のなす圏は $\mathrm{Coh}(X)$ と記述される.

上の連接性の条件は非常に強力で,これにより連接層として許されるものが大幅に限られることになる.その1つの帰結として,アフィンスキーム $\mathrm{Spec}\,R$ 上では連接層を与えることと有限生成 R-加群を与えることが同値であるという結論が出てくる.より正確には,次が成立する:

命題 3.17 R を有限生成 $\mathbb{C}$-代数とし,$\mathrm{mod}(R)$ を R 上の有限生成 R-加群のなすアーベル圏とする.このとき,$\mathrm{Coh}(\mathrm{Spec}\,R)$ と $\mathrm{mod}(R)$ は圏同値である.とくに,$\mathrm{Coh}(\mathrm{Spec}\,R)$ にはアーベル圏の構造が入る.

上の命題において,$\mathrm{Spec}\,R$ 上の連接層 $\mathcal{F}$ に対応する R-加群は大域切断 $\mathcal{F}(\mathrm{Spec}\,R)$ で与えられる.逆に有限生成 R-加群 M が与えられると,対応する連接層 $\widetilde{M}$ が一意に定まる.これは,開基底 $\{U_f\}_{f \in R}$ に対しては $\widetilde{M}(U_f) = M[1/f]$ によって定まる.

命題 3.17 の圏同値を用いると,アフィンスキームとは限らない一般の代数的スキーム上の連接層を与えることと各アフィン開集合上の加群の貼り合わせデータが同値になることが従う.この「貼り合わせ」がどういうことなのか,まずは可微分多様体上のベクトル束の場合に思い出してみよう.M を (2.16) で与えられる可微分多様体とし,$F \to M$ を階数が r のベクトル束とする.このとき,開被覆 (2.16) を十分小さくとると F を与えるデータは次のデータと同値になる:

- U_λ 上の自明なベクトル束 $\mathbb{R}^r \times U_\lambda \to U_\lambda$.
- 貼り合わせ関数を与える C^∞-級写像 $\phi_{\lambda_1, \lambda_2}\colon U_{\lambda_1} \cap U_{\lambda_2} \to \mathrm{GL}_r(\mathbb{R})$.ただし,$\phi_{\lambda, \lambda} = \mathrm{id}$ と置く.
- コサイクル条件: $\phi_{\lambda_1, \lambda_2} \circ \phi_{\lambda_2, \lambda_3} \circ \phi_{\lambda_3, \lambda_1} = 1$.

つまり, 各開集合 U_λ 上の自明なベクトル束を $\phi_{\lambda_1,\lambda_2}$ に沿って貼り合わせる. この貼り合わせが矛盾なく定義できることと最後のコサイクル条件が同値になるのである. 同じことが代数的スキーム上の連接層に対しても適用できる. ベクトル束と違って連接層の場合は局所データが自明とは限らないが, 本質に変わりはない. X を代数的スキームとし, アフィン開集合を (3.5) のように取る. 議論を簡単にするため, 次の仮定を置く:

$$\text{すべての } U_{i_1,\cdots,i_k} := U_{i_1} \cap \cdots \cap U_{i_k} \text{ がアフィンスキームになる.} \quad (3.6)$$

上の仮定は, たとえば X が射影的スキームで開被覆を例 3.14 のように取ると成立する. $U_{i_1,\cdots,i_k} = \operatorname{Spec} R_{i_1,\cdots,i_k}$ と書くことにする. 仮定 (3.6) の下で, $1 \le j \le k$ に対して $R_{i_1,\cdots,i_k}$ は埋め込み $U_{i_1,\cdots,i_k} \subset U_{i_j}$ と圏同値 (3.4) によって R_{i_j}-加群になる. よって $M \in \operatorname{mod}(R_{i_j})$ に対して $M|_{U_{i_1,\cdots,i_k}} := M \underset{R_{i_j}}{\otimes} R_{i_1,\cdots,i_k}$ が定まる.

命題 3.18 アフィン開被覆 (3.5) を持つ代数的スキーム X 上の連接層の圏 $\operatorname{Coh}(X)$ の圏は, 次のデータからなる圏と同値である:

$$M = (M_i, \phi_{ij}), \ M_i \in \operatorname{mod}(R_i), \ \phi_{ij} \colon M_j|_{U_{ij}} \overset{\cong}{\to} M_i|_{U_{ij}}. \quad (3.7)$$

ここで ϕ_{ij} は R_{ij}-加群の同型であり, $\phi_{ii} = \operatorname{id}$ かつ次のコサイクル条件を満たしている:

$$\phi_{ij} \circ \phi_{jk} \circ \phi_{ki} = \operatorname{id} \colon M_i|_{U_{ijk}} \to M_i|_{U_{ijk}}. \quad (3.8)$$

また, 同様のデータ $N = (N_i, \phi'_i)$ に対して射 $\operatorname{Hom}(M, N)$ は次の集合として定義する:

$$\left\{ (f_i)_{i=1}^N \in \prod_{i=1}^N \operatorname{Hom}_{R_i}(M_i, N_i) : \phi'_{ij} \circ f_j = f_i \circ \phi_{ij} \right\}$$

上の命題によって, 代数的スキーム X 上の連接層という抽象的な対象が X を構成する環 R_i 上の加群達の貼り合わせという具体的な対象に置き換わったことになる. データ (3.7) による連接層の記述は一般論を展開するのにはあまり向かないが, 具体的な計算を行う際には有用であることが多い.

命題 3.18 における 2 つのデータ $M = (M_i, \phi_{ij})$, $N = (N_i, \phi'_{ij})$ を取ってこ

よう. $f = (f_i)_{i=1}^N \in \mathrm{Hom}(M, N)$ に対して, $\mathrm{Ker}(f), \mathrm{Cok}(f)$ を次で定める:
$$\mathrm{Ker}(f) = (\mathrm{Ker}(f_i), \phi_{ij}),$$
$$\mathrm{Cok}(f) = (\mathrm{Cok}(f_i), \phi'_{ij}).$$

上のデータは命題 3.18 により $\mathrm{Coh}(X)$ の対象に対応し, これにより $\mathrm{Coh}(X)$ にアーベル圏の構造が入ることがわかる. また, 各 M_i が有限生成であるという条件を外したデータ (3.7) は**準連接層**と呼ばれる層に対応する. 準連接層からなる圏 $\mathrm{QCoh}(X)$ も同様にアーベル圏であり, $\mathrm{Coh}(X)$ は $\mathrm{QCoh}(X)$ の部分アーベル圏である.

X 上には様々な連接層が存在し, それらの大域切断を調べることと X の幾何的構造を調べることの間には深い関係がある. とくに直線束 (例 3.22 を参照) の大域切断を調べることで X を射影空間に埋め込んだり, 他の代数多様体への射を構成することができる. ここで $M \in \mathrm{Coh}(X)$ が命題 3.18 の同値の下で, データ (3.7) に対応するとしよう. すると, 次の同型が存在する:
$$\Gamma(X, M) \cong \left\{ (s_i)_{i=1}^N \in \prod_{i=1}^N M_i : s_i = \phi_{ij}(s_j) \right\}.$$

この節の最後に, $\mathrm{Coh}(X)$ の関手性について解説する. まず代数的スキームの間の射 $f\colon X \to Y$ に対して, 通常の層の押し出し (3.2) は次の関手を誘導する:
$$f_*\colon \mathrm{Coh}(X) \to \mathrm{QCoh}(X). \tag{3.9}$$

一般に $M \in \mathrm{Coh}(X)$ に対して f_*N は連接層にはならないが, たとえば f が射影的射であると仮定すると (とくに X と Y が射影的スキームの場合は) $f_*N \in \mathrm{Coh}(Y)$ となることが示される.

一方引き戻しの方は, 通常の f^{-1} では $\mathcal{O}_Y$-加群の構造が遺伝しないため, $\mathcal{O}_X$ をテンソルする必要がある. つまり
$$f^*(-) := f^{-1}(-) \underset{f^{-1}\mathcal{O}_Y}{\otimes} \mathcal{O}_X \colon \mathrm{Coh}(Y) \to \mathrm{Coh}(X).$$

f が閉埋め込みのときは f^*N を $N|_Y$ と記述することもある. また, f_* は f^* の右随伴関手となっている.

$X = \mathrm{Spec}\, R, Y = \mathrm{Spec}\, S$ で f が環準同型 $\psi\colon S \to R$ で与えられるときは, 上

の関手達は次のように書ける: f_* は命題 3.17 の同値の下で R-加群を ψ を通じて S-加群とみなしたものである. 同様に f^* は S-加群に $\underset{S}{\otimes} R$ を施したものである.

3.6 連接層の例や性質

この節では,様々な連接層の例や性質について述べ,また関連する幾何的構成 (ブローアップや射影バンドル等) についても述べる. 以後, 命題 3.18 により連接層とデータ (3.7) を同一視する.

例 3.19 $(X, \mathcal{O}_X)$ を (3.5) で与えられる代数的スキームとする. $\mathcal{O}_X$ は**構造層**と呼ばれる連接層であり, これは命題 3.18 の同値の下で次のデータと対応している:
$$\mathcal{O}_X = (R_i, \phi_{ij} = \mathrm{id}).$$

例 3.20 X を代数的スキーム, $Z \subset X$ を X の閉部分スキームとすると, Z の構造層 $\mathcal{O}_Z$ は押し出しにより X 上の連接層であるとみなせる. とくに各点 $x \in X$ は閉部分スキームなので, 構造層 $\mathcal{O}_x$ は X 上の連接層である. 構成から自然な全射 $\mathcal{O}_X \twoheadrightarrow \mathcal{O}_Z$ が存在する. この全射の核 I_Z は X 上の連接層であり, Z の**定義イデアル層**と呼ばれる.

イデアル層 I_Z を用いて, X の Z を中心とするブローアップを定義できる. まず $X = \mathrm{Spec}\, R$ の場合を考えると, I_Z は R のイデアルであるとみなせる. このとき, 整数 $n \geq 0, m \geq 0$ と R-係数の同次多項式
$$f_i(y_1, \cdots, y_n) \in R[y_1, \cdots, y_n],\ 1 \leq i \leq m$$
が存在して, 次の次数付き環の同型が存在する:
$$\underset{k \geq 0}{\oplus} I_Z^k \cong R[y_1, \cdots, y_n]/(f_1, \cdots, f_m).$$
例 3.14 と同様の構成により, スキーム $\widehat{X}$ を次で定義する:
$$\widehat{X} = (f_1 = \cdots = f_m = 0) \subset \mathrm{Spec}\, R \times \mathbb{P}^{n-1}.$$

$X = \mathbb{C}^n$, $Z = \{0\}$ の場合, $\widehat{X}$ は例 2.15 で構成した $\widehat{\mathbb{C}}^n$ に他ならないことが容易にわかる. 射影 $\widehat{X} \to X$ は Z を中心とする X のブローアップと呼ばれる.

X がアフィンスキームとは限らない場合, 命題 3.18 により $I_Z = (I_{Z,i}, \phi_{ij})$ と書ける. 各アフィン開集合上で $I_{Z,i}$ についてのブローアップ $\widehat{U}_i \to U_i$ を取り, それらを ϕ_{ij} を用いて貼り合わせると, Z を中心とする X のブローアップが構成できる:
$$\pi \colon \widehat{X} := \bigcup_{i=1}^{N} \widehat{U}_i \to X.$$
π は Z の外では同型であるため, 例 2.15 と同様に双有理射になる.

例 3.21 命題 3.18 によって連接層を与える 2 つのデータ $M = (M_i, \phi_{ij})$, $N = (N_i, \phi'_{ij})$ に対して $M \otimes N$ を次のデータとする:
$$M \otimes N = (M_i \underset{R_i}{\otimes} N_i, \phi_{ij} \otimes \phi'_{ij})$$
命題 3.18 の下で, $M \otimes N$ は $\mathrm{Coh}(X)$ の対象を与えている. また, 次の $\mathcal{H}om(M, N)$ (内部準同型) も $\mathrm{Coh}(X)$ の対象を与えている.
$$\mathcal{H}om(M, N) = (\mathrm{Hom}_{R_i}(M_i, N_i), \phi_{ij}^{-1} \circ - \circ \phi'_{ij}).$$
$M^\vee := \mathcal{H}om(M, \mathcal{O}_X)$ は M の双対層と呼ばれる. 同様に $\mathrm{QCoh}(X)$ もテンソル積や内部準同型を持つアーベル圏である.

例 3.22 X を代数的スキームとする. $M = (M_i, \phi_{ij}) \in \mathrm{Coh}(X)$ は (必要ならばアフィン開被覆をより小さく取ることで) $M_i = R_i^{\oplus r}$ となるとき, 階数が r の**局所自由層**であると言う. このとき, $\phi_{ij} \in \mathrm{GL}_r(R_{ij})$ である. 代数的スキーム $\mathcal{M}$ を次で定める.
$$\mathcal{M} := \left(\coprod_{i=1}^{N} (U_i \times \mathbb{C}^r) \right) / (\text{同値関係}). \tag{3.10}$$
ここで同値関係は $(x_i, v_i) \in U_i \times \mathbb{C}^r$ と $(x_j, v_j) \in U_j \times \mathbb{C}^r$ が $x_i = x_j \in U_i \cap U_j$ かつ $v_i = \phi_{ij}(v_j)$ が成立するときに同値であると定める. 射影 $U_i \times \mathbb{C}^r \to U_i$ は代数的スキームの射 $\pi \colon \mathcal{M} \to X$ を定め, これは各ファイバーが $\mathbb{C}^r$ となる. $\pi \colon \mathcal{M} \to X$ は可微分多様体上のベクトル束の代数幾何的類似であり, X 上の代

数的ベクトル束と呼ばれる. 逆に (3.10) で与えられる X 上の代数的ベクトル束が与えられると, 変換関数 ϕ_{ij} を用いて X 上の局所自由層 $(R_i^{\oplus r}, \phi_{ij})$ が定まる. よって以後は局所自由層と代数的ベクトル束を同一視する. $r=1$ のときは両者を単に**直線束**と呼び, X 上の直線束の同型類の集合を $\mathrm{Pic}(X)$ と記述する.

上記の局所自由層と代数的ベクトル束の同一視の下で, 大域切断 $\Gamma(X, M)$ は代数多様体としての射 $s\colon X \to \mathcal{M}$ であって $\pi \circ s = \mathrm{id}$ となるものと同一視される. とくに $0 \in \Gamma(X, M)$ は 0 切断 $s_0\colon X \to \mathcal{M}$ と同一視される. また, $\mathcal{M} \to X$ の各ファイバーを射影化することで, 射影空間束

$$\pi'\colon \mathbb{P}(\mathcal{M}) := (\mathcal{M} \setminus s_0(\mathcal{M}))/\mathbb{C}^* \to X$$

を構成できる. ここで $\mathbb{C}^*$ は π のファイバーに掛け算で作用している. π' のすべてのファイバーは $\mathbb{P}^{r-1}$ と同型である.

滑らかな代数多様体 X とその滑らかな閉部分代数多様体 $Z \subset X$ に対して,

$$N_{Z/X} = \left(I_Z/I_Z^2\right)^\vee$$

と置く. これは**法束**と呼ばれる Z 上の局所自由層である. 対応する Z 上の代数的ベクトル束を $\mathcal{N}_{Z/X}$ とし,

$$\mathbb{P}(\mathcal{N}_{Z/X}) \to Z$$

をその射影化とする. これは Z を中心とするブローアップ $\widehat{X} \to X$ の例外集合と同型である.

例 3.23 $\mathbb{P}^n$ 上のアフィン開被覆を例 2.6 (i) のように取り, $U_i = \mathrm{Spec}\, R_i$ と置く. $\mathbb{P}^n$ 上の直線束 $\mathcal{O}_{\mathbb{P}^n}(1)$ を次のように定義する:

$$\mathcal{O}_{\mathbb{P}^n}(1) := (R_i, \phi_{ij}(-) = -\cdot y_j/y_i).$$

また, $\mathcal{O}_{\mathbb{P}^n}(m) := \mathcal{O}_{\mathbb{P}^n}(1)^{\otimes m}$ と定め, 閉埋め込み $\phi\colon X \hookrightarrow \mathbb{P}^n$ に対しては $\phi^* \mathcal{O}_{\mathbb{P}^n}(m)$ を $\mathcal{O}_X(m)$ と書く. 代数的スキーム X 上の直線束 L は, ある閉埋め込み $\phi\colon X \hookrightarrow \mathbb{P}^n$ が存在して $L \cong \phi^* \mathcal{O}_{\mathbb{P}^n}(1)$ となるとき, **非常に豊富**であると言う. これは, L に大域切断が非常に豊富に存在しているという意味である. 実際, 次のような同一視が存在することが容易にわかる:

$$H^0(\mathbb{P}^n, \mathcal{O}_{\mathbb{P}^n}(1)) = \bigoplus_{i=0}^{n} \mathbb{C}y_i.$$

よって $s_i = \phi^*(y_i)$ は L の大域切断を定め, 閉埋め込み ϕ は比を取る写像

$$X \ni x \mapsto [s_0(x) : \cdots : s_n(x)] \in \mathbb{P}^n \tag{3.11}$$

で与えられる. ただしここで, $s_i(x)$ は直線束 $L \to X$ の x でのファイバーの元とみなしている.

代数的スキーム X 上に直線束 L が与えられたとき, 写像 (3.11) と同様の写像は, 各 s_i に共通零点が存在しなければ定義できる. (ただし, 閉埋め込みとは限らなくなる.) このような条件は**自由**であると呼ばれる. つまり直線束 L が自由であるとは, 次が成立することを指す:

$$\bigcap_{s \in H^0(X,L)} (s = 0) = \emptyset.$$

同様に直線束が**豊富 (準豊富)** であるとは $k \gg 0$ に対して $L^{\otimes k}$ が非常に豊富 (自由) になるものとして定義される. 準豊富な直線束 L が存在すると, $k \gg 0$ に対する切断 $H^0(X, L^{\otimes k})$ を用いて X から射影空間への写像を構成することができる. その像は射影的スキームであるため, X と他の射影的スキームを関連付けることが可能になる.

例 3.24 X を (3.5) で与えられる代数的スキームとし, $D \subset X$ を余次元 1 の閉部分スキームとする. 必要ならばアフィン開集合をより小さいものに置き換えて, 各 i に対して $f_i \in R_i^*$ が存在して $D \cap U_i = (f_i = 0)$ となると仮定する. このとき, 直線束 $\mathcal{O}_X(D)$ を次のように定める:

$$\mathcal{O}_X(D) = (R_i, \phi_{ij}(-) = - \cdot f_i/f_j).$$

$\mathcal{O}_X(-D) = \mathcal{O}_X(D)^\vee$ および $\mathcal{O}_X(D + D') = \mathcal{O}_X(D) \otimes \mathcal{O}_X(D')$ と置くことで, 余次元 1 の閉部分スキームの任意の形式的線形結合

$$Z = \sum_{k=1}^{m} a_k D_k, \ a_k \in \mathbb{Z} \tag{3.12}$$

で D_k が局所的に 1 つの多項式の零点で与えられるものを考えると, 直線束 $\mathcal{O}_X(Z)$ が定義できる. このような線形結合 Z は **Cartier 因子**と呼ばれる. た

とえば滑らかな代数多様体上の任意の余次元 1 の部分代数多様体は局所的に 1 つの多項式の零点で与えられるので, すべての線形結合 (3.12) に対して直線束 $\mathcal{O}_X(Z)$ が定まる. $\mathcal{O}_X(Z)$ が非常に豊富 (豊富, 自由, 準豊富) になるとき, Z は**非常に豊富 (豊富, 自由, 準豊富)** であると言う.

例 3.25 X を (3.5) で与えられる代数的スキームとする. 各 i に対して微分加群 $\Omega_{R_i/\mathbb{C}}$ を対応させ, ϕ_{ij} を自然な同型写像を対応させることで, 微分加群層 $\Omega_X \in \mathrm{Coh}(X)$ が定義される. X が滑らかのときは Ω_X は**余接束**と呼ばれる階数が $\dim X$ の局所自由層であり, その双対 $T_X := \Omega_X^\vee$ は**接束**と呼ばれる. 余接束の外積を次のように置く:
$$\Omega_X^p := \overset{p}{\wedge} \Omega_X.$$

とくに $p = \dim X$ のときは $\omega_X = \Omega_X^{\dim X}$ は直線束になる. これは**標準直線束**と呼ばれ, 代数多様体の幾何構造を研究する際に重要となる直線束である. $\omega_X = \mathcal{O}_X(K_X)$ となる K_X は X の**標準因子**と呼ばれる. 射影空間 $\mathbb{P}^n$ の標準直線束は $\mathcal{O}_{\mathbb{P}^n}(-n-1)$ で与えられる. また, 滑らかな余次元 1 の部分多様体 $Y \subset X$ の標準直線束は次で与えられることが知られている:
$$\omega_Y \cong (\omega_X \otimes \mathcal{O}_X(Y))|_Y \tag{3.13}$$

上の同型を用いて, 射影空間内の超曲面等の標準直線束が計算される.

3.7　層係数コホモロジー

前節の例 3.23 で見たように, 直線束の大域切断は代数多様体の幾何構造を調べる上で重要な鍵を握っている. では, 代数多様体 X 上の与えられた直線束 $L = (\mathcal{O}_{U_i}, \phi_{ij})$ がどれだけ大域切断を持っているか, どのように調べたら良いだろうか? たとえば, 直線束 L を閉部分代数多様体 $Y \subset X$ に制限する. Y の方が次元が小さいので, 一般に L の大域切断を調べるよりも $L|_Y$ の大域切断を調べる方が簡単なことが多い. そこで, $L|_Y$ の大域切断 $s = (s_i \in \mathcal{O}_{U_i \cap Y}) \in \Gamma(Y, L|_Y)$ を取ってきて, これが L の大域切断に持ち上がるかどうか考えてみよう. 各 i については $\mathcal{O}_{U_i} \to \mathcal{O}_{U_i \cap Y}$ が全射なので s_i は $s_i' \in \mathcal{O}_{U_i}$ に持ち上がるが, これが

L の大域切断を与えることと s'_i が貼り合わせ条件 $s'_i = \phi_{ij}(s'_j)$ を満たすことは同値になる．貼り合わせ条件を満たすかどうかは持ち上げ s_i の取り方に依存するが，残念ながらどのように s'_i を持ち上げても s_i が貼り合わないことがある．この場合，自然な射 $\Gamma(X, L) \to \Gamma(Y, L|_Y)$ は全射にならず，$L|_Y$ の大域切断から L の大域切断を得ることができない．では，どのような状況だったら s_i 達が貼り合うだろうか？ その可能性を測るのが層係数コホモロジー群である．

一般に代数的スキーム X 上の連接層の完全系列 $0 \to M_1 \to M_2 \to M_3 \to 0$ が誘導する大域切断の間の系列は左完全系列である．つまり，次がベクトル空間の完全系列になる：

$$0 \to \Gamma(X, M_1) \to \Gamma(X, M_2) \to \Gamma(X, M_3). \tag{3.14}$$

一番右の射は上述の議論から一般に全射になるとは限らないが，その余核は次で述べる 1 次コホモロジー群 $H^1(X, M_1)$ に値を取る．さらに高次のコホモロジー群 $H^i(X, M_1)$ も定義できる．これらの具体的記述を与える前に，次の定理で存在性を述べておこう．

定理 3.26 X を代数的スキームとする．このとき，各整数 $i \geq 0$ に対して関手

$$H^i(X, -) \colon \mathrm{Coh}(X) \to (\text{複素ベクトル空間の圏})$$

が存在して，次の条件で特徴づけられる：

- $H^0(X, -) = \Gamma(X, -)$ が成立する．
- 連接層の完全系列 $0 \to M_1 \to M_2 \to M_3 \to 0$ に対して，関手的な準同型 (接続準同型と呼ばれる)

$$\delta^i \colon H^i(X, M_3) \to H^{i+1}(X, M_1)$$

が存在して，ベクトル空間の長完全系列ができる：

$$0 \to H^0(X, M_1) \to H^0(X, M_2) \to H^0(X, M_3) \xrightarrow{\delta^0} H^1(X, M_1) \to \cdots$$
$$\cdots \to H^i(X, M_1) \to H^i(X, M_2) \to H^i(X, M_3) \xrightarrow{\delta^i} H^{i+1}(X, M_1) \to \cdots.$$

定理 3.26 の長完全系列より, (3.14) が右完全であることの障害が $H^1(X, M_1)$ で与えられることになる. コホモロジー $H^1(X, M_1)$ の消滅がわかれば, M_3 の大域切断が M_2 の大域切断に持ち上がることが保障される. コホモロジー群の具体的構成方法については色々とあるが, 次のチェックコホモロジーによる構成は応用上便利である:

定理 3.27 $M = (M_i, \phi_{ij}) \in \mathrm{Coh}(X)$ に対し, $H^i(X, M)$ は次の複体の i 次のコホモロジー群と同型である:

$$0 \to \prod_{i_0} M_{i_0} \xrightarrow{f^0} \prod_{i_0 < i_1} M_{i_0 i_1} \xrightarrow{f^1} \cdots \prod_{i_0 < \cdots < i_k} M_{i_0 \cdots i_k} \xrightarrow{f^k} \prod_{i_0 < \cdots < i_{k+1}} M_{i_0 \cdots i_{k+1}} \to \cdots.$$

ここで, $M_{i_0 \cdots i_k} := M_{i_0}|_{U_{i_0 \cdots i_k}}$ であり, f^k は $\alpha = (\alpha_{i_0 \cdots i_k} \in M_{i_0 \cdots i_k})$ に対して次で与えられる:

$$f^k(\alpha)_{i_0 \cdots i_{k+1}} = \phi_{i_0 i_1}(\alpha_{i_1 \cdots i_{k+1}}|_{U_{i_0 \cdots i_{k+1}}}) + \sum_{p=1}^{k+1} (-1)^p \alpha_{i_0 \cdots \hat{i}_p \cdots i_{k+1}}|_{U_{i_0 \cdots i_{k+1}}}.$$

一般に $H^i(X, M)$ は無限次元のベクトル空間であるが, 少なくとも X が射影的ならば有限次元になることが知られている. この場合, $h^i(X, M) := \dim H^i(X, M)$ と記述する. また, 定義から $H^0(X, M)$ は $\Gamma(X, M)$ に他ならないことに注意しよう.

例 3.28 $\mathbb{P}^n$ 上の直線束 $\mathcal{O}_{\mathbb{P}^n}(k)$ の層係数コホモロジー $H^i(\mathbb{P}^n, \mathcal{O}_{\mathbb{P}^n}(k))$ の計算結果は次のようになる: $i \neq 0, n$ で $H^i(\mathbb{P}^n, \mathcal{O}_{\mathbb{P}^n}(k)) = 0$ であり,

$$H^0(\mathbb{P}^n, \mathcal{O}_{\mathbb{P}^n}(k)) = V_k,$$
$$H^n(\mathbb{P}^n, \mathcal{O}_{\mathbb{P}^n}(k)) = V_{-k-n-1}^\vee.$$

ここで, $V_k \subset \mathbb{C}[y_0, \cdots, y_n]$ は次数が k の同次多項式からなるベクトル空間である. ただし, $k < 0$ で $V_k = 0$ と置く. 証明については, [50, Theorem 5.1] を参照.

これまでの議論により, コホモロジーの消滅を保証する一般的な定理が存在すれば, それを活用して代数多様体の幾何構造の研究に応用できる. そこで, 層係数コホモロジー群に関する幾つかの消滅定理を紹介する. これらの定理は結果のみ述べることにし, 証明については適宜文献を引用するに留める.

定理 3.29 (グロタンディック消滅定理)　X を代数的スキームとし, $M \in \mathrm{Coh}(X)$ とする. このとき, $n > \dim X$ ならば $H^n(X, M) = 0$ が成立する.

証明　[50, Theorem 2.7] を参照. □

定理 3.30 (セール消滅定理)　X を射影的スキームとし, L を豊富な直線束, $M \in \mathrm{Coh}(X)$ とする. このとき, 任意の $i > 0$ に対して $H^i(X, M \otimes L^{\otimes k}) = 0$ が $k \gg 0$ で成立する.

証明　[50, Theorem 5.2] を参照. □

定理 3.31 (小平消滅定理)　X を滑らかな射影的代数多様体とし, L を豊富な直線束とする. このとき, 任意の $i > 0$ に対して $H^i(X, \omega_X \otimes L) = 0$ が成立する.

証明　[128, Chap. VI, Theorem 2.4] を参照. □

また, 位相空間の特異コホモロジーに対するポアンカレ双対性定理の類似も存在する. これは層係数コホモロジーを計算する際にしばしば便利である.

定理 3.32 (セール双対性定理)　X を滑らかな射影的代数多様体とする. このとき, 局所自由層 $M \in \mathrm{Coh}(X)$ に対して次の関手的同型が存在する:
$$H^i(X, M) \cong H^{\dim X - i}(X, M^\vee \otimes \omega_X)^\vee.$$
ここでベクトル空間 V に対し, $V^\vee$ はその双対ベクトル空間を表す.

証明　[50, Corollary 7.7] を参照. □

さらに, 次の定理は X^h の特異コホモロジーと Ω_X^i の層係数コホモロジーを結びつける重要な定理である. 代数多様体の周期の理論はこの定理をなくしては語れない.

定理 3.33 (ホッジ分解定理)　X を滑らかな射影的代数多様体とし, $H^{p,q}(X) := H^q(X, \Omega_X^p)$ と置く. このとき, 次の同型が存在する.

$$H^n(X^h, \mathbb{C}) \cong \bigoplus_{p+q=n} H^{p,q}(X).$$

さらにこの同型を通して. $\overline{H^{p,q}(X)} = H^{q,p}(X)$ となる. ここでベクトル空間 V に対し, $\overline{V}$ はその複素共役を表す.

証明 [128, Chap IV, Theorem 5.2] を参照. □

$H^{p,q}(X)$ の次元 $h^{p,q}(X)$ は**ホッジ数**と呼ばれ, 第 5 章で議論するミラー対称性において重要な役割を果たす.

3.8 Riemann-Roch の定理

前節で, 連接層の大域切断を調べることと層係数コホモロジーを調べることには密接な関係があると述べた. ここでは, 層係数コホモロジー $\mathcal{F}$ の交代和の次元が層 $\mathcal{F}$ の位相的不変量で計算できる Riemann-Roch の定理について述べる. この定理を用いると, たとえば高次の層係数コホモロジーの消滅が言えれば大域切断がどれだけあるか計算できることになる. まず, 局所自由層の位相不変量であるチャーン類について述べる:

定理 3.34 X を滑らかな射影的代数多様体とし, $\mathcal{F}$ を階数 r の局所自由層とする. このとき, 整数 $1 \leq i \leq r$ に対して i 番目の**チャーン類** $c_i(\mathcal{F}) \in H^{2i}(X^h, \mathbb{Z})$ が定義され, 全チャーン類を

$$c(\mathcal{F}) = 1 + \sum_{i=1}^{r} c_i(\mathcal{F}) \in H^*(X^h, \mathbb{Z})$$

と定めると, 次が成立する:

- 滑らかな射影的代数多様体の間の射 $f\colon X \to Y$ に対し, $c(f^*F) = f^*c(F)$.
- 局所自由層達の完全系列 $0 \to \mathcal{F}_1 \to \mathcal{F}_2 \to \mathcal{F}_3 \to 0$ に対し, $c(\mathcal{F}_2) = c(\mathcal{F}_1)c(\mathcal{F}_3)$.
- Cartier 因子 D に対して $c(\mathcal{O}_X(D)) = 1 + [D]$.

ここで $[D] \in H^2(X^h, \mathbb{Z})$ は D が定める基本ホモロジー類のポアンカレ双対である.

$\mathcal{L}$ を X 上の直線束とすると，上の定理により $c_1(\mathcal{L}) \in H^2(X, \mathbb{Z})$ が定まる．$C \subset X$ を X 上の代数曲線とすると，その基本ホモロジー類 $[C]$ で積分することで次を得る:

$$\mathcal{L} \cdot C := \int_C c_1(\mathcal{L}) \in \mathbb{Z}.$$

Cartier 因子 D に対して $\mathcal{L} = \mathcal{O}_X(D)$ となるとき，$D \cdot C = \mathcal{L} \cdot C$ と置く．これを D と C の**交点数**と呼ぶ．次に，チャーン標数について述べる．

定義 3.35 定理 3.34 の状況の下で，$c(\mathcal{F}) = \Pi_{j=1}^r (1+\xi_j)$ と形式的に分解して**チャーン標数** $\mathrm{ch}(\mathcal{F})$ を次で定義する:

$$\mathrm{ch}(\mathcal{F}) = \sum_{j=1}^r e^{\xi_j} \in H^*(X^h, \mathbb{Q}). \tag{3.15}$$

(3.15) の右辺は ξ_j 達の対称式なので，$c_i = c_i(\mathcal{F})$ で書き下せる．$\mathrm{ch}(\mathcal{F})$ の H^{2i}-成分を $\mathrm{ch}_i(\mathcal{F})$ と記述すると，次のようになる:

$$\mathrm{ch}_0(\mathcal{F}) = r$$
$$\mathrm{ch}_1(\mathcal{F}) = c_1$$
$$\mathrm{ch}_2(\mathcal{F}) = \frac{1}{2}(c_1^2 - 2c_2)$$
$$\mathrm{ch}_3(\mathcal{F}) = \frac{1}{6}(c_1^3 - 3c_1 c_2 + 3c_3).$$

さらに $\mathrm{ch}(\mathcal{F})$ は局所自由ではない連接層 $\mathcal{F}$ に対しても定義できる．まず X は滑らかで射影的なので，有限個の局所自由層達による完全系列を取ることができる:

$$0 \to P_m \to P_{m-1} \to \cdots \to P_0 \to \mathcal{F} \to 0. \tag{3.16}$$

このとき，$\mathrm{ch}(\mathcal{F})$ は次で定義される:

$$\mathrm{ch}(\mathcal{F}) = \sum_{j=0}^m (-1)^j \mathrm{ch}(P_j).$$

上の定義は完全系列 (3.16) の取り方に依存しないことが容易にわかる．次に，トッド種数を定義する．これは Riemann-Roch の定理を与える際に重要になる:

定義 3.36 定義 3.35 と同じ状況で, td($\mathcal{F}$) を次で定義する：

$$\operatorname{td}(\mathcal{F}) = \prod_{j=1}^{k} \frac{\xi_j}{1 - e^{-\xi_j}} \quad (3.17)$$

(3.17) の右辺について説明する. まず $e^x = 1 + x + x^2/2 + \cdots$ を用いて $x/(1 - e^{-x}) = 1 + x/2 + \cdots$ と冪級数展開する. これに $x = \xi_j$ を代入して $j = 1$ から $j = k$ まで積を取ることで (3.17) の右辺が定義される. これは ξ_j 達の対称式になるので, ch($\mathcal{F}$) と同様に td($\mathcal{F}$) も $c_i = c_i(\mathcal{F})$ で書き下せる. td_i を ch($\mathcal{F}$) の H^{2i}-成分とすると,

$$\operatorname{td}_1 = \frac{1}{2}c_1$$
$$\operatorname{td}_2 = \frac{1}{12}(c_1^2 + c_2)$$
$$\operatorname{td}_3 = \frac{1}{24}c_1 c_2.$$

とくに $\mathcal{F} = T_X$ のときは, $\operatorname{td}_X = \operatorname{td}(T_X)$ と記述する.

Riemann-Roch の定理は与えられた連接層 $\mathcal{F}$ を係数に持つコホモロジー群の交代和

$$\chi(\mathcal{F}) := \sum_{i=0}^{\dim X} (-1)^i \dim H^i(X, \mathcal{F}) \quad (3.18)$$

を $\mathcal{F}$ の位相的不変量である ch($\mathcal{F}$) と X の不変量である td_X で記述する定理である：

定理 3.37 (Riemann-Roch の定理) X を滑らかな射影的代数多様体とし, $\mathcal{F}$ をその上の連接層とする. このとき, 次が成立する:

$$\chi(\mathcal{F}) = \int_X \operatorname{ch}(\mathcal{F}) \operatorname{td}_X. \quad (3.19)$$

ここで, (3.19) の右辺はコホモロジー類 $\operatorname{ch}(F) \cdot \operatorname{td}_X \in H^*(X^h, \mathbb{Q})$ の $H^{2\dim X}(X^h, \mathbb{Q})$-成分を取り, これを自然な同型 $H^{2\dim X}(X^h, \mathbb{Q}) \cong \mathbb{Q}$ の下で有理数とみなしたものである. 代数曲線の場合に上の Riemann-Roch の定理を当てはめると, 次のようになる:

例 3.38 X を滑らかな射影的代数曲線とし，その種数を g とする．すると，$\mathrm{td}_X = 1 - K_X/2$ となる．連接層 $\mathcal{F} \in \mathrm{Coh}(X)$ に対して，$\deg(\mathcal{F}) = \int_X c_1(F) \in \mathbb{Z}$ と置く．すると，$\deg \mathcal{O}_X(K_X) = 2g - 2$ となるため，(3.19) は次のように書ける：

$$\chi(\mathcal{F}) = \deg(\mathcal{F}) + \mathrm{rank}(\mathcal{F})(1 - g).$$

3.9　モジュライ理論

M を「何らかの種類の代数幾何的対象物 (たとえば代数曲線全体，代数多様体 X 内の閉部分スキーム全体，X 上のベクトル束全体等) すべてからなる集合」としよう．これだけだと単に集合であるが，その集合に代数多様体 (スキーム) の構造が入ることがある．このような代数多様体 (スキーム)M は，モジュライ空間と呼ばれる．何のモジュライ空間かは，どのような種類の代数幾何的対象物を扱うかによる．たとえば $\mathcal{M}$ が代数曲線の集合からなる場合には，代数曲線のモジュライ空間と呼ばれる．モジュライ空間は代数幾何学において自然に出現するため，その歴史は古い．それだけではなく，超弦理論と関わる数学 (Gromov-Witten 理論や Donaldson-Thomas 理論) を展開する際にも重要な役割を果たす．たとえば，次の例を見てみよう：

例 3.39 $X = \mathbb{P}^2$ とし，M を X 内の直線全体の集合とする．すべての $\mathbb{P}^2$ 内の直線は，$\xi = (\xi_0, \xi_1, \xi_2) \in \mathbb{C}^3 \setminus \{0\}$ を用いて

$$l_\xi = \{\xi_0 y_0 + \xi_1 y_1 + \xi_2 y_2 = 0\} \subset \mathbb{P}^2$$

と書ける．さらに $l_\xi = l_{\xi'}$ であることと，ある $c \in \mathbb{C}^*$ が存在して $\xi = c\xi'$ となることが同値になる．よって M は集合としては ξ 達の集合 $\mathbb{C}^3 \setminus \{0\}$ を $\mathbb{C}^*$ で割ったものである．これは代数多様体として $\mathbb{P}^2$ の構造が入っている．

$\star$ を考察したい代数幾何的対象としよう．(たとえば $\star$ は与えられた代数多様体 X 内の閉部分スキームだったり，X 上のベクトル束だったりする．) 一般に代数幾何学の枠組みでモジュライ理論を扱うには，スキーム S に対して S でパラメータ付けされる $\star$ に含まれる対象達の同型類の集合 $\mathcal{M}(S)$ を考える．対応

$S \mapsto \mathcal{M}(S)$ は, 反変関手を定める:

$$\mathcal{M}\colon (\text{代数的スキームの圏}) \to (\text{集合の圏}). \tag{3.20}$$

定義 3.40 $\mathcal{M}$ が代数多様体 (スキーム)M によって $\mathcal{M} \cong \mathrm{Hom}(-, M)$ と同型になるとき, M を $\star$ の**モジュライ空間**と呼ぶ.

M が上の意味でのモジュライ空間のとき, $\mathcal{M}(\mathrm{Spec}\,\mathbb{C}) \cong \mathrm{Hom}(\mathrm{Spec}\,\mathbb{C}, M)$ により, 次がわかる:

$$\star \text{に含まれる対象の同型類} \overset{1 \text{ 対 } 1}{\longleftrightarrow} M \text{ の閉点}. \tag{3.21}$$

単に (3.21) のみを満たすとき, M は**粗モジュライ空間**[3]と呼ばれる. しかし条件 (3.21) より, M が関手 (3.20) を実現するという条件の方が強い. たとえば M が (3.20) を実現するなら, 同型 $\mathcal{M}(M) \cong \mathrm{Hom}(M, M)$ によって $\mathrm{id}_M \in \mathrm{Hom}(M, M)$ に対応する対象

$$\mathcal{U} \in \mathcal{M}(M) \tag{3.22}$$

が存在しなければならない. $\mathcal{U}$ は**普遍対象**と呼ばれ, 単に (3.21) を満たすだけではこのような $\mathcal{U}$ の存在は保証されない. また, $\star$ に何も条件を付けないと $\mathcal{M}$ は巨大すぎて大抵の場合は代数多様体 (スキーム) で実現されない. そこで, 良いモジュライ空間を得るためには $\star$ に何か条件を付加しなければいけない. 付加する条件は, 対象 $\star$ の位相的条件 (たとえば代数曲線の種数やベクトル束のチャーン標数など) を固定するだけで十分の場合もあれば, それだけでは不十分でしかるべき (半) 安定性を入れる必要もある. 本書で扱うモジュライ理論の詳細については, [53] や [71] も参照されたい. 以下で色々と例を見て行こう:

例 3.41 (ヤコビアン) X を滑らかな射影的代数多様体とし, 関手 $\mathcal{P}ic(X)$ を次で定める:

$$\mathcal{P}ic(X)\colon S \mapsto \{X \times S \text{ 上の直線束}\}/(\text{同型類}).$$

このとき, $\mathcal{P}ic(X)$ は代数多様体 $\mathrm{Pic}(X)$ で実現される. 正確には $\mathrm{Pic}(X)$ は可

---

[3] より正確には, 対応 (3.21) が関手 $\mathcal{M} \to \mathrm{Hom}(-, M)$ から誘導されるという条件が付く.

算無限個の連結成分からなり, 各連結成分が代数多様体になる. Pic(X) の連結成分のうち, 自明な直線束 $\mathcal{O}_X$ に対応する点を含むものを Pic$^0(X)$ と書く. これは X の**ヤコビアン**と呼ばれる. 複素多様体としては, Pic$^0(X)$ は以下の複素トーラスで与えられる:

$$\mathrm{Pic}^0(X) = H^1(X, \mathcal{O}_X)/H^1(X^h, \mathbb{Z}). \tag{3.23}$$

X が種数 g の代数曲線なら, Pic$^0(X)$ は g 次元の代数多様体である. とくに X の種数が 1 のとき (つまり楕円曲線のとき) は, $p \in X$ を固定すると次の同型が存在する:

$$X \xrightarrow{\cong} \mathrm{Pic}^0(X)$$

$$x \mapsto \mathcal{O}_X(x-p).$$

しかし, 一般に X が 2 次元以上の複素トーラスの場合, 必ずしも $X \cong \mathrm{Pic}^0(X)$ とは限らない.

例 3.42 (Hilbert スキーム) X を滑らかな射影的代数多様体とする. $\gamma \in H^*(X^h, \mathbb{Q})$ に対して, 関手 $\mathcal{H}ilb(X, \gamma)$ を次で定める:

$$\mathcal{H}ilb(X, \gamma) \colon S \mapsto \left\{ \mathcal{Z} \subset X \times S : \begin{array}{l} \mathcal{Z} \text{ は } S \text{ 上平坦かつ任意の} \\ s \in S \text{ に対して } \mathrm{ch}(\mathcal{O}_{Z_s}) = \gamma \end{array} \right\}.$$

ここで $Z_s = \mathcal{Z} \cap (X \times \{s\})$ と置いた. $\mathcal{Z}$ が S 上平坦とは, $\mathcal{O}_{\mathcal{Z}}$ が $\mathcal{O}_S$-加群として平坦であることを意味する. この条件は, たとえば Z_s の次元が s の局所定数関数であることを保証する. 関手 $\mathcal{H}ilb(X, \gamma)$ は, 射影的スキーム Hilb(X, γ) で実現されることが知られている ([71] を参照). これは **Hilbert スキーム**と呼ばれる.

たとえば $\dim X = d$, $n \geq 1$ を整数とし, γ を次のように置く:

$$\gamma = (0, 0, \cdots, 0, n) \in H^0(X^h, \mathbb{Q}) \oplus \cdots \oplus H^{2d}(X^h, \mathbb{Q}).$$

ここで $H^{2d}(X^h, \mathbb{Q})$ を自然に $\mathbb{Q}$ と同一視した. 上の γ に対して, Hilb$_n(X) = $ Hilb(X, γ) と置き, **点の Hilbert スキーム**と呼ばれる. この場合, $Z \subset X$ が $\mathrm{ch}(\mathcal{O}_Z) = \gamma$ を満たすことと, Z が 0 次元の部分スキームで $\chi(\mathcal{O}_Z) = n$ を満た

すことは同値である.よって,点集合として次が成り立つ:

$$\mathrm{Hilb}_n(X) = \{Z \subset X : \dim Z = 0,\ \chi(\mathcal{O}_Z) = n\}.$$

明らかに, $n = 1$ ならば $\mathrm{Hilb}_n(X) = X$ である.また,点の Hilbert スキームは, X が射影的でなくても準射影的ならば準射影的スキームとして実現される. $\mathrm{Hilb}_n(X)$ は,異なる n 点からなる部分スキームに対応する点を開集合として含んでいる.しかし, $\mathrm{Hilb}_n(X)$ に対応する部分スキームはこれだけではなく,いくつかの点が貼りついた部分スキームも $\mathrm{Hilb}_n(X)$ の点に対応する(図 3.2 を参照).たとえば $X = \mathbb{C}^2$ の場合,イデアル

$$I = (x^2, y), \quad J = (x, y^2)$$

で定義される部分スキーム達は $\mathrm{Hilb}^2(\mathbb{C}^2)$ の点を定める.これらは 2 点が原点に貼りついた部分スキームであるが,貼り合わせる方向が異なるため部分スキームとしては異なる.(前者は x 軸方向から貼り合い,後者は y 軸方向から貼り合っている.)よって,これらは $\mathrm{Hilb}^2(\mathbb{C}^2)$ の異なる 2 点を定める.とくに代数曲面上の点の Hilbert スキームは数理物理や表現論で重要な役割を果たす.詳細については [91] を参照されたい.

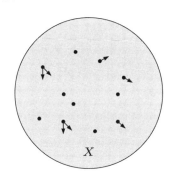

図 **3.2** 0 次元部分スキームの図

例 3.43 (安定曲線のモジュライ空間) まず,次の定義を与えよう:

定義 3.44 C を連結な 1 次元射影的スキームとし,相異なる閉点 $p_1, \cdots, p_n \in C$ を取る.データ $(C, p_1, \cdots, p_n)$ は次を満たすとき**前安定曲線**と呼ばれる:

- C には特異点があるかもしれないが, これらは高々結節点 (例 2.3 を参照) である.
- $p_1,\cdots,p_n$ は C の滑らかな点である.

さらに $p_1,\cdots,p_n$ を保つ C の自己同型群 $\mathrm{Aut}(C,p_1,\cdots,p_n)$ が有限群なら, $(C,p_1,\cdots,p_n)$ は**安定曲線**と言う.

整数 $g \geq 0$ と $n \geq 0$ に対して, 関手 $\overline{\mathcal{M}}_{g,n}$ を次で定める:

$$S \mapsto \left\{ \begin{pmatrix} \mathcal{X} \xrightarrow{\pi} S, \\ \{s_i \colon S \to \mathcal{X}\}_{1 \leq i \leq n} \end{pmatrix} : \begin{matrix} \text{各点 } s \in S \text{ に対して} \\ (\mathcal{X}_s, s_1(s), \cdots, s_n(s)) \text{ は} \\ \text{種数 } g \text{ の安定曲線} \end{matrix} \right\} / (\text{同型類}).$$

ここで s_i は π の切断であり, $\mathcal{X}_s = \pi^{-1}(s)$ と置いた. $\overline{\mathcal{M}}_{g,n}$ がスキームで実現されるときは, これを $\overline{M}_{g,n}$ と書く. たとえば $g=0$ の場合, 次のようになる:

$$\overline{M}_{0,n} = \varnothing, \ (n \leq 2),$$
$$\overline{M}_{0,3} = \mathrm{Spec}\,\mathbb{C},$$
$$\overline{M}_{0,4} = \mathbb{P}^1.$$

しかし, $\mathrm{Aut}(C,p_1,\cdots,p_n)$ が非自明な場合には $\overline{\mathcal{M}}_{g,n}$ はスキームで実現されない. この場合, $\overline{\mathcal{M}}_{g,n}$ はスキームの代わりに, スキームの概念をさらに一般化した **Deligne-Mumford スタック**として実現可能である. Deligne-Mumford スタックとは, 大雑把に言って

「代数多様体＋そこに作用する有限群のデータ」

と思っておけばよい. (より正確には, これらを貼り合わせたものである.) たとえば, 代数多様体 X に有限群 G が作用する場合, それに付随する Deligne-Mumford スタック $[X/G]$ が定義される. これは点集合としては商空間 X/G であるが, G の X の作用に関する安定化群の情報も持っている. $[X/G]$ は X の G-作用に関する**商スタック**と呼ばれる. 本書ではスタックについて詳述はしないが, 詳細については [77] を参照されたい.

一方, 条件 (3.21) のみを満たす粗モジュライ空間は射影的代数多様体として実現される. この粗モジュライ空間は, 上と同様に $\overline{M}_{g,n}$ と記述される.

例 3.45 (半安定層のモジュライ空間) 最後に，滑らかな射影的代数多様体 X 上の連接層のモジュライ空間について述べる．この場合，すべての連接層を考えると多すぎて良いモジュライ空間を構成できない．そこで，豊富因子 H に依存した安定性条件を $\mathrm{Coh}(X)$ に入れる必要がある [4]．$\mathcal{F} \in \mathrm{Coh}(X)$ に対して，その **Hilbert 多項式**は次のように定義される:

$$\chi(\mathcal{F} \otimes \mathcal{O}_X(mH)) = a_d m^d + a_{d-1} m^{d-1} + \cdots.$$

ここで左辺は (3.18) で与えられ，$a_i \in \mathbb{Q}$, $a_d \neq 0$ であり，上の等式は Riemann-Roch の定理 (定理 3.37 を参照) による．最高次の次数 d は $\mathcal{F}$ の台の次元と一致する．ここで，命題 3.18 の記号を用いると，連接層 $\mathcal{F} = (F_i, \phi_{ij})$ の台 $\mathrm{Supp}(\mathcal{F})$ は次で定義される:

$$\mathrm{Supp}(\mathcal{F}) = \bigcup_{i=1}^{N} \{p \in U_i : F_i \underset{R_i}{\otimes} R_{i,p} \neq 0\}.$$

これは X の閉部分スキームである．とくに $\mathcal{F}$ が局所自由層の場合は，$\mathrm{Supp}(\mathcal{F}) = X$ となり，$d = \dim X$ となる．$\mathrm{Supp}(\mathcal{F}) \subsetneq X$ となる場合，$\mathcal{F}$ は**捩れ層**と呼ばれる．

連接層 $\mathcal{F}$ の**被約 Hilbert 多項式**は次で定義される:

$$\overline{\chi}_H(\mathcal{F}, m) := \frac{\chi(\mathcal{F} \otimes \mathcal{O}_X(mH))}{a_d}$$
$$= m^d + \frac{a_{d-1}}{a_d} m^{d-1} + \cdots.$$

定義 3.46 $\mathcal{F} \in \mathrm{Coh}(X)$ は次の条件を満たすときに H-(半) 安定であると言う:

- 任意の部分層 $0 \subsetneq \mathcal{F}' \subsetneq \mathcal{F}$ に対し，$\mathrm{Supp}(\mathcal{F}') = \mathrm{Supp}(\mathcal{F})$ が成り立つ. (この条件を満たす $\mathcal{F}$ は**純粋**であると呼ばれる．)
- 任意の部分層 $0 \subsetneq \mathcal{F}' \subsetneq \mathcal{F}$ に対し，次が成立する:

$$\overline{\chi}_H(\mathcal{F}', m) < (\leq) \overline{\chi}_H(\mathcal{F}, m), \ m \gg 0. \tag{3.24}$$

$\dim X = 1$ のときは，例 3.38 により $\overline{\chi}_H(\mathcal{F}, m)$ は次のように書ける:

---

[4] 安定性条件を入れるメリットについては，第 8.1 節も参照されたい．

$$\overline{\chi}_H(\mathcal{F}, m) = m + \frac{\mu(\mathcal{F})}{\deg H} + \frac{1 - g(X)}{\deg H}.$$

ここで, $\mu(\mathcal{F})$ は次で与えられ, **傾斜関数**と呼ばれる:

$$\mu(\mathcal{F}) := \frac{\deg(\mathcal{F})}{\operatorname{rank}(\mathcal{F})}.$$

よって $\mathcal{F}$ が H-半安定であることと, 次のいずれかが成立することが同値になる:

- $\mathcal{F}$ は捩れ層である.
- $\mathcal{F}$ はベクトル束で, 任意の部分束 $\mathcal{F}' \subset \mathcal{F}$ に対して $\mu(\mathcal{F}') \leq \mu(\mathcal{F})$ が成立する.

後者の条件は, 元々Mumford によって導入された代数曲線上のベクトル束の安定性条件である. 定義 3.46 による安定性条件の高次元化は Gieseker によるものであり, **Gieseker-安定性**とも呼ばれている.

$\gamma \in H^*(X^h, \mathbb{Q})$ を固定して, 関手 $\mathcal{M}_H^{\mathrm{s(ss)}}(\gamma)$ を次で定める:

$$S \mapsto \left\{ \mathcal{F} \in \operatorname{Coh}(X \times S) : \begin{array}{c} \mathcal{F} \text{ は } S \text{ 上平坦で, 任意の } s \in S \\ \text{に対し } \mathcal{F}_s \text{ は } H\text{-(半) 安定かつ} \\ \operatorname{ch}(\mathcal{F}_s) = \gamma \text{を満たす} \end{array} \right\} / (\text{同型類}).$$

$\mathcal{M}_H^{\mathrm{s(ss)}}(\gamma)$ は一般には代数多様体 (スキーム) で実現されるとは限らないが, 粗モジュライ $M_H^{ss}(\gamma)$ は射影的スキームとして実現される. また, $M_H^s(\gamma) \subset M_H^{ss}(\gamma)$ は開部分スキームである.

第 4 章
代数多様体上の連接層の導来圏

　この章では代数多様体上の連接層の導来圏について解説し, 問 2.1 の圏論版について議論する. 第 2 章で述べた問 2.12 が古典的な代数幾何学の問題意識であるが, 問 2.12 における体 K を本書の主題である「連接層の導来圏」で置き換えるとどうなるか？というのが本章の主題である. このような問題意識は超弦理論に端を発しているのであるが, 問 2.12 や問 2.17 と密接な関係があることが判明している.

4.1　圏と幾何学の関係

　まず, 連接層のなすアーベル圏に関する問 2.1 の類似物を考えよう:

　問 4.1　与えられたアーベル圏 $\mathcal{A}$ に対し, アーベル圏の同値 $\mathcal{A} \cong \mathrm{Coh}(X)$ が存在する代数多様体 X の幾何構造を決定せよ.

　実は, 以下の補題が成立する.

　補題 4.2　X, Y を滑らかな射影的代数多様体とし, $\mathrm{Coh}(X)$ と $\mathrm{Coh}(Y)$ の間にアーベル圏としての同値が存在すると仮定する. このとき, X と Y は代数多様体として同型である.

　証明　証明のスケッチのみ与える. 一般にアーベル圏 $\mathcal{A}$ の対象 $E \in \mathcal{A}$ が**単純対象**であるとは, 任意の部分対象 $F \subset E$ に対して $F = 0$ か $F = E$ が成立するものを指す. $\mathcal{A} = \mathrm{Coh}(X)$ とすると, 単純対象たちは点 $x \in X$ に付随する構造層 $\mathcal{O}_x$ 達で尽くされることが簡単にわかる. よって $\varPhi\colon \mathrm{Coh}(X) \xrightarrow{\sim} \mathrm{Coh}(Y)$ を圏同値すると, 各 $x \in X$ に対して $\varPhi(\mathcal{O}_x)$ も単純対象であるため, ある $f(x) \in$

Y が存在して $\Phi(\mathcal{O}_x) = \mathcal{O}_{f(x)}$ と書ける. Φ は圏同値であるため, 写像 $f\colon X \to Y$ は全単射である. しかも, X と Y が滑らかな射影的代数多様体であることを使うと, f および f^{-1} が代数多様体としての射であることもわかる [1]. よって f は同型写像を与える. □

上の補題によって, 代数多様体 X からアーベル圏への対応

$$X \mapsto \mathrm{Coh}(X) \tag{4.1}$$

は, 代数多様体の幾何的情報を失わないことがわかる. よって, 荒っぽい言い方をすると

「代数幾何学の理論はアーベル圏の理論に含まれる」 (4.2)

と言えそうに思える. 次節で述べるように上の主張は正しくないのであるが, 少なくとも圏と幾何学の間には密接な関係があることがわかるだろう. その一方で補題 4.2 の結果は, 問 2.12 において関数体から代数多様体が一意的に復元できないこととは相反する現象である. 結論を言うと, 問 4.1 は問 2.12 とあまり関係がない. (あえて言うなら, 問 4.1 は双正則幾何学に対応し, 問 2.12 は双有理幾何学に対応する.) しかし, 対応 (4.1) の右辺を $\mathrm{Coh}(X)$ の導来圏に置き換えると状況は劇的に変わり, 問 2.12 と密接な関係を持つようになる.

4.2　連接層の圏の非関手性

連接層の導来圏を導入する前に, 対応 (4.1) についてもう少し深く考えてみよう. 前節で述べた主張 (4.2) が成立するためには, 対応 (4.1) が代数多様体の圏からアーベル圏がなす圏 [2] への充満忠実な関手 (あるいは反変関手) でなくてはならない. しかし, 対応 (4.1) は関手 (あるいは反変関手) ですらない. たとえば X, Y が $X = \mathrm{Spec}\,R, Y = \mathrm{Spec}\,S$ と書けるアフィンスキームであり, 射 $f\colon X \to Y$ が環準同型 $h\colon S \to R$ で与えられるとしよう. もし対応 (4.1) が反変関手であれば, f に付随する関手

---

[1] たとえば定理 4.11 を用いると容易に証明できる.
[2] これは「圏の圏」なので, 正確には 2-圏と呼ばれるものになる.

$$f^* = \underset{S}{\otimes} R \colon \mathrm{mod}(S) \to \mathrm{mod}(R) \tag{4.3}$$

が対応するアーベル圏の間の射になると期待される．しかし (4.3) は一般に両辺の完全系列を保たず，とくに両辺のアーベル圏としての構造を保たない．次の例でそのことを観察しよう．

例 4.3 $R = \mathbb{C}$, $S = \mathbb{C}[y]$ とし，$f \colon \mathrm{Spec}\, R \to \mathrm{Spec}\, S$ が $y \mapsto 0$ で与えられる環準同型 $S \to R$ に対応するとする．次の S-加群の完全系列

$$0 \to S \xrightarrow{\times y} S \to R \to 0 \tag{4.4}$$

を考える．上の完全系列に $\underset{S}{\otimes} R$ を施すと，次の R-加群の射の系列を得る．

$$R \xrightarrow{0} R \to R \to 0. \tag{4.5}$$

上の系列の左の写像は 0 写像であり，とくに単射ではない．よって f^* は完全系列を保たない．

上の例とは逆に，$\underset{S}{\otimes} R$ によって完全系列が保たれる状況も存在する．たとえば次のように各項が自由 S-加群で与えられる完全系列を考えよう．

$$0 \to S^{\oplus p} \to S^{\oplus p+q} \to S^{\oplus q} \to 0. \tag{4.6}$$

上の形の完全系列は $\underset{S}{\otimes} R$ を施しても完全系列であることが容易にわかる．完全系列 (4.4) と (4.6) の違いは，(4.6) のすべての項は自由 S-加群 (とくに射影的，平坦[3]) である一方，(4.4) に現れる R は自由 S-加群ではなく，さらに射影的でも平坦でもない．このように，あまり良い性質を満たさない S-加群 R に対して何らかの操作 (たとえば $\underset{S}{\otimes} R$) を施すと，大抵良くないことが起こる．系列 (4.4) の完全性が $\underset{S}{\otimes} R$ によって崩れるのは，R があまり良くない S-加群だからである．

自由 S-加群は，あらゆる意味で「良い」S-加群である．そこで，R のように「良くない」S-加群を，自由 S-加群からなる複体に置き換えてから $\underset{S}{\otimes} R$ を施す

---

[3] これらホモロジー代数の基礎的用語については，[132] を参照されたい．

ことを考える[4]. まず有限生成 S-加群 M に対して, 各項 P_i が自由 S-加群となる長完全系列

$$\cdots \to P_N \to P_{N-1} \to \cdots \to P_1 \to P_0 \to M \to 0 \qquad (4.7)$$

を取ってこよう. ここで, このような完全系列は必ず取れることに注意する. S-加群 M と, 自由 S-加群の複体

$$\cdots \to P_N \to P_{N-1} \to \cdots \to P_1 \to P_0 \to 0 \qquad (4.8)$$

は当然別物である. しかし, 複体 (4.8) のコホモロジーは M と同型になる. (より正確には 0 次のコホモロジーが M で, 他のコホモロジーは消える.) この性質でもって, 仮に M と複体 (4.8) が同一視できるとしよう. すると, M を (4.8) で置き換えてから $\underset{S}{\otimes} R$ を施して, 次の R-加群の複体を得る.

$$\mathbf{L}f^*M := \{\cdots \to P_N \underset{S}{\otimes} R \to \cdots \to P_1 \underset{S}{\otimes} R \to P_0 \underset{S}{\otimes} R \to 0\}. \qquad (4.9)$$

たとえば例 4.3 の状況で $M = R$ と置く. 完全系列 (4.4) によって R を複体 $0 \to S \overset{y}{\to} S \to 0$ で置き換えることができ, この複体に $\underset{S}{\otimes} R$ を施して次を得る:

$$\mathbf{L}f^*R = \{\cdots \to 0 \to R \overset{0}{\to} R \to 0 \to \cdots\}. \qquad (4.10)$$

一方で, R を普通に引き戻すと, 次のようになる:

$$f^*R = R \underset{S}{\otimes} R \cong R. \qquad (4.11)$$

これは (4.10) とは本質的に異なる. まず, (4.11) は R-加群であるが, (4.10) は単なる R-加群ではなく R-加群の複体である. 実際, 複体 (4.10) のコホモロジーを取ると, 0 次のコホモロジー, -1 次のコホモロジーが共に R となり, 他の次数ではすべて消える. しかし, (4.10) と (4.11) は全く無関係なわけではない. 複体 (4.10) は, その定義から系列 (4.5) の一番右の R を 0 に置き換えたものに他ならない. よって, 複体 (4.10) の 0 次のコホモロジーが通常の引き戻し (4.11) と自然に同一視できる. さらに, (4.10) の -1 次のコホモロジーは系列 (4.5) の一番左の射の核とみなすことができる. この核の存在が f^* が完全性を失う元

---

[4] あるいは射影的 S-加群や平坦 S-加群の複体でも良いが, ここでは自由 S-加群を取って議論する.

図になっていたのであった. そのため, 複体 (4.10) は通常の引き戻し (4.11) で失ってしまった情報を回復した何か, と言える.

以上の議論により, 通常の引き戻し (4.3) ではなく複体 (4.9) として引き戻すことで, (4.3) によって失われる $\mathrm{Coh}(Y)$ のアーベル圏としての構造が何らかの形で取り戻せると期待できる. しかしもちろん, $\mathbf{L}f^*$ は $\mathrm{Coh}(Y)$ から $\mathrm{Coh}(X)$ への関手ではありえない. まず, $\mathbf{L}f^*M$ は一般には $\mathrm{Coh}(X)$ の対象の複体であり, $\mathrm{Coh}(X)$ の対象ではない. さらに M と複体 (4.8) の同一視も $\mathrm{Coh}(Y)$ に留まって考えいたのでは不可能である. そこで, 仮に対象が連接層の複体からなり, なおかつ上記の M と (4.8) が同一視できるような圏を構成できるなら, $\mathbf{L}f^*M$ が矛盾なく定義できると期待される. このように $\mathbf{L}f^*$ が定義できる圏こそが導来圏である.

ここまでは対応 (4.1) の反変関手性について考えたが, 通常の関手性についても状況は同様である. たとえば X を射影的代数多様体とし, $Y = \mathrm{Spec}\,\mathbb{C}$ を 1 点, $f\colon X \to Y$ を自明な射とする. このとき, f_* は大域切断を取る関手に他ならない.

$$f_* = \Gamma(X, -) \colon \mathrm{Coh}(X) \to \mathrm{Coh}(Y) = (\text{有限次元複素ベクトル空間の圏}).$$

これは第 3.7 節で見たように一般には左完全であり, とくに f_* はアーベル圏の構造を保たない.

4.3 アーベル圏の導来圏

この節では本書の主題である**導来圏**の定義や性質について述べる. 性質については本書では証明を与えないので, たとえば [49] を参照されたい. まずは一般のアーベル圏に対する導来圏の形式的な定義を与えてから, 第 4.5 節で代数多様体上の連接層の導来圏の性質について解説する. 一般に $\mathcal{A}$ をアーベル圏とすると, その導来圏 $D(\mathcal{A})$ が定義される. これを定義するために, まず $\mathcal{A}$ の対象の複体の成す圏 $C(\mathcal{A})$ を構成する. 圏 $C(\mathcal{A})$ の対象は $\mathcal{A}$ の対象の複体

$$\to \mathcal{F}^0 \overset{d^0}{\to} \mathcal{F}^1 \to \cdots \mathcal{F}^i \overset{d^i}{\to} \mathcal{F}^{i+1} \to \cdots, \quad \mathcal{F}_i \in \mathcal{A} \tag{4.12}$$

からなり, 射 $f \in \mathrm{Hom}_{C(\mathcal{A})}(\mathcal{F}^\bullet, \mathcal{G}^\bullet)$ は次の可換図式で与えられる:

$$\begin{array}{ccccccccc}
\cdots & \longrightarrow & \mathcal{F}^{i-1} & \xrightarrow{d^{i-1}} & \mathcal{F}^i & \xrightarrow{d^i} & \mathcal{F}^{i+1} & \longrightarrow & \cdots \\
& & \downarrow{f^{i-1}} & & \downarrow{f^i} & & \downarrow{f^{i+1}} & & \\
\cdots & \longrightarrow & \mathcal{G}^{i-1} & \xrightarrow{d'^{i-1}} & \mathcal{G}^i & \xrightarrow{d'^i} & \mathcal{G}^{i+1} & \longrightarrow & \cdots
\end{array}$$

2つの射 $f,g \in \mathrm{Hom}_{C(\mathcal{A})}(\mathcal{F}^\bullet, \mathcal{G}^\bullet)$ がホモトピー同値であるとは,各 i に対して $h^i \in \mathrm{Hom}_\mathcal{A}(\mathcal{F}^i, \mathcal{G}^{i-1})$ が存在して,次が成立することを言う:

$$d'^{i-1} \circ h^i - h^{i+1} \circ d^i = f^i - g^i.$$

$C(\mathcal{A})$ のホモトピー圏 $K(\mathcal{A})$ とは,対象が複体 (4.12) からなり,射が次のように定められる圏である:

$$\mathrm{Hom}_{K(\mathcal{A})}(\mathcal{F}^\bullet, \mathcal{G}^\bullet) := \mathrm{Hom}_{C(\mathcal{A})}(\mathcal{F}^\bullet, \mathcal{G}^\bullet)/(\text{ホモトピー同値}).$$

複体 (4.12) に対し,そのコホモロジー

$$\mathcal{H}^i(\mathcal{F}^\bullet) := \mathrm{Ker}\, d^i / \mathrm{Im}\, d^{i-1} \in \mathcal{A}$$

はホモトピー同値類に依存しないことに注意しよう. $f \in \mathrm{Hom}_{K(\mathcal{A})}(\mathcal{F}^\bullet, \mathcal{G}^\bullet)$ は各 i に対して $f^i \colon \mathcal{F}^i \to \mathcal{G}^i$ が誘導する $\mathcal{A}$ における射

$$\mathcal{H}^i(f) \colon \mathcal{H}^i(\mathcal{F}^\bullet) \to \mathcal{H}^i(\mathcal{G}^\bullet)$$

が同型であるときに**擬同型**であると呼ばれる. これも f のホモトピー類に依存しない概念である. $\mathcal{A}$ の導来圏は次のように定義される.

定義 4.4 アーベル圏 $\mathcal{A}$ の導来圏 $D(\mathcal{A})$ は対象が複体 (4.12) からなり,射 $\mathrm{Hom}_{D(\mathcal{A})}(\mathcal{F}^\bullet, \mathcal{G}^\bullet)$ が以下の図式全体の同値類で与えられる:

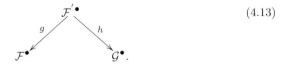 (4.13)

ここで g, h は $K(\mathcal{A})$ における射, g は擬同型であり,同値関係はすべての擬同型 $g' \colon \mathcal{F}''^\bullet \to \mathcal{F}'^\bullet$ に対して (4.13) と次の図式を同一視する関係式で生成される:

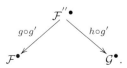

つまり, $f \in \mathrm{Hom}_{D(\mathcal{A})}(\mathcal{F}^\bullet, \mathcal{G}^\bullet)$ は必ずしも複体としての射を与えるわけではないが, 擬同型 $g\colon \mathcal{F}'^\bullet \to \mathcal{F}^\bullet$ を経由すると複体としての射 $h\colon \mathcal{F}'^\bullet \to \mathcal{G}^\bullet$ で与えられる. また, $D(\mathcal{A})$ における射の空間 $\mathrm{Hom}_{D(\mathcal{A})}(\mathcal{F}^\bullet, \mathcal{G}^\bullet)$ には自然にアーベル群の構造が入る. $D(\mathcal{A})$ における射の定義により, 任意の複体の間の擬同型は $D(\mathcal{A})$ において逆射を持ち, とくに $D(\mathcal{A})$ において同型になることに注意する. 複体のコホモロジーの次数に制限を加えることで, $\ast = \emptyset, \pm, b$ に応じた充満忠実な部分圏 $D^\ast(\mathcal{A}) \subset D(\mathcal{A})$ が定義される. $\ast = +\ (-)$ の場合, $D^\ast(\mathcal{A})$ は複体 (4.12) であって $\mathcal{H}^i(\mathcal{F}^\bullet) = 0$ が $i \ll 0\ (\gg 0)$ で成立するものからなる. また, $D^b(\mathcal{A}) := D^+(\mathcal{A}) \cap D^-(\mathcal{A})$ である.

アーベル圏 $\mathcal{A}$ から出発しても, 出来上がる導来圏 $D^\ast(\mathcal{A})$ はアーベル圏にはならない. その代わり, **三角圏**と呼ばれる構造を持つ. つまり**シフト関手**

$$[1]\colon D^\ast(\mathcal{A}) \to D^\ast(\mathcal{A}) \tag{4.14}$$

および (完全系列の代わりとなる) **完全三角形**

$$\mathcal{F}_1^\bullet \to \mathcal{F}_2^\bullet \to \mathcal{F}_3^\bullet \to \mathcal{F}_1^\bullet[1] \tag{4.15}$$

の概念が存在してある種の公理を満たしている (次節を参照). これらは次のように構成される. まずシフト関手は $(\mathcal{F}^\bullet, d^\bullet)$ に対し

$$\mathcal{F}^\bullet[1]^i = \mathcal{F}^{i+1},\ d^\bullet[1]^i = -d^{i+1}$$

と定義される. 完全三角形について説明するために, 写像錐について説明する. $C(\mathcal{A})$ における射 $f\colon \mathcal{F} \to \mathcal{G}$ に対して, その**写像錐** $\mathrm{Cone}(f) \in C(\mathcal{A})$ は次の複体で与えられる:

$$\mathrm{Cone}(f)^i = \mathcal{G}^i \oplus \mathcal{F}^{i+1},$$

$$d^i_{\mathrm{Cone}(f)} = \begin{pmatrix} d^i_\mathcal{G} & 0 \\ f^{i+1} & -d^{i+1}_\mathcal{F} \end{pmatrix}\colon \mathcal{G}^i \oplus \mathcal{F}^{i+1} \to \mathcal{G}^{i+1} \oplus \mathcal{F}^{i+2}.$$

構成により, $C(\mathcal{A})$ における自然な射の系列

$$\mathcal{F}^\bullet \xrightarrow{f} \mathcal{G}^\bullet \to \mathrm{Cone}(f) \to \mathcal{F}^\bullet[1] \tag{4.16}$$

が存在し, これはとくに $D(\mathcal{A})$ における射の系列とみなせる. $D(\mathcal{A})$ における射の系列 (4.15) は, 写像錐によって構成される射の系列 (4.16) と $D(\mathcal{A})$ において

同型となるときに完全三角形であると呼ばれる.たとえば $C(\mathcal{A})$ における完全系列は自然に $D(\mathcal{A})$ における完全三角形を与えることが簡単にわかる.この性質により,完全三角形は完全系列の一般化であると言える.さらに系列 (4.15) が完全三角形であるとき,次の $\mathcal{A}$ における長完全系列が存在する:

$$\cdots \to \mathcal{H}^i(\mathcal{F}_1^\bullet) \to \mathcal{H}^i(\mathcal{F}_2^\bullet) \to \mathcal{H}^i(\mathcal{F}_3^\bullet) \to \mathcal{H}^{i+1}(\mathcal{F}_1^\bullet) \to \cdots.$$

また,$M \in \mathcal{A}$ に対して複体 $M^\bullet$ を $M^0 = M$, $M^i = 0, i \neq 0$ と定めることにより M は $D^b(\mathcal{A})$ の対象であるとみなせる.この対応により $\mathcal{A}$ は $D^b(\mathcal{A})$ の部分圏となる.$M, N \in \mathcal{A}$ を $D(\mathcal{A})$ の対象とみなし,次のように置く:

$$\operatorname{Ext}^i(M, N) := \operatorname{Hom}(M, N[i]). \tag{4.17}$$

ここで $[i]$ はシフト関手 $[1]$ を i 回合成した関手である.$\mathcal{A}$ が十分多くの単射的対象か射影的対象を持つならば[5],(4.17) の左辺はホモロジー代数における通常の Ext-群に他ならない.

4.4 三角圏の定義

ここで,一般の三角圏の定義について述べておこう.定義に含まれる公理は長いので,前節の導来圏の定義を踏まえた読者はこの節を飛ばしても問題ない.この節のより詳細については,[40] も参照されたい.

定義 4.5 $\mathcal{D}$ を加法的圏とする.このとき,$\mathcal{D}$ は次の条件を満たすときに三角圏であると呼ばれる:

- シフト関手と呼ばれる自己同値 $[1]: \mathcal{D} \to \mathcal{D}$ が存在する.
- 完全三角形と呼ばれる射の系列 $\mathcal{F}_1 \to \mathcal{F}_2 \to \mathcal{F}_3 \to \mathcal{F}_1[1]$ のクラスが存在する.

これらは次の性質を満たさなければいけない.

(公理 1):

(a) $\mathcal{F} \overset{\mathrm{id}}{\to} \mathcal{F} \to 0 \to \mathcal{F}[1]$ は完全三角形である.

---

[5] たとえば環上の加群のなすアーベル圏はこの性質を満たす.

(b) 完全三角形と同型な射の系列は完全三角形である．

(c) 任意の射 $\mathcal{F}_1 \to \mathcal{F}_2$ は完全三角形 $\mathcal{F}_1 \to \mathcal{F}_2 \to \mathcal{F}_3 \to \mathcal{F}_1[1]$ に拡張する．

(公理 2)：2 つの射の系列

$$\mathcal{F}_1 \stackrel{u}{\to} \mathcal{F}_2 \stackrel{v}{\to} \mathcal{F}_3 \stackrel{w}{\to} \mathcal{F}_1[1]$$

$$\mathcal{F}_2 \stackrel{v}{\to} \mathcal{F}_3 \stackrel{w}{\to} \mathcal{F}_1[1] \stackrel{-u[1]}{\to} \mathcal{F}_2[1]$$

は一方が完全三角形であることと他方が完全三角形であることは同値である．

(公理 3)：2 つの完全三角形と次の図式を可換にする f, g が与えられたとする：

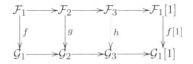

このとき，(必ずしも一意的ではないが) 射 $h: \mathcal{F}_3 \to \mathcal{G}_3$ が存在して上の図式が可換になる．

(公理 4)：8 面体図式を，$\mathcal{D}$ の射からなる次の 2 つの図式とする：

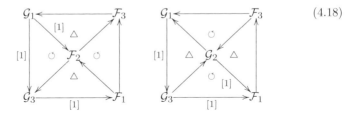 (4.18)

ここで $\mathcal{F} \stackrel{[1]}{\to} \mathcal{G}$ と記述された矢印は射 $\mathcal{F} \to \mathcal{G}[1]$ を意味する．△ は完全三角形の意味であり，○ は可換という意味である．さらに，$\mathcal{F}_2$ から $\mathcal{G}_2$ への 2 つの射 ($\mathcal{F}_3$ を経由するものと $\mathcal{G}_3$ を経由するもの) は一致し，また，$\mathcal{G}_2$ から $\mathcal{F}_2$ への 2 つの射 ($\mathcal{F}_1$ を経由するものと $\mathcal{G}_1$ を経由するもの) は一致するとする．このとき，(4.18) の左の図式が与えられると，これを 8 面体図式に拡張する右の図式も存在する．

アーベル圏 $\mathcal{A}$ から出発して構成される導来圏 $D^*(\mathcal{A})$ は，前節のシフト関手と完全三角形の構成により三角圏の構造を持つ．最後の 8 面体公理の意味は少しわかりにくいかも知れない．アーベル圏に対して成立する，次の性質と対比さ

せるともう少しわかりやすいかもしれない. アーベル圏 $\mathcal{A}$ における 2-ステップのフィルトレーションを考えよう:

$$\mathcal{F}_1 \subset \mathcal{F}_2 \subset \mathcal{F}_3. \tag{4.19}$$

このとき, 次の $\mathcal{A}$ における完全系列が存在する:

$$0 \to \mathcal{F}_2/\mathcal{F}_1 \to \mathcal{F}_3/\mathcal{F}_1 \to \mathcal{F}_3/\mathcal{F}_2 \to 0. \tag{4.20}$$

ここで, 次のように置く:

$$\mathcal{G}_1 = \mathcal{F}_3/\mathcal{F}_2, \ \mathcal{G}_2 = \mathcal{F}_3/\mathcal{F}_1, \ \mathcal{G}_3 = \mathcal{F}_2/\mathcal{F}_1.$$

すると, $\mathcal{A}$ における短完全系列が $D(\mathcal{A})$ における完全三角形を与えることに注意すると, 6 つ組

$$(\mathcal{F}_1, \mathcal{F}_2, \mathcal{F}_3, \mathcal{G}_1, \mathcal{G}_2, \mathcal{G}_3)$$

は図式 (4.18) における 8 面体図式を与えることがわかる.

逆に 8 面体公理を応用して, フィルトレーション (4.19) から短完全系列 (4.20) を得る操作の類似を三角圏や導来圏でも行うことができる. 導来圏 $D(\mathcal{A})$ における, 次の可換図式を考えよう:

ここで $\mathcal{G}_1 = \mathrm{Cone}(v), \mathcal{G}_2 = \mathrm{Cone}(w), \mathcal{G}_3 = \mathrm{Cone}(u)$ と置くと, 次の図式を得る:

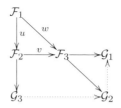

すると, 8 面体公理から点線を結ぶ完全三角形ができる:

$$\mathcal{G}_3 \to \mathcal{G}_2 \to \mathcal{G}_1 \to \mathcal{G}_3[1].$$

上の操作が可能であることと 8 面体公理は同値である. 8 面体図式が必要なのは様々な射の可換性を公理の中に収めるためであって, 応用上は上の操作について覚えておけば十分である.

4.5 連接層の導来圏の間の関手

X を代数多様体とすると,その上の連接層の圏 $\mathrm{Coh}(X)$ はアーベル圏であり,よってその連接層の導来圏 $D^*\mathrm{Coh}(X)$ が定義できる.すでに述べたように,導来圏はアーベル圏ではないが,三角圏の構造を持つ.とくに $*=b$ の場合,つまり有界な連接層の導来圏 $D^b\mathrm{Coh}(X)$ が重要である.これは,次のような良い性質を持つ:

- X が射影的ならば,任意の $\mathcal{F},\mathcal{G} \in D^b\mathrm{Coh}(X)$ に対して $\mathrm{Hom}(\mathcal{F},\mathcal{G})$ は有限次元である.さらに X が滑らかならば,次が成立する:

$$\sum_{i\in\mathbb{Z}} \dim \mathrm{Hom}(\mathcal{F},\mathcal{G}[i]) < \infty. \tag{4.21}$$

性質 (4.21) を満たす三角圏は**有限型**と呼ばれる.

- X が滑らかで射影的ならば,$D^b\mathrm{Coh}(X)$ は「飽和」という良い性質を持つ.この性質については,定義 6.51 で述べる.

$f\colon X \to Y$ を代数多様体の間の射とする.すると,第 4.2 節で議論したように**導来引き戻し関手**が定義できる.

$$\mathbf{L}f^*\colon D^b\mathrm{Coh}(Y) \to D^-\mathrm{Coh}(X). \tag{4.22}$$

これは次のように与えられる:まず各 $M \in D^b\mathrm{Coh}(Y)$ に対して,擬同型 $P^\bullet \to M$ であって各 P^i が局所自由層であるものを取ってくる.そして,連接層の複体 $\mathbf{L}f^*M$ を次のように定める:

$$\mathbf{L}f^*M = f^*P^\bullet \tag{4.23}$$

擬同型 $P^\bullet \to M$ を取り換えても,$\mathbf{L}f^*M$ は $D^-\mathrm{Coh}(X)$ の同型な対象を定めることが示される.すべに述べたように,連接層の圏の間の通常の引き戻し f^* はアーベル圏の構造を保たない.一方,連接層の導来圏 $D^b\mathrm{Coh}(X)$ はアーベル圏ではなく三角圏である.重要な点は,導来引き戻し (4.22) が導来圏の三角圏の構造を保つということである.とくに $\mathbf{L}f^*$ は完全三角形を保つ.よって,連接層の圏の間の通常の引き戻し f^* が失う情報を連接層の導来圏と導来引き戻し $\mathbf{L}f^*$ を用いることで復元できたと言える.

注意 4.6 $P^\bullet$ は上に有界であるが,下に有界とは限らない.よって $\mathbf{L}f^*M$ は $D^-\operatorname{Coh}(X)$ の対象となる.ただし Y が滑らかならば $P^\bullet$ を有界に取ることができ,$\mathbf{L}f^*M$ は $D^b\operatorname{Coh}(X)$ の対象となる.また,f が滑らかな射[6]ならば任意の複体 $M^\bullet \in D^b\operatorname{Coh}(Y)$ に対して $\mathbf{L}f^*M^\bullet \cong f^*M^\bullet$ が言える.このような場合,$\mathbf{L}$ を省略して $\mathbf{L}f^*$ を f^* と記述する.

注意 4.7 第 4.2 節で議論した状況では,$X = \operatorname{Spec} R$,$Y = \operatorname{Spec} S$ はアフィンスキームであった.有限生成 S-加群 M に対し複体 $\mathbf{L}f^*M$ を (4.8) で与えたが,これは M を S-加群の複体 $\cdots 0 \to M \to 0 \to \cdots$ (ただし M の次数は 0 とする) とみなし,(4.23) の意味で導来引き戻しを行ったものである.

引き戻し f^* は基本的にテンソル積であるので,導来引き戻しと同様に**導来テンソル積**を定義することもできる.つまり $\mathcal{E} \in D^b\operatorname{Coh}(X)$ に対して

$$\mathcal{E} \overset{\mathbf{L}}{\otimes} - : D^b\operatorname{Coh}(X) \to D^-\operatorname{Coh}(X)$$

が定義できる.これは $\mathcal{E}$ が局所自由層からなる複体の場合は単なる複体のテンソル積であるが,そうではない場合 $\mathcal{E}$ を各項が局所自由層であるような複体と擬同型で置き換えてからテンソル積を施すことによって得られる.つまり,$\mathcal{P}^\bullet \to \mathcal{E}$ を局所自由層による擬同型として,次のように定める:

$$\mathcal{E} \overset{\mathbf{L}}{\otimes} M = P^\bullet \otimes M.$$

さらに押し出し (3.2) の**導来押し出し**

$$\mathbf{R}f_* : D^b\operatorname{Coh}(X) \to D^+(Q\operatorname{Coh}(Y))$$

も定義できる.これは次のように定まる:$M \in D^b\operatorname{Coh}(X)$ に対して擬同型 $M \to I^\bullet$ であって各 $I^i \in \operatorname{QCoh}(X)$ が単射的になるものを取る.ここで,このような擬同型で下に有界なものを取ることができる.$\mathbf{R}f_*M$ は次で与えられる:

$$\mathbf{R}f_*M = f_*I^\bullet.$$

$\mathbf{L}f^*$ と同様に $\mathbf{R}f_*$ も導来圏の三角圏の構造を保つ.一般に $\mathbf{R}f_*$ は複体の連

---

[6] これは,f の各ファイバーが滑らかであることを保証する.詳細は [50, 3.10 節] を参照.

接性は保たないが，たとえば f が射影的射[7]の場合，$\mathbf{R}f_*$ は $D^b\operatorname{Coh}(X)$ から $D^b\operatorname{Coh}(Y)$ への関手を与えることが示される．$M \in \operatorname{Coh}(X)$ の場合，

$$R^i f_* M := \mathcal{H}^i(\mathbf{R}f_* M)$$

は Y 上の連接層であり，M の f による**高次順像**と呼ばれる．

注意 4.8 X を代数多様体とし，$M \in \operatorname{Coh}(X)$ とする．定理 3.27 で $H^i(X, M)$ のチェックコホモロジーによる構成を述べたが，これは M の単射的レゾリューション $M \to I^\bullet$ を選んで $I^\bullet$ の i 番目のコホモロジーを取ったものとも同型になる ([50, 第 3 章] を参照). したがって $f\colon X \to \operatorname{Spec}\mathbb{C}$ を自然な射とすると，$M \in \operatorname{Coh}(X)$ に対して次の同型が存在する:

$$H^i(X, M) \cong \mathcal{H}^i(\mathbf{R}f_* M).$$

関係 (4.17) により，これは $\operatorname{Hom}(\mathcal{O}_X, M[i])$ とも同型である．

以上の議論より，幾何学から圏への対応としては (4.1) よりも対応

$$X \mapsto D^b \operatorname{Coh}(X) \tag{4.24}$$

の方がより良い関手性を持つと言える．少なくとも定義域を滑らかな射影的代数多様体に制限すると，これは滑らかな射影的代数多様体の成す圏から三角圏がなす (2-) 圏への関手になっている．そこで，問 4.1 における $\operatorname{Coh}(X)$ を $D^b\operatorname{Coh}(X)$ に置き換えた次の問いを考える:

問 4.9 与えられた三角圏 $\mathcal{D}$ に対し，三角圏としての同値 $\mathcal{D} \cong D^b\operatorname{Coh}(X)$ が存在する代数多様体 X の幾何構造を決定せよ．

上の問いは問 4.1 よりもはるかに非自明で，数学的にも物理的にも重要な問題である．数学的には，問 4.9 は問 2.17 をある意味で含んでいると期待されており，この点については第 6 章で詳述する．よって旧来の代数幾何学の問題意識だった問 2.17 に対して，導来圏を用いたアプローチが可能になると考えられる．

---

[7] 射影的射の定義については [50, 第 2 章] を参照されたい．この条件は，f のファイバーが射影的スキームであることを保証する．とくに X, Y が射影的代数多様体の場合，f は自動的に射影的射になる．

また問 4.9 は, 超弦理論が求める新たな幾何学と従来までの幾何学の間の食い違いを理解することにも繋がっている. この点については第 5 章で解説する. まずは次節で問 4.1 と問 4.9 の違いを観察する.

4.6 連接層の導来圏と幾何学の関係

代数多様体 X に対してその連接層の導来圏を対応させる (4.24) は, 連接層を対応させる (4.1) とは異なり, 元の代数多様体 X を復元しない. この現象を最初に発見したのは向井茂氏である. 向井氏の論文 [89] により, アーベル多様体とその双対アーベル多様体の連接層の導来圏の同値が存在することが示された. **アーベル多様体**とは楕円曲線の高次元版であり, 複素多様体としては次の複素トーラスの形で書ける:

$$A = V/\Gamma. \tag{4.25}$$

ここで V は有限次元複素ベクトル空間 (次元は n とする), $\Gamma \subset \mathbb{C}^n$ は階数が $2n$ の自由アーベル群であり, 自然な射 $\Gamma \otimes_{\mathbb{Z}} \mathbb{R} \to \mathbb{C}^n$ が同型になるものである. アーベル多様体とは, 複素トーラス (4.25) であってかつ射影的代数多様体になるものである. 位相空間としては, アーベル多様体 A は楕円曲線 (よって $S^1 \times S^1$) の直積である. アーベル多様体 A に対して, A 上の直線束達からなるモジュライ空間 $\mathrm{Pic}(A)$ を考えよう. これは例 3.41 (i) で扱ったモジュライ空間であり, 自明な直線束を含む連結成分 $\widehat{A} := \mathrm{Pic}^0(A)$ は複素トーラス (3.23) になった. A がアーベル多様体の場合は $\mathrm{Pic}^0(A)$ もアーベル多様体になり, **双対アーベル多様体**と呼ばれる. (4.25) の右辺のデータを用いると, $\widehat{A}$ は複素トーラスとして次のように書ける ([47, 第 6 章] を参照):

$$\widehat{A} = \overline{V}^{\vee}/\overline{\Gamma}^{\vee}.$$

ここで $\overline{V}^{\vee}$ は V の複素共役の双対であり, $\overline{\Gamma}^{\vee}$ は次で与えられる:

$$\overline{\Gamma}^{\vee} = \{f \in \overline{V}^{\vee} : 2\,\mathrm{Re}\,f(\Gamma) \subset \mathbb{Z}\}.$$

また, $\dim A = 1$ ならば (つまり A が楕円曲線ならば) $A \cong \widehat{A}$ である. 一方, $\dim A \geq 2$ ならば A と $\widehat{A}$ は代数多様体として同型とは限らない. にもかかわら

ず, 向井氏 [89] により導来圏の同値が存在する.

$$D^b \operatorname{Coh}(\widehat{A}) \cong D^b \operatorname{Coh}(A). \tag{4.26}$$

補題 4.2 により, 連接層の圏ではこのようなことは起こりえない. なぜ導来圏ではこのような現象が起こるのだろうか？ 補題 4.2 の証明を振り返ってみよう. 連接層の圏 $\operatorname{Coh}(X)$ が元の代数多様体 X を復元する要因は, 点の構造層 $\mathcal{O}_x$ 達が $\operatorname{Coh}(X)$ のアーベル圏としての構造から圏論的に復元できたためであった. しかし連接層の導来圏 $D^b \operatorname{Coh}(X)$ はアーベル圏ではなく, 補題 4.2 で用いた「単純対象」という概念が意味をなさない[8]. そのため, 点の構造層ではないがそれと圏論的に同様な振る舞いをする対象が $D^b \operatorname{Coh}(X)$ に含まれる可能性が出てくるのである. アーベル多様体上の直線束がそれに当たる. たとえば $x \in A$ とし L を A 上の直線束とすると, ベクトル空間としての同型

$$\operatorname{Ext}_A^*(\mathcal{O}_x, \mathcal{O}_x) \cong \operatorname{Ext}_A^*(L, L).$$

が存在する. これにより, 少なくとも自分自身との Ext^* を取るという圏論的な操作では $\mathcal{O}_x$ と L を区別することができない.

上の議論により, 代数多様体 X を与えたときに $D^b \operatorname{Coh}(X)$ の中で点の構造層と同様の振る舞いをする連接層 (あるいは連接層の複体) を考え, そのような対象のモジュライ空間 Y を考えると, 三角圏としての同値

$$D^b \operatorname{Coh}(Y) \cong D^b \operatorname{Coh}(X)$$

が存在する可能性が出てくる. 向井氏による同値 (4.26) はこのような可能性から生じた現象である. 一般に 2 つの滑らかな射影的代数多様体 X と Y の連接層の導来圏が同値になるとき, Y は X のフーリエ・向井パートナーであると言う. アーベル多様体 A に対して, $\widehat{A}$ は A のフーリエ・向井パートナーである. ここで A と $\widehat{A}$ は, 一般には同型ではないものの, その幾何構造は非常によく似ていることに注意しよう. たとえば, 両者の次元は同じであり, かつどちらもトーラスの直積と同相である. とくに A と $\widehat{A}$ は同相になる. そこで, 問 4.9 を少し言い換えた次の問題を考える:

---

[8] アーベル圏における単純対象とは非自明な部分対象が存在しないものであったが, 導来圏はアーベル圏ではないためそもそも部分対象と言う概念が存在しない.

問 4.10　与えられた代数多様体 X に対して, そのフーリエ・向井パートナーの同型類の集合 $\mathrm{FM}(X)$ を決定せよ. また, $Y \in \mathrm{FM}(X)$ となるとき, X と Y の関係を調べよ.

これまでの議論で, $\mathrm{FM}(X)$ は必ずしも $\{X\}$ とは限らずその意味で問 4.10 と問 4.1 は様子が異なることがわかる. とくに, 対応 (4.24) は (広義の) 関手ではあるが, 充満忠実ではない. 現在までに知られている状況では, $Y \in \mathrm{FM}(X)$ となる Y の幾何構造と X の幾何構造は非常によく似ており[9], 中には $\mathrm{FM}(X) = \{X\}$ となるような X も存在する. たとえば $\dim X = 1$ ならば $\mathrm{FM}(X) = \{X\}$ が常に成立することが知られているため, 問 4.10 は $\dim X \geq 2$ で面白い問題となる. また, $\mathrm{FM}(X)$ も多くの状況で有限集合であり, $\kappa(X) \geq 0$ ならば $\mathrm{FM}(X)$ は有限集合であると期待されている. ($\kappa(X) = -\infty$ ならば $\mathrm{FM}(X)$ が無限集合となる例が [76] で構成されている.) よって対応 (4.24) は, 元の代数多様体を復元するとは限らないものの, それほど多くの幾何的情報を失っているわけではないと期待される.

ここで, フーリエ・向井パートナーという用語の由来について説明しよう. これは Orlov [94] による次の定理によるものである:

定理 4.11 (Orlov [94])　X, Y を滑らかな射影的代数多様体とし,
$$\Phi \colon D^b \operatorname{Coh}(X) \to D^b \operatorname{Coh}(Y)$$
を三角圏の構造を保つ充満忠実な関手とする. このとき, 同型を除いて一意に対象 $\mathcal{P} \in D^b \operatorname{Coh}(X \times Y)$ が存在して, Φ は次のように書ける:
$$\Phi(-) \cong \Phi^{\mathcal{P}}_{X \to Y}(-) := \mathbf{R} p_{Y*}(\mathcal{P} \overset{\mathbf{L}}{\otimes} p_X^*(-)).$$
ここで p_X, p_Y はそれぞれ $X \times Y$ から X, Y への射影である.

関手 $\Phi^{\mathcal{P}}_{X \to Y}$ は導来圏の同値を与えるとき**フーリエ・向井変換**と呼ばれる. これは, 通常のフーリエ変換の類似物である. $f(x_1, \cdots, x_n)$ を $\mathbb{R}^n$ 上の可積分関数として, そのフーリエ変換は

---

[9]　ただし, A と $\widehat{A}$ のように X と Y が同相になるとは限らない.

$$\widehat{f}(y_1,\cdots,y_n) = \int_{\mathbb{R}^n} f(x_1,\cdots,x_n) e^{-2\pi i (x_1 y_1 + \cdots + x_n y_n)} dx_1 \cdots dx_n$$

で与えられることを思い起こすと，$\varPhi_{X \to Y}^{\mathcal{P}}$ がフーリエ変換の類似物であることが見て取れる．実際，$D^b \operatorname{Coh}(X)$ の対象が可積分関数 $f(x_1,\cdots,x_n)$ に対応し，$\mathcal{P} \in D^b \operatorname{Coh}(X \times Y)$ が核関数 $e^{-2\pi i (x_1 y_1 + \cdots + x_n y_n)}$ に対応している．このことから，$\mathcal{P}$ はフーリエ・向井変換の**核対象**と呼ばれる．向井氏によって発見された同値 (4.26) は上のフーリエ・向井変換の形である．この場合の核対象は，モジュライ理論の普遍対象 ((3.22) を参照) に相当する直線束

$$\mathcal{P} \in \operatorname{Pic}^0(A \times \widehat{A})$$

である．これは各点 $x \in \widehat{A}$ に対して $\mathcal{P}|_{A \times \{x\}}$ が x に対応する A 上の直線束となるものであり，ポアンカレ直線束と呼ばれる．つまり，同値 (4.26) は次のように書ける:

$$\varPhi_{\widehat{A} \to A}^{\mathcal{P}} : D^b \operatorname{Coh}(\widehat{A}) \xrightarrow{\sim} D^b \operatorname{Coh}(A).$$

上の同値によって，$x \in \widehat{A}$ の構造層 $\mathcal{O}_x$ は x に対応する A 上の直線束に移る．

フーリエ・向井変換の合成もフーリエ・向井変換になることに注意する．これは定理 4.11 から当然従うことであるが，その核対象の形を具体的に与えることは有用である．証明は容易であり，以下に結果のみ記述しておく．

補題 4.12 2 つのフーリエ・向井変換 $\varPhi_{X_1 \to X_2}^{\mathcal{E}}$, $\varPhi_{X_2 \to X_3}^{\mathcal{F}}$ の合成 $\varPhi_{X_2 \to X_3}^{\mathcal{F}} \circ \varPhi_{X_1 \to X_2}^{\mathcal{E}}$ は $D^b \operatorname{Coh}(X_1)$ から $D^b \operatorname{Coh}(X_3)$ へのフーリエ・向井変換で，その核対象は次で与えられる:

$$\mathbf{R}p_{13*}(p_{12}^* \mathcal{E} \overset{\mathbf{L}}{\otimes} p_{23}^* \mathcal{F}) \in D^b \operatorname{Coh}(X_1 \times X_3).$$

ここで p_{ij} は次図で与えられる射影である:

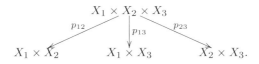

問 4.10 と密接に関係するのが，与えられた代数多様体 X の連接層の導来圏の自己同値群がどれだけ存在するか？という問いである．つまり，

$$\mathrm{Auteq}(X) := \{\Phi \in D^b \mathrm{Coh}(X) \xrightarrow{\sim} D^b \mathrm{Coh}(X)\}/(\text{同型類})$$

の研究である.

問 4.13 与えられた滑らかな射影的代数多様体 X に対し, $\mathrm{Auteq}(X)$ の群構造を決定せよ.

様々な具体例から $\mathrm{FM}(X)$ と $\mathrm{Auteq}(X)$ には密接な関係があると考えられているが, あまり明確にはなっていない. $\mathrm{Auteq}(X)$ は後の章で述べるミラー対称性や安定性条件の研究で重要な役割を果たす. $\mathrm{Auteq}(X)$ の元について, 少し調べてみよう. まず, X の自己同型 $f\colon X \xrightarrow{\cong} X$ は連接層の圏の同値

$$f^*\colon \mathrm{Coh}(X) \xrightarrow{\sim} \mathrm{Coh}(X)$$

を与えるため, とくに導来圏の同値も与える. よって, $f^* \in \mathrm{Auteq}(X)$ である. また, シフト関手 $[1]$ も $\mathrm{Auteq}(X)$ の元であり, とくにそれを n 回合成した関手 $[n]$ も $\mathrm{Auteq}(X)$ の元である. さらに $L \in \mathrm{Pic}(X)$ に対して $\otimes L$ を対応させると, これも $\mathrm{Auteq}(X)$ の元である. よって $\mathrm{Aut}(X)$ を X の自己同型群とすると, 次の埋め込みが存在する:

$$(\mathrm{Aut}(X) \ltimes \mathrm{Pic}(X)) \times \mathbb{Z} \subset \mathrm{Auteq}(X). \tag{4.27}$$

左辺と右辺の違いが重要である. たとえば同値 (4.26) においてたまたま $\widehat{A} \cong A$ となったとしよう. (たとえば $\dim A = 1$ ならば必ずそうなる.) すると, 同値 (4.26) は (4.27) の右辺の元で左辺に入らないものを与えていることになる. また, 次節で述べる球面捻りも重要な例である.

4.7　フーリエ・向井パートナーや自己同値の例

この節では, 前節で述べた同値 (4.26) 以外のいくつかのフーリエ・向井パートナー, および非自明な自己同値の例について解説する.

例 4.14 まず, 双有理同値なフーリエ・向井パートナーの例を挙げる. このような例は問 2.17 と問 4.10 を関連付ける重要なものであり, 第 6 章でより詳

しく解説する. $r \geq 1$ を整数とし, X を $2r+1$ 次元の滑らかな射影的代数多様体とする. 双有理射

$$f\colon X \to Y$$

で, 次の条件を満たすものを考える.

- f の例外集合は $E = \mathbb{P}^r \subset X$ であり, $f(E)$ は 1 点 $p \in Y$ である.
- 法束 $N_{E/X}$ (例 3.22 を参照) は $\mathcal{O}_E(-1)^{\oplus r+1}$ と同型である.

たとえば, X を次の $\mathbb{P}^r$ 上の射影ベクトル束とする (例 3.22 を参照):

$$X = \mathbb{P}(\mathcal{O}_{\mathbb{P}^r} \oplus \mathcal{O}_{\mathbb{P}^r}(-1)^{\oplus r+1}) \to \mathbb{P}^r.$$

すると, 直和成分 $\mathcal{O}_{\mathbb{P}^r} \subset \mathcal{O}_{\mathbb{P}^r} \oplus \mathcal{O}_{\mathbb{P}^r}(-1)^{\oplus r+1}$ は $X \to \mathbb{P}^r$ の切断 $s\colon \mathbb{P}^r \to X$ を誘導する. s の像を E とすると $N_{E/X}$ は $\mathcal{O}_E(-1)^{\oplus r+1}$ に同型であり, さらに双有理写像 $f\colon X \to Y$ で E を点に潰すものの存在も容易にわかる.

上の性質を満たす双有理射 $f\colon X \to Y$ に対して, $g\colon Z \to X$ を E を中心とするブローアップとする. $D := g^{-1}(E)$ は $\mathbb{P}^r \times \mathbb{P}^r$ と同型であり, $g|_D$ は第 1 成分への射影 $D \to \mathbb{P}^r$ である. このとき, 別の双有理射 $h\colon Z \to X^\dagger$ で, 次の条件を満たすものが存在する:

- $E^\dagger := h(D)$ は $\mathbb{P}^r$ と同型, $N_{E^\dagger/X^\dagger} \cong \mathcal{O}_{E^\dagger}(-1)^{\oplus r+1}$ であり, $E^\dagger$ を点 $p \in Y$ に潰す双有理射 $f^\dagger\colon X^\dagger \to Y$ が存在する.
- D は h の例外集合であり, $h|_D\colon D \to \mathbb{P}^r$ は第 2 成分への射影である.

$h\colon Z \to X^\dagger$ は $g\colon Z \to X$ とよく似ているが, $h|_D$ が第 2 成分への射影である一方 $g|_D$ が第 1 成分への射影となっている点が異なる. まとめると, 次の図式を得る (図 4.1 を参照):

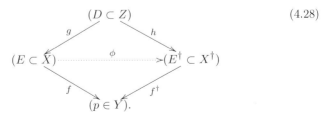

(4.28)

上の図式の双有理写像 ϕ はフロップ (定義 6.11 を参照) と呼ばれる特殊な双

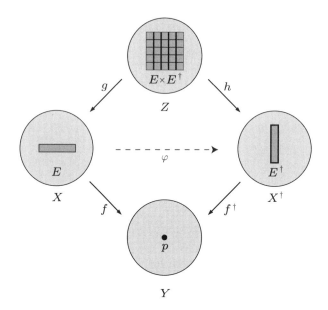

図 4.1 双有理写像 $\phi\colon X \dashrightarrow X^\dagger$ の図

有理変換の例である.次の定理は Bondal-Orlov [14] によるものであり,双有理幾何学と導来圏の間の関係が注目される契機となった:

定理 4.15 (Bondal-Orlov [14]) 関手
$$\Phi := \mathbf{R}g_*\mathbf{L}h^*\colon D^b\operatorname{Coh}(X^\dagger) \to D^b\operatorname{Coh}(X) \tag{4.29}$$
は三角圏の同値である.つまり,$X^\dagger \in \operatorname{FM}(X)$ である.

注意 4.16 関手 (4.29) をフーリエ・向井関手の形で書くと,核対象は $(g,h)_*\mathcal{O}_Z \in \operatorname{Coh}(X^\dagger \times X)$ で与えられる.

定理 4.15 における Φ の様子を見てみよう.点 $x \in X^\dagger$ の構造層 $\mathcal{O}_x$ を考えると,$x \notin E^\dagger$ ならば $\Phi(\mathcal{O}_x)$ は明らかに $\mathcal{O}_{\phi^{-1}(x)}$ で与えられる.ここで,ϕ^{-1} は $X^\dagger \setminus E^\dagger$ 上で定義されているため,$\phi^{-1}(x) \in X$ が意味をなすことに注意する.一方,$x \in E^\dagger$ ならば $\Phi(\mathcal{O}_x)$ は点の構造層ではない.そもそも,$\phi^{-1}(x)$ が定義されていない.この場合,$\Phi(\mathcal{O}_x)$ は E に台を持つ何らかの連接層の複体となる.こ

の複体を具体的に記述するのはそれほど容易ではない. 第 6.6 節で, $r = 1$ の場合に $\Phi(\mathcal{O}_x)$ の記述について間接的に述べる.

例 4.17 ここでは, 向井同値 (4.26) の相対版について述べる. 簡単のため, 相対次元が 1 の場合に限って解説する. $\pi\colon X \to S$ を滑らかな射影的代数多様体の間の射とし, 次を仮定する:

- $\dim S = \dim X - 1$ であり, $\pi_* \mathcal{O}_X = \mathcal{O}_S$ [10]).
- π のファイバーに含まれる任意の曲線 $C \subset X$ について $K_X \cdot C = 0$.

このときザリスキ開集合 $U \subset S$ が存在して, 任意の $p \in U$ について $X_p := \pi^{-1}(p)$ は滑らかな楕円曲線となる. (ただし, $p \notin U$ なら X_p には特異点が生じ得る.) 上のような π は**相対的極小な楕円ファイブレーション**と呼ばれる. H を X 上の豊富因子, d を整数とする. 例 3.45 の相対版である, 次の関手を考えよう:

$$\mathcal{J}_{X/S}^H(d)\colon (S \text{ 上のスキーム}) \to (\text{集合})$$

$$T \mapsto \left\{ \mathcal{F} \in \mathrm{Coh}(X \times_S T) : \begin{array}{l} \mathcal{F} \text{ は } T \text{ 上平坦, 任意の} \\ t \in T \text{ に対して } \mathcal{F}_t \text{ は} \\ H\text{-安定で, その Hilbert} \\ \text{多項式は } m(H \cdot X_p) + d. \end{array} \right\} / (\text{同型類}).$$

$\mathcal{J}_{X/S}^H(d)$ が射影的スキーム $J_{X/S}^H(d)$ によって実現されると仮定しよう. 関手 $\mathcal{J}_{X/S}^H(d)$ の構成から射 $\pi'\colon J_{X/S}^H(d) \to S$ が存在する. さらに, $p \in U$ での π' のファイバーは X_p 上の次数が d の直線束のモジュライ空間であり, これは X_p と同型である. ただし, $p \notin U$ の場合は π' のファイバーの幾何構造を調べるのは一般的に難しい (図 4.2 を参照). また, $J_{X/S}^H(d)$ が $\mathcal{J}_{X/S}^H(d)$ を実現するという仮定は, 普遍対象

$$\mathcal{U} \in \mathrm{Coh}(X \times_S J_{X/S}^H(d))$$

の存在も意味している. 次の結果は, 代数曲面の場合 [24] や小平次元が 2 の 3 次元代数多様体の場合 [110] に問 4.10 を解決する上で重要な役割を果たす.

---

[10]) 後者の条件は π のすべてのファイバーが連結であることを保証する.

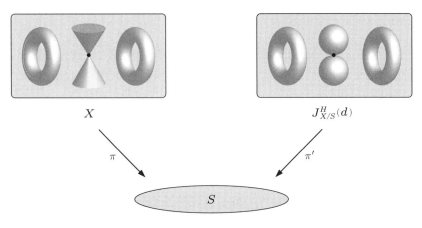

図 4.2 $\pi\colon X \to S$ と $\pi'\colon J^H_{X/S} \to S$ の関係

定理 4.18 (Bridgeland-Maciocia [25]) $\pi\colon X \to S$ を相対的極小な楕円ファイブレーションとし，$\dim X \leq 3$ とする．もし $\mathcal{J}^H_{X/S}(d)$ が射影的スキーム $J^H_{X/S}(d)$ によって実現されるなら，$\pi'\colon J^H_{X/S}(d) \to S$ も相対的極小な楕円ファイブレーションであり (とくに $J^H_{X/S}(d)$ は滑らか) 次の関手が同値になる:

$$\Phi^{\mathcal{U}}_{J^H_{X/S}(d) \to X}\colon D^b\operatorname{Coh}(J^H_{X/S}(d)) \to D^b\operatorname{Coh}(X). \tag{4.30}$$

同値 (4.30) は π の一般ファイバー上では 1 次元の場合の向井同値 (4.26) を与えている．実際，同値 (4.30) は点 $x \in J^H_{X/S}(d)$ の構造層 $\mathcal{O}_x$ を $X_{\pi'(x)}$ 上の階数が 1 の捩れがない層に移すが，これは $X_{\pi'(x)}$ が滑らかならば直線束である．しかし，$X_{\pi'(x)}$ が特異点を持つならばその上の直線束に移るとは限らず，どのような層が対応するのか完全に分類するのは容易ではない．

例 4.19 次に，球面捻りと呼ばれる非自明な自己同値のクラスの例を解説する．これは，球面対象と呼ばれる対象に付随して定義される．

定義 4.20 X を n 次元の滑らかな射影的代数多様体とする．$E \in D^b\operatorname{Coh}(X)$ は次が成立するときに**球面対象**であると呼ぶ:

- $E \otimes \omega_X \cong E$.

- $\mathrm{Hom}(E, E[i])$ は次を満たす:
$$\mathrm{Hom}(E, E[i]) \cong \begin{cases} \mathbb{C} & i = 0, n \\ 0 & \text{それ以外}. \end{cases}$$

定義 4.20 の対象が球面対象と呼ばれる理由は, $S^n \subset \mathbb{R}^{n+1}$ を n 次元球面とすると次が成立するためである:
$$\mathrm{Hom}(E, E[i]) \cong H^i(S, \mathbb{C}).$$

たとえば $X \subset \mathbb{P}^n$ を次数 $n+1$ の超曲面とすると, 任意の X 上の直線束は球面対象になる. 球面対象 $E \in D^b \mathrm{Coh}(X)$ に対して, $\mathcal{E} \in D^b \mathrm{Coh}(X \times X)$ を次のように定義する:
$$\mathcal{E} := \mathrm{Cone}\left(E^\vee \boxtimes E \xrightarrow{\mathrm{ev}} \mathcal{O}_\Delta\right).$$

ここで $\Delta \subset X \times X$ は対角線集合であり, $\boxtimes$ は外部テンソル積, そして ev は標準的に定まる射である. 次の定理は Seidel-Thomas [102] によるものである:

定理 4.21 (Seidel-Thomas [102]) X を滑らかな射影的代数多様体とし, $E \in D^b \mathrm{Coh}(X)$ を球面対象とする. このとき, 関手
$$T_E := \Phi^{\mathcal{E}}_{X \to X} \colon D^b \mathrm{Coh}(X) \to D^b \mathrm{Coh}(X)$$
は $D^b \mathrm{Coh}(X)$ の自己同値である. このような自己同値は T_E は**球面捻り**と呼ばれる.

構成から, 任意の $F \in D^b \mathrm{Coh}(X)$ に対して $T_E(F)$ は次の完全三角形に収まることが容易にわかる:
$$\mathbf{R}\mathrm{Hom}(E, F) \otimes E \to F \to T_E(F) \to \mathbf{R}\mathrm{Hom}(E, F)[1].$$

球面捻りは第 5 章で述べる圏論的ミラー対称性や第 8 章で述べる安定性条件の研究において重要な役割を果たす. 実際, このような自己同値は第 8 章の図 8.5 におけるコニフォールド点の周りでのモノドロミーの記述を与える.

4.8 セール関手

セール関手と呼ばれる関手を調べることは,問 4.10 に対する 1 つの手掛かりを与える.X を滑らかな射影的代数多様体とし,ω_X を例 3.25 で与えられた標準直線束とする.まず,定理 3.32 で述べたセール双対性定理は導来圏の対象に拡張できることに注意する.これは 2 つの対象 $E, F \in D^b \operatorname{Coh}(X)$ に対する次の同型で与えられる:

$$\operatorname{Hom}(E, F) \cong \operatorname{Hom}(F, E \otimes \omega_X[\dim X])^\vee. \tag{4.31}$$

上の同型は,E, F を局所自由層からなる複体に擬同型で置き換え,各項に対して定理 3.32 を適用することにより得られる.ここで $D^b \operatorname{Coh}(X)$ の自己同値関手 $\mathcal{S}_X$ を次で定める:

$$\mathcal{S}_X(-) := - \underset{\mathcal{O}_X}{\otimes} \omega_X[\dim X].$$

関手 $\mathcal{S}_X$ が持つ性質 (4.31) は次のセール関手という概念で定式化される.

定義 4.22 $\mathcal{D}$ を三角圏とする.自己同値 $\mathcal{S}_\mathcal{D} \colon \mathcal{D} \to \mathcal{D}$ は任意の $E, F \in \mathcal{D}$ に対して次の関手的同型が存在するときに**セール関手**と言う:

$$\operatorname{Hom}(E, F) \cong \operatorname{Hom}(F, \mathcal{S}_\mathcal{D}(E))^\vee.$$

セール関手は,存在するならば一意的であることが容易にわかる.よって,X, Y を滑らかな射影的代数多様体とし $\Phi \colon D^b \operatorname{Coh}(X) \to D^b \operatorname{Coh}(Y)$ をフーリエ・向井変換とすると,次の図式が可換になる.

$$\begin{array}{ccc} D^b \operatorname{Coh}(X) & \xrightarrow{\Phi} & D^b \operatorname{Coh}(Y) \\ {\scriptstyle \mathcal{S}_X} \downarrow & & \downarrow {\scriptstyle \mathcal{S}_Y} \\ D^b \operatorname{Coh}(X) & \xrightarrow{\Phi} & D^b \operatorname{Coh}(Y). \end{array} \tag{4.32}$$

上の図式は,セール関手を問 4.10 に応用する際に基本となる図式である.たとえば,図式 (4.32) を用いて次の補題が示される:

補題 4.23 $Y \in \operatorname{FM}(X)$ とすると,$\dim Y = \dim X$ である.

証明 上の記号で, 同値 Φ を与える核対象を $\mathcal{P} \in D^b \operatorname{Coh}(X \times Y)$ と置く. 図式 (4.32) より $\Phi \circ \mathcal{S}_X \cong \mathcal{S}_Y \circ \Phi$ であり, 両者の核対象は定理 4.11 により同型である. また, $\mathcal{S}_X$ の核対象は次で与えられる:
$$\Delta_* \omega_X[\dim X] \in D^b \operatorname{Coh}(X \times X).$$
ここで $\Delta \colon X \to X \times X$ は対角埋め込みである. よって補題 4.12 を用いると次の同型を得る:
$$\mathcal{P} \otimes p_X^* \omega_X[\dim X] \cong \mathcal{P} \otimes p_Y^* \omega_Y[\dim Y].$$
$i \in \mathbb{Z}$ を $\mathcal{H}^i(\mathcal{P}) \neq 0$ となる最大の i とすると, 上の同型により $i + \dim X = i + \dim Y$ が得られる. よって $\dim X = \dim Y$ となる. □

さらに ω_X が多くの情報を持っている場合には, 図式 (4.32) により $\operatorname{FM}(X)$ が制限されることになる. 次の定理は Bondal-Orlov [15] によるものである.

定理 4.24 (Bondal-Orlov [15]) X を滑らかな射影的代数多様体とし, ω_X または ω_X^{-1} が豊富であるとする. このとき, $\operatorname{FM}(X) = \{X\}$ となる.

証明 図式 (4.32) と同じ記号を用いる. $\Psi = \Phi^{-1}$ と置き, $y \in Y$ の構造層 $\mathcal{O}_y \in D^b \operatorname{Coh}(Y)$ に対して図式 (4.32) を適用すると, 次の同型が得られる.
$$\Psi(\mathcal{O}_y) \otimes \omega_X \cong \Psi(\mathcal{O}_y).$$
ここで, 補題 4.23 で得られた $\dim X = \dim Y$ を用いた. ω_X が豊富であることを用いると, 任意の $i \in \mathbb{Z}$ に対して $\mathcal{H}^i(\Psi(\mathcal{O}_y))$ は台が 0 次元の連接層であることがわかる. さらに Ψ が同値であることを用いると, ある $f(y) \in X$ と $k \in \mathbb{Z}$ が存在して $\Psi(\mathcal{O}_y) \cong \mathcal{O}_{f(y)}[k]$ と書けることがわかる. Y から X への写像 $y \mapsto f(y)$ が求める同型写像を与えている. □

上の定理の仮定が成立する状況を以下の例で見てみよう.

例 4.25 $W(X_0, \cdots, X_n)$ を d 次の同次多項式とし, X を次の超曲面とする:
$$X = (W(X_0, \cdots, X_n) = 0) \subset \mathbb{P}^n.$$
さらに X が滑らかであると仮定する. このとき, $\omega_X = \mathcal{O}_X(d - n - 1)$ となる.

よって $d>n+1$ なら ω_X は豊富, $d<n+1$ ならば ω_X^{-1} が豊富になり定理 4.24 の仮定が満たされる. 一方, $d=n+1$ の場合は $\omega_X=\mathcal{O}_X$ となり定理 4.24 の仮定が満たされない. この場合の問題 4.10 は $n\geq 4$ の場合で未解決である.

上の例で見たように, 一般に $\omega_X^{\otimes\pm m}$ に多くの切断があればあるほど問題 4.10 にアプローチしやすくなる. 逆に $\omega_X=\mathcal{O}_X$ になってしまう状況では問題 4.10 への手がかりが乏しく, 問題 4.10 にどのようにアプローチすれば良いのか一般的な指針はあまりない. ひとつの手掛かりは, 導来圏の圏論的不変量を取り出してそれらを比較することである. 次節で圏論的不変量について議論する.

4.9　圏論的不変量

Y を X のフーリエ・向井パートナーとしよう. Y と X の幾何的関係を完全には記述できなくても, 何らかの関連性を見るには導来圏から (少なくとも原理的には) 内在的に定義できる不変量を取り出してそれらを比較するという方法がある. 導来圏から内在的に定義できるとは, 導来圏の三角圏としての圏論的なデータのみで定義できるということである. その 1 つに**ホッホシルト・コホモロジー**という概念がある. 連接層の導来圏 $D^b\operatorname{Coh}(X)$ に対して, i 次のホッホシルト・コホモロジーは次で定義される:

$$\operatorname{HH}^i(X):=\operatorname{Ext}^i_{X\times X}(\mathcal{O}_\Delta,\mathcal{O}_\Delta).$$

$\operatorname{HH}^i(X)$ は圏論的には恒等関手 id から i 回シフトする関手 $[i]$ への自然変換全体 $\operatorname{Nat}(\operatorname{id},[i])$ と関係している. 実際 $\mathcal{O}_\Delta,\mathcal{O}_\Delta[i]$ を核対象とするフーリエ・向井変換はそれぞれ id, $[i]$ に他ならず, $\mathcal{O}_\Delta$ から $\mathcal{O}_\Delta[i]$ への射 u は対応するフーリエ・向井変換の間の自然変換を誘導する. これを $\Phi^u_{X\to X}$ と書くと, 次の写像が存在する:

$$\operatorname{HH}^i(X)\ni u\mapsto \Phi^u_{X\to X}\in\operatorname{Nat}(\operatorname{id},[i]).$$

上の写像は必ずしも同型となるわけではないが, 圏論的な意味合いとしては両者は似たようなものである. この点に着目すると, 次を示すことができる:

定理 4.26 フーリエ・向井変換 $\Phi\colon D^b\operatorname{Coh}(X) \to D^b\operatorname{Coh}(Y)$ は次の同型を誘導する:
$$\Phi_*\colon \operatorname{HH}^i(X) \to \operatorname{HH}^i(Y).$$

証明 ここでは証明のスケッチを与える. 詳細な証明は [28] を参照されたい. $\mathcal{P} \in D^b\operatorname{Coh}(X\times Y)$ を Φ の核対象とし, $\mathcal{E} \in D^b\operatorname{Coh}(X\times Y)$ を Φ^{-1} の核対象とする. また, $p_{ij}\colon X\times X\times Y\times Y \to X\times Y$ を対応する成分への射影とする. このとき, 関手
$$\Phi^{p_{13}^*\mathcal{P}\otimes p_{24}^*\mathcal{E}}_{X\times X\to Y\times Y}\colon D^b\operatorname{Coh}(X\times X) \to D^b\operatorname{Coh}(Y\times Y)$$
は同値になり, $\mathcal{O}_{\Delta_X}$ を $\mathcal{O}_{\Delta_Y}$ に移す. 求める同型は上の関手が誘導する. □

次にホッホシルト・コホモロジー $\operatorname{HH}^i(X)$ を, より計算しやすいコホモロジー群に関連させる. 次の定理における同型は Hochschild-Kostant-Rosenberg (HKR) 同型と呼ばれるものである.

定理 4.27 X を滑らかな代数多様体とすると, 次の同型が存在する:
$$\operatorname{HH}^n(X) \cong \bigoplus_{p+q=n} H^p(X, \overset{q}{\wedge} T_X).$$

証明 簡単のため, X が滑らかなアフィン代数多様体 $\operatorname{Spec} R$ の場合に示す. このとき, $X\times X = \operatorname{Spec}(R\underset{\mathbb{C}}{\otimes} R)$ であることに注意する. $(\Delta_*, \mathbf{L}\Delta^*)$ の随伴性より, 同型
$$\operatorname{HH}^n(X) \cong \operatorname{Hom}_R(\mathbf{L}\Delta^*R, R[n])$$
が従う. $\mathbf{L}\Delta^*R$ を計算しよう. R は $R\underset{\mathbb{C}}{\otimes} R$-加群として次の (無限生成) 自由加群によるレゾリューションを持つ:
$$\cdots \to R^{\otimes i+2} \overset{d^i}{\to} \cdots \to R\underset{\mathbb{C}}{\otimes} R\underset{\mathbb{C}}{\otimes} R \overset{d^1}{\to} R\underset{\mathbb{C}}{\otimes} R \to R \to 0. \tag{4.33}$$
ここで, $R^{\otimes i+2}$ には $R\underset{\mathbb{C}}{\otimes} R$-加群としての構造が次のように入っている:
$$(x\otimes y)\cdot(a_0\otimes a_1\otimes\cdots\otimes a_{i+1}) := xa_0\otimes a_1\otimes\cdots\otimes ya_{i+1}.$$
また, $d^i\colon R^{\otimes i+2} \to R^{\otimes i+1}$ は次で与えられる:

$$d^i(a_0 \otimes \cdots \otimes a_{i+1}) := \sum_{k=0}^{i}(-1)^k a_0 \otimes \cdots \otimes a_k a_{k+1} \otimes \cdots \otimes a_{i+1}.$$

よって, (4.33) に $\underset{R\underset{\mathbb{C}}{\otimes} R}{\otimes} R$ を施すことで, $\mathbf{L}\Delta^* R$ は次の複体で実現される:

$$\cdots \to R^{\otimes i+1} \xrightarrow{d'_i} \cdots \to R\underset{\mathbb{C}}{\otimes} R\underset{\mathbb{C}}{\otimes} R \xrightarrow{d'_2} R\underset{\mathbb{C}}{\otimes} R \xrightarrow{d'_1} R \to 0.$$

ここで $R^{\otimes i+1}$ には左からの掛け算により R-加群としての構造が入っている. また, $d'_i \colon R^{\otimes i+1} \to R^{\otimes i}$ は次で与えられる:

$$d'_i(b_0 \otimes \cdots \otimes b_i)$$
$$= \sum_{k=0}^{i-1} b_0 \otimes \cdots \otimes b_k b_{k+1} \otimes \cdots \otimes b_i + (-1)^i b_0 b_i \otimes b_1 \otimes \cdots \otimes b_{i-1}.$$

一方, 次の複体の間の射が存在する:

$$\begin{array}{ccccccccc}
\longrightarrow & R^{\otimes i+1} & \xrightarrow{d'_i} & \cdots & \xrightarrow{d'_1} & R\underset{\mathbb{C}}{\otimes} R & \xrightarrow{0} & R & \longrightarrow 0 \\
& \downarrow I^i & & & & \downarrow I^1 & & \downarrow I^0 & \\
\longrightarrow & \Omega_R^i & \xrightarrow{0} & \cdots & \xrightarrow{0} & \Omega_R^1 & \xrightarrow{0} & R & \longrightarrow 0.
\end{array} \quad (4.34)$$

ここで, $I^i \colon R^{\otimes i+1} \to \Omega_R^i$ は次で与えられる:

$$I^i(a_0 \otimes \cdots \otimes a_i) = a_0 \cdot da_1 \wedge \cdots \wedge da_i.$$

複体の間の射 (4.34) は擬同型になる. よって $\mathbf{L}\Delta^* R$ は $\underset{p\geq 0}{\oplus} \Omega_R^p[p]$ と同型になり, 求める同型が従う. □

ホッホシルト・コホモロジーと同様の概念に, **ホッホシルト・ホモロジー**がある. これは次のように定義される:

$$\mathrm{HH}_i(X) := \mathrm{Ext}_{X\times X}^{i+\dim X}(\mathcal{O}_\Delta, \omega_\Delta).$$

$\mathrm{HH}_i(X)$ の元は, 圏論的には恒等関手 id からセール関手のシフト $\mathcal{S}_X[i]$ への自然変換という意味を持つ. 定理 4.27 と同様の議論により, 次の同型の存在が示される:

$$\mathrm{HH}_n(X) \cong \underset{q-p=n}{\oplus} H^p(X, \Omega_X^q).$$

さらに図式 (4.32) に注意すると，定理 4.26 と同様にフーリエ・向井変換 $\Phi\colon D^b\operatorname{Coh}(X) \xrightarrow{\sim} D^b\operatorname{Coh}(Y)$ が同型

$$\Phi_*\colon \operatorname{HH}_i(X) \xrightarrow{\cong} \operatorname{HH}_i(Y)$$

を誘導することがわかる．まとめると，次を得る：

系 4.28 X を滑らかな射影的代数多様体とし，$Y \in \operatorname{FM}(X)$ とする．このとき，任意の $n \in \mathbb{Z}$ に対して次の等式が成立する：

$$\sum_{p+q=n} h^p(X, \overset{q}{\wedge} T_X) = \sum_{p+q=n} h^p(Y, \overset{q}{\wedge} T_Y)$$

$$\sum_{q-p=n} h^{p,q}(X) = \sum_{q-p=n} h^{p,q}(Y).$$

ここで，$h^{p,q}(X)$ はホッジ数である (定理 3.33 を参照)．同様のアイデアを用いて，代数多様体の分類理論と密接に関わる不変量 $H^0(X, \omega_X^{\otimes m})$ を導来同値の下で比較することが可能である．次の同型に注意しよう：

$$H^0(X, \omega_X^{\otimes m}) \cong \operatorname{Hom}_{X \times X}(\mathcal{O}_\Delta, \omega_\Delta^{\otimes m}).$$

右辺の元は恒等関手 id から $\mathcal{S}_X[-\dim X]^{\times m}$ への自然変換という圏論的意味を持つ．よって図式 (4.32) を用いると，フーリエ・向井変換 $\Phi\colon D^b\operatorname{Coh}(X) \to D^b\operatorname{Coh}(Y)$ が同型

$$\Phi_*\colon H^0(X, \omega_X^{\otimes m}) \xrightarrow{\cong} H^0(Y, \omega_Y^{\otimes m})$$

を誘導することがわかる．さらにこの同型は自然な積

$$H^0(X, \omega_X^{\otimes m_1}) \times H^0(X, \omega_X^{\otimes m_2}) \to H^0(X, \omega_X^{\otimes (m_1+m_2)})$$

と可換になることも容易にわかる．よって次を得る．

命題 4.29 $\Phi\colon D^b\operatorname{Coh}(X) \to D^b\operatorname{Coh}(Y)$ を滑らかな射影的代数多様体の間の導来同値とする．このとき，Φ は次の次数付き環の間の同型を誘導する：

$$\Phi_*\colon \bigoplus_{m \geq 0} H^0(X, \omega_X^{\otimes m}) \xrightarrow{\cong} \bigoplus_{m \geq 0} H^0(Y, \omega_Y^{\otimes m}).$$

とくに $\kappa(X) = \kappa(Y)$ となる．

命題 4.29 により，小平次元という代数多様体の双有理不変量が導来圏の圏論的不変量であることが示された．これは，$Y \in \mathrm{FM}(X)$ ならば X と Y は古典的な分類理論の立場からその幾何構造が非常に近いと言える．この事実により，問 4.10 が代数多様体の分類理論と密接な関係があることが推察される．

4.10 代数曲線，代数曲面のフーリエ・向井パートナー

問 4.10 は X の次元が 2 以下の場合にはほぼ完全な回答が与えられている．まず，最も簡単な 1 次元の場合は次のようになる:

定理 4.30 X を滑らかな射影的代数曲線とする．このとき，$\mathrm{FM}(X) = \{X\}$ である．

$\dim X = 1$ の場合，X が楕円曲線になる場合以外は ω_X か ω_X^{-1} が豊富になるため，上の結果は定理 4.24 から従う．X が楕円曲線になる場合は，必ずしも定理 4.24 の証明のように導来同値によって点の構造層が点の構造層に移るわけではない．たとえば第 4.6 節におけるアーベル多様体と双対アーベル多様体との導来同値は楕円曲線 (1 次元アーベル多様体) の場合にも適用される．この場合点の構造層と直線束が導来同値により対応している．しかし楕円曲線の双対アーベル多様体は元の楕円曲線と同型になってしまうため，上の定理の結果と矛盾はしない．楕円曲線の場合の定理 4.30 の証明には楕円曲線のトレリ型定理が必要となる ([51, Theorem 5.1] を参照).

代数曲面の場合は次のようになる．

定理 4.31 (Bridgeland-Maciocia [24], 川又 [66]) X を滑らかな射影的代数曲面とする．このとき $\mathrm{FM}(X)$ は有限集合であり，さらに $Y \in \mathrm{FM}(X)$ は以下の場合を除いて $Y \cong X$ となる:

- X と Y が共に K3 (あるいはアーベル) 曲面となる場合.
- 滑らかな射影的代数曲線 C と図式

(4.35)

が存在し, π および π' は相対的極小な楕円ファイバー空間となる.

ここで, 相対的極小な楕円ファイバー空間の定義は例 4.17 を参照されたい. 上の定理において図式 (4.35) が存在するときは, さらに強く次が言える: ある豊富因子 $H \subset X$ と $d \in \mathbb{Z}$ が存在して, $Y \cong J_{X/C}^H(d)$ である. ただし, 例 4.17 における相対ヤコビアンの記号を用いた.

X が K3 (あるいはアーベル) 曲面ならば, 任意の $Y \in \mathrm{FM}(X)$ も K3 (あるいはアーベル) 曲面になる. さらに Y は X 上の (ある豊富因子に対する) 安定層のモジュライ空間と同型になることも知られている. この場合, $\mathrm{FM}(X)$ の記述は K3 (あるいはアーベル) 曲面上の向井格子

$$H^*(X, \mathbb{Z}) := H^0(X, \mathbb{Z}) \oplus H^2(X, \mathbb{Z}) \oplus H^4(X, \mathbb{Z})$$

の言葉で記述できる. この事実の証明には K3 (あるいはアーベル) 曲面のトレリ型定理を用いるが, 詳細は [94] を参照されたい. これにより, $\mathrm{FM}(X)$ の研究はより代数的な格子の研究に帰着できたことになる.

$\dim X = 3$ では, 小平次元が 3 の場合に川又雄二郎氏 [66] により, そして小平次元が 2 の場合に筆者 [110] により問 4.10 が調べられている. しかし, より一般の場合には現在でも未解決である. 最も重要で困難な場合は, X が 3 次元カラビ・ヤウ多様体の場合である. カラビ・ヤウ多様体とは K3 曲面の高次元版であり, 定義は次のように与えられる:

定義 4.32 滑らかな射影的代数多様体 X は, $\omega_X \cong \mathcal{O}_X$ かつ $q(X) = 0$ を満たすとき, **カラビ・ヤウ多様体**であると呼ばれる.

次元を固定しても, カラビ・ヤウ多様体は無数に存在する. 次の例でそれを確認する.

例 4.33 $F_1(y_0, y_1, \cdots, y_n), \cdots, F_m(y_0, y_1, \cdots, y_n)$ を同次多項式とし, X が

$$X = (F_1 = \cdots = F_m = 0) \subset \mathbb{P}^n$$

で与えられているとする．さらに，X は滑らかであり，次が成立すると仮定する：
$$\dim X = n - m, \quad \sum_{i=1}^{m} \deg F_i = n + 1.$$

このとき，(3.13) を用いると X が $n - m$ 次元のカラビ・ヤウ多様体になることがわかる．とくに $\mathbb{P}^n$ の滑らかな $n+1$ 次超平面はカラビ・ヤウ多様体である．

　カラビ・ヤウ多様体は小平次元が 0 であり，高次元代数多様体の分類理論における重要なクラスの 1 つである．定義によりカラビ・ヤウ多様体の標準因子は自明なので，図式 (4.32) が役に立たず，セール関手が問 4.10 に対する手掛かりを与えない．これが，3 次元カラビ・ヤウ多様体の場合に問 4.10 が困難である理由の 1 つである．また，3 次元カラビ・ヤウ多様体は次章で解説するミラー対称性においても重要な役割を果たす．3 次元カラビ・ヤウ多様体の連接層の導来圏は，超弦理論の問題意識と古典的代数幾何学の問題意識の橋渡し役となるのである．

第 5 章

圏論的ミラー対称性予想

本章ではミラー対称性について解説し，圏論的視点によるミラー対称性と問 4.10 との関わりを明らかにする．技術的な細部には立ち入らず，研究の動機づけのみ解説する．

5.1 ミラー対称性とは何か？

ミラー対称性とは，物理学者によって発見された必ずしも同型とは限らない 2 つの 3 次元カラビ・ヤウ多様体 (定義 4.32 を参照) X_1, X_2 の間の不思議な関係である．最もナイーブな関係は，次のホッジ数に関する等式である:

$$h^{p,q}(X_1) = h^{3-p,q}(X_2). \tag{5.1}$$

3 次元カラビ・ヤウ多様体 X のホッジ数 $h^{p,q}(X)$ から作られる菱形

$$\begin{array}{ccccccc}
 & & & 1 & & & \\
 & & 0 & & 0 & & \\
 & 0 & & h^{1,1}(X) & & 0 & \\
1 & & h^{2,1}(X) & & h^{1,2}(X) & & 1 \\
 & 0 & & h^{2,2}(X) & & 0 & \\
 & & 0 & & 0 & & \\
 & & & 1 & & &
\end{array}$$

を見てみると，X_1 と X_2 のホッジ菱形は (5.1) によって丁度 45 度の直線で鏡映した形になっていることがわかるだろう．これがミラー対称性の語源である．

しかし，ホッジ数の等式 (5.1) が成立する程度では数学者はミラー対称性にそれほど関心を抱かなかったと思われる．実はホッジ数の関係 (5.1) はミラー対称

性という現象から見える氷山の一角に過ぎず,もっと深い関係から見えてくるのである.数学者がミラー対称性に興味を抱くきっかけとなったのは, Candelas, de la Ossa, Green そして Parkes ら物理学者による論文 [29] である.彼らはミラー対称性を用いて,$\mathbb{P}^4$ 内の 5 次超曲面で与えられる 3 次元カラビ・ヤウ多様体上の有理曲線の数を導き出したのである.これは,当時の代数幾何学者にとって手が出なかった問題であり,予想すら提唱されていなかった.Candelas 達の計算は,X_1 上の有理曲線の数を,それとミラー対称の関係にある X_2 上の周期積分と関連付けるというものであった.彼らの計算は物理に基づいているので,数学的に正当化されたものではない.しかし, [29] による計算は 5 次超曲面の有理曲線の数の予想を与え,そして後にその予想は正しいことが後に数学者によって数学的に示された [44].

　Candelas 達の仕事を契機に,ミラー対称性を数学的に理解する動きが進展していった.そしてその過程で,多くの数学理論が開発されていった.仮想サイクルの理論や Gromov-Witten 不変量,量子コホモロジーといったものはその代表例である.それらを基に, Kontsevich [73] は 1994 年 ICM でミラー対称性を最も本質的に記述すると期待される予想を打ち出した.それが**圏論的ミラー対称性予想**である.Kontsevich による予想から,ホッジ数の間の関係 (5.1) や,有理曲線の数と周期積分の関係も従うと考えられている.この圏論的ミラー対称性を記述するのに,前章で解説した連接層の導来圏が活躍する.Kontsevich による予想は次のようになる:

予想 5.1 X_1 と X_2 がミラーの関係にあるとき,X_1 の連接層の導来圏と X_2 のシンプレクティック構造から定まる導来深谷圏が同値になる.

　連接層の導来圏の概念は 1960 年代から存在していたが,深谷圏の方はもっと新しい概念である.定義することすら難しいが,シンプレクティック幾何学の専門家の努力によりその定義が確立しつつある [37].そして圏論的ミラー対称性予想自体も,いくつかの重要な例で定理になってきている [101], [103].このように物理から派生して数学的に大きな進展を見せたミラー対称性予想であるが,数ある数学の予想の中でもかなり特殊な性質を持っていると思う.まず,予想の冒頭部にくる

$$\text{「}X_1 \text{ と } X_2 \text{ がミラーの関係にあるとき} \cdots \text{」} \tag{5.2}$$

の意味が数学的にはっきりしない. 物理学者が「この X_1 と X_2 はミラーの関係にあります」と主張し (物理学者にとっては, この時点で定理となっている), それを聞いた数学者が X_1 と X_2 の導来圏や深谷圏を比較することで数学的な定理となる, という流れである. つまり, 予想自体が数学の中で閉じていない. 特別な場合に限れば X_1 が与えられたときにそれとミラー対称の関係にある X_2 を数学的に構成する処方は存在するが, 一般的にはそのような構成法は知られていない. よって「ミラー対称性予想という数学的予想が存在する」というのもミラー対称性予想の一部と言って良いかもしれない. 次節以降でより詳しく見ていこう.

5.2　$\mathcal{N} = 2$ 超共型場理論の間のミラー対称性

ここでは物理的視点からミラー対称性がどのように導出されるか議論する.

注意 5.2　筆者は数学者であり, 物理を正しく理解しているわけではない. よって本節の記述は正確さに欠けるかもしれないが, 雰囲気を味わうにはこれで十分だと思われる. 物理に関する記述は, [64] を参考にしている.

物理的な視点では, ミラー対称性は $\mathcal{N} = 2$ の超対称性を持つ 2 次元共形場理論 ($\mathcal{N} = 2$ SCFT) 達の間の対称性である. ここで色々と物理的な用語が出てきているが, これらを数学的に厳密に定義することは難しい. まず, **2 次元共形場理論**とは大雑把に言うと次のデータのことである:

$$(V, |vac\rangle, L, \overline{L}, Y). \tag{5.3}$$

ここで V は計量付きの無限次元ベクトル空間, $|vac\rangle, L, \overline{L}$ はそれぞれ V の元であり, (不正確であるが) Y は線形写像

$$Y \colon V \to \operatorname{End}(V) [\![z^{\pm 1}, \bar{z}^{\pm 1}]\!]$$

である. V は状態空間, $|vac\rangle$ は真空ベクトル, そして Y は状態作用素と呼ばれる. データ (5.3) は様々な公理を満たさなければいけないが, それらを書くと長

くなるので割愛する．1 つだけ書いておくと，$Y(L), Y(\overline{L})$ は

$$Y(L) = \sum_{n \in \mathbb{Z}} \frac{L_n}{z^{n+2}},$$

$$Y(\overline{L}) = \sum_{n \in \mathbb{Z}} \frac{\overline{L}_n}{z^{n+2}},$$

$L_n, \overline{L}_n \in \mathrm{End}(V)$ と書け，さらに $L_n, \overline{L}_n$ は次の Virasoro 関係式を満たしている：

$$[L_m, L_n] = (m-n)L_{m+n} + c\frac{m^3 - m}{12}\delta_{m,-n}.$$

ここで c は定数，$\delta_{*,*}$ はデルタ関数である．Virasoro 代数 $\mathfrak{g}$ とは $\{L_m : m \in \mathbb{Z}\}$ が生成する無限次元の Lie 環であって，上記の Virasoro 関係式を満たすものである．とくに，V には 2 つの Virasoro 代数 $\mathfrak{g} = \langle L_m \rangle$ と $\overline{\mathfrak{g}} = \langle \overline{L}_m \rangle$ が作用していることになる．

$\mathcal{N} = 2$ SCFT の前に，まずは $\mathcal{N} = 1$ SCFT について説明をする．$\mathcal{N} = 1$ SCFT とは，上記のデータ (5.3) のさらに特殊なものである．前述したように V には $(\mathfrak{g}, \overline{\mathfrak{g}})$ が作用しているが，$\mathcal{N} = 1$ SCFT はデータ (5.3) であってこの作用が $\mathfrak{g}, \overline{\mathfrak{g}}$ を含む Lie 環

$$\mathfrak{g} \subset \mathfrak{g}_{\mathcal{N}=1}, \quad \overline{\mathfrak{g}} \subset \overline{\mathfrak{g}}_{\mathcal{N}=1}$$

に拡張するものである．$\mathfrak{g}_{\mathcal{N}=1}$ は $\mathcal{N} = 1$ 超 Virasoro 代数と呼ばれ，$\{L_m : m \in \mathbb{Z}\}$ 以外に生成元 $\{Q_n : n \in \mathbb{Z}\}$ を持つ．これらは次の関係式を満たしている：

$$[L_m, Q_n] = \left(\frac{m}{2} - n\right) Q_{m+n}, \tag{5.4}$$

$$[Q_m, Q_n] = \frac{1}{2}L_{m+n} + \frac{c}{12}m^2\delta_{m,-n}. \tag{5.5}$$

$\overline{\mathfrak{g}}_{\mathcal{N}=1}$ の方も同様である．

$\mathcal{N} = 2$ SCFT とは $(\mathfrak{g}_{\mathcal{N}=1}, \overline{\mathfrak{g}}_{\mathcal{N}=1})$ の作用がこれらをさらに含む Lie 環

$$\mathfrak{g}_{\mathcal{N}=1} \subset \mathfrak{g}_{\mathcal{N}=2}, \quad \overline{\mathfrak{g}}_{\mathcal{N}=1} \subset \overline{\mathfrak{g}}_{\mathcal{N}=2}$$

に拡張するものである．Lie 環 $\mathfrak{g}_{\mathcal{N}=2}$ は $\mathcal{N} = 2$ 超 Virasoro 代数と呼ばれ，$\{L_m : m \in \mathbb{Z}\}$ 以外に生成元

$$\{J_n : n \in \mathbb{Z}\}, \quad \{Q_n^\pm : n \in \mathbb{Z}\}$$

を持ち，関係式 (5.4) と同様 (しかしもう少し複雑な) の関係式を満たすものである．ここで埋め込み $\mathfrak{g}_{\mathcal{N}=1} \subset \mathfrak{g}_{\mathcal{N}=2}$ は $Q_n \mapsto Q_n^+ + Q_n^-$ によって与えられる．$\overline{\mathfrak{g}}_{\mathcal{N}=2}$ も同様である．

ここで，Lie 環 $\mathfrak{g}_{\mathcal{N}=2}$ には次の自己同型写像が存在する：

$$\mathfrak{M}: L_n \mapsto L_n, \ J_n \mapsto -J_n, \ Q_n^+ \mapsto Q_n^-, \ Q_n^- \mapsto Q_n^+. \tag{5.6}$$

上の自己同型は**ミラー自己同型**と呼ばれ，ミラー対称性の発見に繋がったものである．ここで，$\mathfrak{M}$ は $\mathfrak{g}_{\mathcal{N}=1}$ 上では恒等写像であることに注意しよう．

定義 5.3 $(V, |vac\rangle, L, \overline{L}, Y)$ と $(V', |vac\rangle', L', \overline{L}', Y')$ を 2 つの $\mathcal{N} = 2$ SCFT とする．このとき，$\mathcal{N} = 1$ SCFT としての同型写像

$$f: (V, |vac\rangle, L, \overline{L}, Y) \to (V', |vac\rangle', L', \overline{L}', Y')$$

で，左辺の $(\mathfrak{g}_{\mathcal{N}=2}, \overline{\mathfrak{g}}_{\mathcal{N}=2})$ 作用と，右辺の $(\mathfrak{M}\mathfrak{g}_{\mathcal{N}=2}, \overline{\mathfrak{g}}_{\mathcal{N}=2})$ の作用が可換になるものが存在するとき，これらは**ミラー対称**であると言う．

5.3 カラビ・ヤウ多様体の間の物理的ミラー対称性

前節の議論は代数的であり，幾何とは関連していないように思える．ここで前節のミラー対称性とカラビ・ヤウ多様体との関係について述べよう．出発点となるデータは次で与えられる：

$$(X, B + \sqrt{-1}\omega). \tag{5.7}$$

ここで X は 3 次元カラビ・ヤウ多様体，$B \in H^2(X, \mathbb{R}/\mathbb{Z})$ であり，ω はケーラー類[1] である．B は B-場と呼ばれ，データ (5.7) は「**物理学者のカラビ・ヤウ多様体**」と呼ばれる．実は，データ (5.7) から出発して，$\mathcal{N} = 2$ SCFT が構成できると一般に信じられている．このプロセスは次の 2 つのステップからなる：

$$\text{データ (5.7)} \xrightarrow{\text{シグマ模型}} \text{古典的な場の理論} \xrightarrow{\text{量子化}} \mathcal{N} = 2 \text{ SCFT}. \tag{5.8}$$

---

[1] ケーラー計量等の複素幾何の基礎的用語は [128] を参照されたい．今の場合，ケーラー類とは豊富因子の 1 次チャーン類の実正係数 1 次結合と思っておけば良い．

ここで古典的な場の理論とは，空間上の場 (これは空間上の関数だったり，ベクトル束の切断だったりする)，および場の関数である作用 S のデータからなる．物理学者のカラビ・ヤウ多様体 (5.7) から出発して得られる場の理論 (シグマ模型) は 1 次元のひもが時間軸に沿って動くことによって得られる，世界面と呼ばれるリーマン面 Σ 上の場の理論である．これは Σ から X への C^∞ 級写像

$$f\colon \Sigma \to X \tag{5.9}$$

および Σ 上のあるベクトル束の切断達 (フェルミオン場) を場とする理論である．作用 S は写像 f およびフェルミオン場の何らかの関数で与えられる．このシグマ模型を量子化して $\mathcal{N}=2$ SCFT を得るには，経路積分という数学的に定義できない操作が必要になる．この経路積分の計算は非常に難しいのであるが，$\omega \to \infty$ の極限 (これを極大体積極限という) における漸近的な計算は少なくとも物理学者が満足できる程度には可能であり，少なくとも $\omega \gg 0$ では実際に量子化して $\mathcal{N}=2$ SCFT が構成されると信じられている．いずれにせよシグマ模型の量子化のプロセスは数学的には理解されておらず，数学者の立場としては「リーマン面からカラビ・ヤウ多様体への写像 (5.9) 等を全部集めてきて，そこに物理学者が経路積分という魔法をかけると $\mathcal{N}=2$ SCFT という代数的な対象ができる」と思って先へ進むのが良いと思う．

さて，(5.7) から (5.8) によって得られる (と期待される) $\mathcal{N}=2$ SCFT を次のように書く：

$$\mathrm{SCFT}(X, B+\sqrt{-1}\omega). \tag{5.10}$$

次の問いは興味深い問題である：

問 5.4 $i=1,2$ に対して $(X_i, B_i+\sqrt{-1}\omega_i)$ を 2 つのデータ (5.7) とする．
(i) いつ $\mathrm{SCFT}(X_1, B_1+\sqrt{-1}\omega_1)$ と $\mathrm{SCFT}(X_2, B_2+\sqrt{-1}\omega_2)$ は $\mathcal{N}=2$ SCFT として同型になるか？
(ii) いつ $\mathrm{SCFT}(X_1, B_1+\sqrt{-1}\omega_1)$ と $\mathrm{SCFT}(X_2, B_2+\sqrt{-1}\omega_2)$ はミラー対称な $\mathcal{N}=2$ SCFT になるか？

実は，上の問いの (i) は問 4.10 と関連しており，(ii) がこれから議論するカラビ・ヤウ多様体のミラー対称性である．

定義 5.5 問 5.4 (ii) が成立するとき, $(X_1, B_1 + \sqrt{-1}\omega_1)$ と $(X_2, B_2 + \sqrt{-1}\omega_2)$ は**物理的ミラー**であると呼ぶ.

もちろん, 問 5.4 や定義 5.5 はそもそも (5.10) が数学的に定義されないので現時点では数学的に意味をなさない. しかし, (5.10) が存在すると信じて議論を進めると X_1 と X_2 の間に興味深い関係があることが示される. その 1 つに, ホッジ数の関係がある. これは, ホッジ数が (5.10) で与えられる $\mathcal{N} = 2$ SCFT のデータから復元できるためである. これを見るために, (5.10) のデータを (5.3) と記述しよう. 作用素

$$D_A := Q_0^- + \overline{Q}_0^+ : V \to V$$
$$D_B := Q_0^+ + \overline{Q}_0^+ : V \to V$$

は 2 回合成すると 0 になる. この作用素によるコホモロジー $H(V, D_*), * \in \{A, B\}$ は有限次元になり, J_0 および $\overline{J}_0$ の作用の固有値により 2 重の次数付けを持っている:

$$H(V, D_A) = \underset{(a,b)}{\oplus} H(V, D_A)_{a,b}$$
$$H(V, D_B) = \underset{(a,b)}{\oplus} H(V, D_B)_{a,b}.$$

ここで, 次の同型の存在が知られている:

$$H(V, D_A)_{(p-3/2, q-3/2)} \cong H^q(X, \Omega_X^p) \tag{5.11}$$
$$H(V, D_B)_{(3/2-p, q-2/3)} \cong H^q(X, \overset{p}{\wedge} T_X).$$

このことから, もし問 5.4 (i) が成立するならば $h^{p,q}(X_1) = h^{p,q}(X_2)$ であることが従う. また問 5.4 (ii) が成立するときは, ミラー写像 (5.6) の下で 2 重次数付けは $(p - 3/2, q - 3/2) \leftrightarrow (3/2 - p, q - 2/3)$ と置き換わるので, 次の同型が得られる:

$$H^q(X_1, \Omega_{X_1}^p) \cong H^q(X_2, \overset{p}{\wedge} T_{X_2}).$$

ここで $\omega_{X_2} \cong \mathcal{O}_{X_2}$ に注意すると, 右辺の次元は $h^{3-p,q}(X_2)$ に等しいことがわかる. こうして, X_1 と X_2 が定義 5.5 におけるミラー対称であるときホッジ数の関係 (5.1) が得られる.

5.4　A 模型と B 模型

前節の議論をもっと深く掘り下げると，ミラー対称なカラビ・ヤウ多様体の間にホッジ数よりも深い関係を見出すことができる．前節のコホモロジー群 $H(V, D_*)$ には，V の内積が誘導する内積 $\langle *, * \rangle$ と，状態作用素 Y が誘導する積構造 $*$ が入り，次の関係式を満たすことが知られている：

$$\langle a * b, c \rangle = \langle a, b * c \rangle. \tag{5.12}$$

これは，$\mathcal{N} = 2$ SCFT から A 模型と B 模型という 2 種類の位相的場の理論を取り出すという Witten の仕事 [129] に基づいている．位相的場の理論とは，本質的に次のフロベニウス代数と同じことである．

定義 5.6　**フロベニウス代数**とは単位元を持つ結合代数 $(\mathcal{A}, *)$ であり，さらに $\mathcal{A}$ 上の非退化な内積 $\langle -, - \rangle$ が存在して任意の $a, b, c \in \mathcal{A}$ に対して (5.12) が成立するものである．

フロベニウス代数の定義から，内積 $\langle -, - \rangle$ や積構造 $*$ は次の 3 点関数から定まることに注意したい：

$$\langle a, b, c \rangle := \langle a * b, c \rangle, \; a, b, c \in \mathcal{A}.$$

Witten [129] により，カラビ・ヤウ多様体 (5.7) から出発して，2 種類のフロベニウス代数 (位相的場の理論) が得られることになる．

$$(H(V, D_A), \langle -, - \rangle_A, *_A)$$

$$(H(V, D_B), \langle -, - \rangle_B, *_B).$$

上の 2 種類の理論は，それぞれ A **模型**, B **模型**と呼ばれている．ここで，前節の同型 (5.11) を使うと，上の A 模型, B 模型はそれぞれ次のようになる：

$$(H^*(X, \Omega_X^*), \langle -, - \rangle_A, *_A) \tag{5.13}$$

$$(H^*(X, \overset{*}{\wedge} T_X), \langle -, - \rangle_B, *_B).$$

これらは出発点のカラビ・ヤウ多様体 (5.7) から定まるデータであり，それぞれカラビ・ヤウ多様体の幾何的な言葉で記述することが可能である．これも，

Witten [129] によりなされている. まず, B 模型の方は次の 3 点関数で与えられる:

$$\langle \theta_1, \theta_2, \theta_3 \rangle_B = \int_X \Omega \wedge (\theta_1 \cdot \theta_2 \cdot \theta_3 \cdot \Omega).$$

ここで $\theta_i \in H^*(X, \overset{*}{\wedge} T_X)$ であり, $\Omega \in H^0(X, \Omega_X^3)$ は至る所 0 ではない正則 $(3, 0)$ 形式である.

次に A 模型について説明する. こちらの方はもっと難しいが, 次のようになる.

$$\langle \omega_1, \omega_2, \omega_3 \rangle_A = \sum_{\beta \in H_2(X, \mathbb{Z})} I_{0,3,\beta}(\omega_1, \omega_2, \omega_3) e^{2\pi \int_\beta (-\omega + B\sqrt{-1})} \tag{5.14}$$

ここで, $\omega_i \in H^*(X, \Omega_X^*)$ である. 上の等式の $I_{0,3,\beta}(\omega_1, \omega_2, \omega_3)$ について説明しよう. まず, $\beta = 0$ のときは次で与えられる:

$$I_{0,3,0}(\omega_1, \omega_2, \omega_3) = \int_X \omega_1 \wedge \omega_2 \wedge \omega_3.$$

$\beta \neq 0$ の項の寄与は**量子補正**と呼ばれる. 簡単のため, ω_i が代数サイクル $[Z_i]$ のクラスであるとすると, 大雑把に次で与えられる:

$$I_{0,3,\beta}(\omega_1, \omega_2, \omega_3) \tag{5.15}$$

$$= \{Z_1, Z_2, Z_3 \text{と交わり, ホモロジー類が} \beta \text{である有理曲線の数}\}.$$

ここで B 模型の方は量子補正がなく, よって数学的に明確に定まったのに対して, A 模型の方は数学的に曖昧であることに気づくだろう. そもそも「有理曲線の数」とは何であろうか？ 一般にカラビ・ヤウ多様体上にはホモロジー類を固定しても無数に (数えられないくらい) 有理曲線が存在することがある. そのため, $I_{0,3,\beta}(\omega_1, \omega_2, \omega_3)$ を定義するのは数学的に非自明な問題である. また (5.14) の右辺は無限和であり, これが収束するかどうかも自明ではない. 第 5.6 節で述べるように, 現在では $I_{0,3,\beta}(\omega_1, \omega_2, \omega_3)$ は Gromov-Witten 不変量として, そして A 模型のフロベニウス代数は量子コホモロジーとして数学的に定式化されている. 式 (5.14) の右辺の収束性は現在でも未解決であるが, ひとまず収束性が成り立つとしよう. 前節の議論と組み合わせると, もし X_1 と X_2 が定義 5.5 の意味でミラーの関係にあるとき, 次のフロベニウス代数の間の同型が得られるは

ずである.

$$(H^*(X_1, \Omega^*_{X_1}), \langle -, - \rangle_A, *_A) \cong (H^*(X_2, \overset{*}{\wedge} T_{X_1}), \langle -, - \rangle_B, *_B). \tag{5.16}$$

左辺の A 模型の方が難しくて, 右辺の B 模型の方が易しいことから, 上の同型はホッジ数の関係以上にミラー対称性の深い関係を示唆していることになる. とくに左辺の積構造には有理曲線が見えていて, 右辺の積構造には至る所 0 ではない $(3,0)$ 形式 Ω が見えていることに気づくだろう. Candelas 達 [29] による 5 次超曲面上の有理曲線の数え上げは, 上の同型が基になっている.

ここでデータ (5.7) から定まる A 模型と B 模型について再考してみよう. まず, B 模型の方の構造は X の複素構造のみに依存していて, $B + \sqrt{-1}\omega$ には依存していない. A 模型の方はどうだろうか？ 量子補正の係数を与える「有理曲線の数」は一見すると X の複素構造に依存しているように見える. しかしここで数えている有理曲線は, X の複素構造を変形して消えてしまう曲線は数えていない. よって, A 模型の方は $B + \sqrt{-1}\omega$ のみに依存している.

さらに, A 模型, B 模型における $(*, *) = (1, 1)$ での空間

$$H^1(X, \Omega_X), \ H^1(X, T_X) \tag{5.17}$$

を見てみよう. まず, (5.17) の右辺は小平-スペンサー理論により X の複素構造の微小変形の空間と同一視できる. 一方で, (5.17) の左辺は X 上の (一般化された) シンプレクティック構造の変形とみなせる. ここで, シンプレクティック多様体について復習しよう：

定義 5.7 X を $2n$ 次元の実可微分多様体とする. X のシンプレクティック構造とは X 上の C^∞- 閉 2 形式 ω であり, $\overset{n}{\wedge}\omega$ が至る所 0 にならないものである. (X, ω) を**シンプレクティック多様体**と呼ぶ.

ケーラー計量が定める閉 2 形式 ω はシンプレクティック構造を定める. これに B 場を付け加えることで, $(X, B + \sqrt{-1}\omega)$ は一般化されたシンプレクティック多様体と思うことができる. $B + \sqrt{-1}\omega$ の微小変形の空間は $H^1(X, \Omega_X)$ で与えられるため, (5.17) の左辺は $(X, B + \sqrt{-1}\omega)$ の一般化されたシンプレクティック多様体としての微小変形の空間と思える.

実際の (5.13) における A 模型および B 模型は (5.17) よりも大きいが, これらも何らかの拡張された意味で $B+\sqrt{-1}\omega$ や X の複素構造の微小変形空間だと思えると仮定してみよう. するとこれら「拡張された変形空間」の各点の接空間には, フロベニウス代数の構造が入ることになる. 一般に**フロベニウス多様体**とは, 大雑把に言って各点の接空間にフロベニウス代数の構造が入っている多様体のことを指す. 以上の考察から, 次のように '予想' できる.

'予想' 5.8 $(X_1, B_1+\sqrt{-1}\omega_1)$ と $(X_2, B_2+\sqrt{-1}\omega_2)$ が物理的ミラーの関係にあるとき, 何らかの意味で

$$(B_1+\sqrt{-1}\omega_1) \text{ のシンプレクティック幾何学} = X_2 \text{ の代数幾何学} \quad (5.18)$$

であり, 同型 (5.16) は両者の理論の拡張された変形空間の間のフロベニウス多様体としての同型を与える.

上の予想は '何らかの意味で' など曖昧な点が非常に多い. この曖昧な点を明確にしたのが, Kontsevich の圏論的ミラー対称性予想であると言える. より詳しい主張については, 第 5.7 節で述べる.

5.5   5 次超曲面のミラー対称性

この節では 5 次超曲面のミラー対称性と, 同型 (5.16) を基にした Candelas 達の仕事 [29] を紹介しよう. $X \subset \mathbb{P}^4$ を 5 次超曲面とし, $H \subset X$ を超平面とする. $t \in \mathbb{C}/\mathbb{Z}$, $\mathrm{Im}\, t > 0$ に対して, 組 (X, tH) はデータ (5.7) を与えている. X の複素構造を固定して t を動かすことで, これは一般化されたシンプレクティック多様体の 1 次元族を与えている. さらに, 前節の $\langle H, H, H \rangle_A$ は次で与えられることが示される:

$$\langle H, H, H \rangle_A = 5 + \sum_{d=1}^{\infty} n_d d^3 \frac{q^d}{1-q^d}. \quad (5.19)$$

ここで n_d は「V における次数が d の有理曲線の数」であり, $q = e^{2\pi\sqrt{-1}t}$ と置いた. n_d の数学的定義はこの時点では厳密ではないし, 式 (5.19) の導出も説明していないが, これらの解説は次節で行うことにして, 本節ではこれらを認め

て先に進む.

式 (5.19) における n_d をミラー対称性を用いて計算したい. まず, (X, tH) のミラーを与えよう. 前節の議論より, シンプレクティック多様体の 1 次元族 (X, tH) のミラーは 3 次元カラビ・ヤウ多様体の複素構造の 1 次元族である. Y_ψ を $\psi \in \mathbb{C}$ でパラメータ付けされる次の代数多様体とする:

$$Y_\psi := \left\{ \sum_{i=1}^{5} y_i^5 - 5\psi \prod_{i=1}^{5} y_i = 0 \right\} / G.$$

ここで $G = (\mathbb{Z}/5\mathbb{Z})^3$ は $\mathbb{P}^4$ に次のように作用している:

$$\xi \cdot [y_1 : y_2 : y_3 : y_4 : y_5] = [\xi_1 y_1 : \xi_2 y_2 : \xi_3 y_3 : \xi_1^{-1} \xi_2^{-1} \xi_3^{-1} y_4 : y_5]$$

ただし, $\xi = (\xi_i)_{1 \leq i \leq 3} \in G$ である. 代数多様体 Y_ψ には特異点が存在するが, $\psi^5 \neq 1$ ならば 3 次元カラビ・ヤウ多様体 $\widehat{Y}_\psi$ と特異点解消 $\widehat{Y}_\psi \to Y_\psi$ が存在する. さらに, Y_ψ 上の至る所 0 ではない正則 3 形式 Ω を次のように取ることができる:

$$\frac{-5\psi}{y_1^5 + \cdots + y_5^5 - 5\psi y_1 \cdots y_5} \sum_{i=1}^{5} (-1)^{i-1} y_i dy_1 \wedge \cdots \widehat{dy_i} \cdots \wedge dy_5.$$

ここで $\widehat{Y}_\psi$ の複素構造の変形の次元は 1 次元であり, これは ψ の変形で与えられる. さらに $\alpha := e^{2\pi\sqrt{-1}/5}$ とし, $1 \leq i \leq 4$ に対して $y_i \mapsto y_i$ および $y_5 \mapsto \alpha y_5$ を施すことで, 次の同型が存在する:

$$\widehat{Y}_\psi \xrightarrow{\cong} \widehat{Y}_{\alpha\psi}. \tag{5.20}$$

よって, 3 次元カラビ・ヤウ多様体 $\widehat{Y}_\psi$ の複素構造のモジュライ空間は次の商スタックと同一視される (図 5.1 を参照):

$$\mathcal{M}_K := \left[\frac{\{\psi \in \mathbb{C} : \psi^5 \neq 1\}}{\mu_5} \right]. \tag{5.21}$$

ここで, μ_5 の生成元は $\mathbb{C}$ に α の掛け算で作用している. スタック $\mathcal{M}_K$ は X の弦理論的ケーラーモジュライ空間と呼ばれる. $\mathcal{M}_K$ (のコンパクト化) には次の特殊な 3 点が存在する:

- **極大体積極限**と呼ばれる $\psi = \infty$ の点.
- **コニフォールド点**と呼ばれる $\psi^5 = 1$ の点.

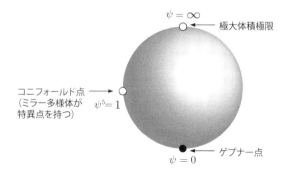

図 5.1　ミラー 5 次超曲面の複素構造のモジュライ空間

- ゲプナー点と呼ばれる $\psi = 0$ の点.

$\psi^5 \neq \infty, 1$, つまり ψ が極大体積極限でもコニフォールド点でもなければ, $\widehat{Y}_\psi$ は滑らかである. $\psi = 0$, つまり ψ がゲプナー点の場合, $\widehat{Y}_\psi$ は滑らかであるが, 同型 (5.20) から誘導される $\mathbb{Z}/5\mathbb{Z}$ の作用が $\widehat{Y}_0$ に存在する. 上の議論から $z := 5^{-5}\psi^{-5}$ は $\mathcal{M}_K$ の座標であり, $z \in \mathcal{M}_K$ でパラメータ付けされるカラビ・ヤウ多様体の 1 次元族が (X, tH) に対応するミラー族である.

前節の議論から, 3 点関数 (5.19) は $\widehat{Y}_\psi$ における B 模型の 3 点関数から計算できるはずである. どのような 3 点関数が対応するか見るために, A 模型のパラメータ q と B 模型のパラメータ z の変換則を記述しよう. $z = 0$ での周りでの $H_3(\widehat{Y}_\psi, \mathbb{Z})$ の元のモノドロミーを調べてみると, $\gamma_0, \gamma_1 \in H_3(\widehat{Y}_\psi, \mathbb{Z})$ が存在して, γ_0 はモノドロミー不変, γ_1 は $\gamma_1 \mapsto \gamma_0 + \gamma_1$ と変換することがわかる. このことから, 次の等式が予測できる:

$$q = \exp\left(2\pi\sqrt{-1}\int_{\gamma_1}\Omega / \int_{\gamma_0}\Omega\right). \tag{5.22}$$

実際 $z = 0$ の周りでのモノドロミーに関する議論から, 右辺は z についての一価関数になる. 上の等式は数学的には予測に過ぎないが, 物理的には支持する根拠があるため, 等式 (5.22) を認めることにしよう.

ここで, (5.22) の右辺を計算しよう. $\int_\gamma \Omega$ の形の積分は周期積分と呼ばれており, これは複素構造の変形のパラメータ空間上の関数である. 一般に周期積分

は，Picard-Fuchs 微分方程式と呼ばれる微分方程式を満たすことが知られている．ミラー 5 次超曲面族に対応する Picard-Fuchs 微分方程式は次のようになる：

$$\theta_z^4 \Phi - 5z(5\theta_z + 1)(5\theta_z + 2)(5\theta_z + 3)(5\theta_z + 4)\Phi = 0. \tag{5.23}$$

ただし，Φ は z の (一価とは限らない) 関数であり，$\theta_z = z\,d/dz$ と置いた．たとえば，次は (5.23) の定数倍を除いてただ 1 つの一価解である：

$$\phi(z) = \sum_{n=0}^{\infty} \frac{(5n)!}{(n!)^5} z^n = 1 + 120z + \cdots.$$

周期積分 $\int_{\gamma_0} \Omega$ は z について一価なので，これは $\phi(z)$ の定数倍で与えられる．同様に多価関数である $\int_{\gamma_1} \Omega$ も方程式 (5.23) を解くことにより求まり，これらを (5.22) に代入すると次を得る：

$$q = -z\left(\frac{5}{\phi(z)} \sum_{n=1}^{\infty} \frac{(5n)!}{(n!)^5} \left[\sum_{j=n+1}^{5n} \frac{1}{j}\right] z^n\right). \tag{5.24}$$

ここで微分方程式を解くだけでは定まらない不定数を決めなければ上の等式は得られない．不定数の決め方についてはここでは省略する．

関係式 (5.24) と同型 (5.16) を用いて 3 点関数 (5.19) をミラーの B 模型側から計算しよう．$[H] \in H^1(X, \Omega_X)$ は複素化されたケーラー類のパラメーター空間上のベクトル場 d/dt と同一視できる．よって

$$\frac{d}{dt} = 2\pi\sqrt{-1}q\frac{d}{dq} = 2\pi\sqrt{-1}q\frac{dz}{dq}\frac{d}{dz} = 2\pi\sqrt{-1}\frac{q}{z}\frac{dz}{dq}\theta_z$$

より次を得る：

$$\langle H, H, H \rangle_A = \left(2\pi\sqrt{-1}\frac{q}{z}\frac{dz}{dq}\right)^3 \langle \theta_z, \theta_z, \theta_z \rangle_B. \tag{5.25}$$

右辺の 3 点関数 $\langle \theta_z, \theta_z, \theta_z \rangle_B$ には量子補正がなく，$\int_{\gamma_0} \Omega$ の計算と同様にある種の微分方程式を解くことで計算できる．結果のみ書くと，次のようになる：

$$\langle \theta_z, \theta_z, \theta_z \rangle_B = \frac{5}{(2\pi\sqrt{-1})^3(1 - 5^5 z)\phi(z)^2}.$$

上の等式と (5.24) の逆関数を計算すると，(5.25) の右辺を q の関数として次のように書ける：

$$5 + 2875\frac{q}{1-q} + 609250 \cdot 2^3 \frac{q^2}{1-q^2} + \cdots.$$

上の式と (5.19) を比較すると, $n_1 = 2875$, $n_2 = 609250$ を得る. さらに計算していくと, 次を得る:

$$n_3 = 317206375, \quad n_4 = 242467530000, \quad n_5 = 229305888887625 \cdots.$$

以上により, ミラー対称性を用いて n_d を計算することができた. 注意したいのは, これまでの話は物理に基づいた議論であって, 数学的に 5 次超曲面上の有理曲線の数が上の値であることが証明されたわけではない. あえて言うなら, 上の n_d の値は物理から導出された数学的予想である. そもそも n_d の数学的定義すらここでは与えられていない. よってこれらを明確にする必要があるが, それが次節のトピックである.

5.6 Gromov-Witten 不変量と量子コホモロジー

これまではミラー対称性の物理的側面について述べてきた. 色々と数学的に厳密化されない中で議論していたので, ふわふわした印象を持ったと思う. 前節までのような怪しげな物理に基づいた議論を数学的に正当化するのは数学者の役割である. これからは数学的な話にシフトしていく. 前節の議論で数学的にまず問題となるのは, A-模型側の 3 点関数の定義 (5.14) である. 有理曲線の数とは何か？ 鍵となるのは安定写像のモジュライ空間である:

定義 5.9 X を滑らかな射影的代数多様体とする. 組 $(C, p_1, \cdots, p_n, f)$ が X への**安定写像**であるとは, 次の条件を満たすものである:

- $(C, p_1, \cdots, p_n)$ は前安定曲線 (例 3.43 を参照) であり, $f\colon C \to X$ は代数的スキームとしての射である.
- $p_1, \cdots, p_n$ と f を保つ C の自己同型群 $\mathrm{Aut}(C, p_1, \cdots, p_n, f)$ は有限群である.

X が 1 点の場合, X への安定写像は例 3.43 における安定曲線に他ならない. 種数が 2 以上の代数曲線の自己同型群は有限群なので, $(C, p_1, \cdots, p_n, f)$ が定義 5.9 の 2 番目の条件を満たすことと次の条件を満たすことが同値になる:

- 既約成分 $C' \subset C$ に対して $f(C')$ が 1 点になるとき, $C' = \mathbb{P}^1$ で $\{p_1, \cdots, p_n, \operatorname{Sing}(C)\} \cap C'$ が 3 点以上になるか, C' は楕円曲線で $\{p_1, \cdots, p_n, \operatorname{Sing}(C)\} \cap C'$ が 1 点以上になる.

例 5.10 $\mathbb{P}^1$ から $\mathbb{P}^2$ への射を $[y_0 : y_1] \mapsto [y_0^m : y_1^m : 0]$ で定めると, これは $\mathbb{P}^2$ への安定写像である.

例 5.11 $C = C_1 \cup C_2$, $C_i = \mathbb{P}^1$ とし, $p = C_1 \cap C_2$ は結節点であるとする. 写像 $f\colon C \to \mathbb{P}^1$ を $f|_{C_1} = \operatorname{id}$, $f|_{C_2} \equiv p$ と定めると, これは安定写像ではない. しかし p とは異なる 2 点 $p_1, p_2 \in C_2$, $p_1 \neq p_2$ を取ると (C, p_1, p_2, f) は安定写像になる (図 5.2 を参照).

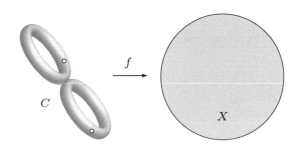

図 5.2 安定写像の図

例 3.43 と同様に, 安定写像のモジュライ空間を考えよう. 整数 $g \geq 0$, $n \geq 0$ および $\beta \in H_2(X, \mathbb{Z})$ を固定して, 関手

$$\overline{\mathcal{M}}_{g,n}(X, \beta)\colon (代数的スキームの圏) \to (集合の圏)$$

を, 各スキーム S に対して次を対応させることで定める:

$$\left\{ \begin{pmatrix} \mathcal{X} \to S, f\colon \mathcal{X} \to S \\ s_1, \cdots, s_n\colon S \to \mathcal{X} \end{pmatrix} : \begin{array}{l} (\mathcal{X}_s, s_1(s), \cdots, s_n(s), f_s) \text{ は} \\ \text{任意の } s \in S \text{ に対して種数 } g \\ \text{の安定写像で}, f_*[\mathcal{X}_s] = \beta. \end{array} \right\} / (同型類).$$

例 3.43 と同様に, $\overline{\mathcal{M}}_{g,n}(X, \beta)$ は Deligne-Mumford スタックで実現され, その粗モジュライは $\overline{M}_{g,n}(X, \beta)$ と記述される. 各 $1 \leq i \leq n$ に対して, 評価写像

5.6 Gromov-Witten 不変量と量子コホモロジー

ev_i が次のように定まる:

$$\mathrm{ev}_i \colon \overline{M}_{g,n}(X,\beta) \to X$$

$$(C, p_1, \cdots, p_n, f) \mapsto f(p_i).$$

すると, X 内の閉部分多様体 $Z_1, \cdots, Z_n \subset X$ に対して, 集合

$$\overline{M}_{g,n}(X,\beta) \cap \bigcap_{i=1}^{n} \mathrm{ev}_i^{-1}(Z_i) \tag{5.26}$$

は Z_i 達と交わりを持つ種数が g でホモロジー類が β である安定写像達と 1 対 1 に対応する. よって集合 (5.26) が有限集合であれば, 単にその数を数えることにより (5.15) の数学的定義が得られると考えられる. しかし, この定義は必ずしも上手くいくわけではない. 本質的な問題点は, $\overline{M}_{g,n}(X,\beta)$ の次元が本来持つべき「期待次元」より大きくなってしまい, よって本来 (5.26) が有限集合になるべき状況で無限集合になってしまう点にある. また, (5.15) は A 模型 (シンプレクティック幾何学) の理論なので X の複素構造に依存しては困る. $\overline{M}_{g,n}(X,\beta)$ が期待次元よりも大きくなると, 集合 (5.26) から上手く不変量を取り出そうとしてもそれは複素構造に依存した量になってしまう.

期待次元とは, モジュライ理論における変形理論から自然に期待されるモジュライ空間の次元である. 安定写像のモジュライ空間の場合, まず曲線 C からの射 $f \colon C \to X$ の 1 次微小変形の空間は $H^0(C, f^*T_X)$ で与えられる. この微小変形が高次の変形に伸びるための障害空間は $H^1(C, f^*T_X)$ で与えられるため, 射 $f \colon C \to X$ の局所変形空間は $H^0(C, f^*T_X)$ 内の $h^1(C, f^*T_X)$ 個の方程式の零点集合で得られる. よって射 f の変形空間の期待次元は

$$h^0(C, f^*T_X) - h^1(C, f^*T_X)$$

である. これに C の複素構造の変形の次元 $3g - 3$ および n 点の変形の次元 n を付け加えると, $\overline{M}_{g,n}(X,\beta)$ の期待次元は次で与えられる:

$$D = h^0(C, f^*T_X) - h^1(C, f^*T_X) + 3g - 3 + n.$$

Riemann-Roch の定理を用いると, 期待次元 D は次のように計算される:

$$D = \int_\beta c_1(T_X) + (\dim X - 3)(1 - g) + n. \tag{5.27}$$

一般に $\overline{M}_{g,n}(X,\beta)$ の次元は D よりも大きくなり得る．しかし，そのような場合でも期待次元 D を持つ「正しい」モジュライ空間を**仮想サイクル**

$$[\overline{M}_{g,n}(X,\beta)]^{\mathrm{vir}} \in H_{2D}(\overline{M}_{g,n}(X,\beta), \mathbb{Q})$$

を導入することで構成することができる．$\overline{M}_{g,n}(X,\beta)$ よりも仮想サイクル $[\overline{M}_{g,n}(X,\beta)]^{\mathrm{vir}}$ 自体が本来考察すべきモジュライ空間である．ここで，安定写像には非自明な自己同型群 (これは定義により有限群になる) が存在し得るため，仮想サイクルを構成するには有理係数のホモロジー群が必要になる．仮想サイクルの構成は技術的なので本書では深入りしないが，詳細については [30, 第 7 章] を参照されたい．仮想サイクルを用いて，Gromov-Witten 不変量を次のように定義する：

定義 5.12 X を滑らかな射影的代数多様体とし，$\beta \in H_2(X,\mathbb{Z})$, $g \geq 0$, $\omega_1, \cdots, \omega_n \in H^*(X,\mathbb{Q})$ とする．このとき，**Gromov-Witten 不変量** $I_{g,n,\beta}(\omega_1, \cdots, \omega_n) \in \mathbb{Q}$ を次で定める：

$$I_{g,n,\beta}(\omega_1, \cdots, \omega_n) := \int_{[\overline{M}_{g,n}(X,\beta)]^{\mathrm{vir}}} \mathrm{ev}_1^*(\omega_1) \cup \cdots \cup \mathrm{ev}_n^*(\omega_n).$$

$g=0$, $n=3$ とすると，これは (5.15) の数学的に厳密な定義を与えている．さらに $\beta=0$ ならば，$\overline{M}_{0,3}(X,0) = X$ であるため，次が言える：

$$I_{0,3,0}(\omega_1, \omega_2, \omega_3) = \int_X \omega_1 \cup \omega_2 \cup \omega_3.$$

$I_{0,3,\beta}(\omega_1, \omega_2, \omega_3)$ を用いて，A-模型の 3 点関数 (5.14) の数学的定義が与えられる．実際は Gromov-Witten 不変量を与えても (5.14) の右辺が収束することを示さなければ 3 点関数 (5.14) が定義されたとは言えない．しかし，(5.14) の右辺を何らかの複素数ではなくある種の冪級数であると解釈することによりこの問題点にひとまず目をつぶることができる．次の環を導入しよう：

$$\Lambda := \mathbb{Q}\left[\!\left[q^\beta : \beta \in H_2(X,\mathbb{Z}), \beta \geq 0\right]\!\right].$$

ここで $\beta > 0$ とは β が有効な 1 次元代数サイクルのホモロジー類ということであり，$q^\beta \cdot q^{\beta'} = q^{\beta+\beta'}$ により環構造が入っている．$\omega_1, \omega_2, \omega_3 \in H^*(X,\mathbb{C})$ に対して，$\langle \omega_1, \omega_2, \omega_3 \rangle_A$ を次で定義する：

$$\langle \omega_1, \omega_2, \omega_3 \rangle_A = \sum_{\beta \geq 0} I_{0,3,\beta}(\omega_1, \omega_2, \omega_3) q^\beta \in \Lambda. \tag{5.28}$$

上の 3 点関数に次を代入すると (5.14) が得られる:

$$q^\beta = e^{2\pi\sqrt{-1} \int_\beta (B + \sqrt{-1}\omega)} \tag{5.29}$$

例 5.13 X を 3 次元カラビ・ヤウ多様体とする. $D_1, D_2, D_3 \in H^2(X, \mathbb{C})$ に対して, 3 点関数 (5.28) を考えよう. 一般に Gromov-Witten 不変量の性質から, $\beta > 0$, $\omega_1, \cdots, \omega_n \in H^*(X, \mathbb{C})$ に対して $\deg \omega_n = 2$ ならば次が成立する ([30, 第 7 章] を参照):

$$I_{g,n,\beta}(\omega_1, \cdots, \omega_n) = I_{g,n-1,\beta}(\omega_1, \cdots, \omega_{n-1}) \cdot (\omega_n \cdot \beta).$$

よって, 次を得る:

$$I_{0,3,\beta}(D_1, D_2, D_3) = I_{0,0,\beta} \cdot (D_1 \cdot \beta)(D_2 \cdot \beta)(D_3 \cdot \beta)$$

ここで X が 3 次元カラビ・ヤウ多様体ならば, (5.27) により $\overline{M}_{g,0}(X, \beta)$ の仮想次元は常に 0 次元であることに注意しよう [2]. よって次の有理数に値を持つ不変量が定義できる:

$$\mathrm{GW}_{g,\beta} := \int_{[\overline{M}_{g,0}(X,\beta)]^{\mathrm{vir}}} 1 = I_{g,0,\beta} \in \mathbb{Q}. \tag{5.30}$$

$\mathrm{GW}_{g,\beta}$ を用いて, 3 点関数 $\langle D_1, D_2, D_3 \rangle_A$ は次のように書ける:

$$\langle D_1, D_2, D_3 \rangle_A \tag{5.31}$$
$$= \int_X D_1 \cup D_2 \cup D_3 + \sum_{\beta > 0} \mathrm{GW}_{0,\beta}(D_1 \cdot \beta)(D_2 \cdot \beta)(D_3 \cdot \beta) q^\beta.$$

一方, $\mathrm{GW}_{0,\beta}$ は一般に有理数であり, このままでは正しい「有理曲線の数え上げ」を与えているとは言えない. 実際に何かを数えているのであればその値は整数になって欲しいのである. そこで, 各 $\beta \in H_2(X, \mathbb{Z})$ に対して n_β を次が成立するように定義する:

$$\mathrm{GW}_{0,\beta} = \sum_{k \geq 1} \frac{1}{k^3} n_{\beta/k}.$$

---

[2] これは X が 3 次元カラビ・ヤウ多様体であることによる特殊事情である.

n_β はインスタントン数, あるいは種数 0 の **Gopakumar-Vafa 不変量**と呼ばれる. n_β は常に整数になると予想されている.

n_β を用いると, 3 点関数 (5.31) は次のように書ける:

$$\langle D_1, D_2, D_3 \rangle_A$$
$$= \int_X D_1 \cup D_2 \cup D_3 + \sum_{\substack{k \geq 1 \\ \beta = k\gamma}} \frac{1}{k^3} n_\gamma (D_1 \cdot k\gamma)(D_2 \cdot k\gamma)(D_3 \cdot k\gamma) q^\beta$$
$$= \int_X D_1 \cup D_2 \cup D_3 + \sum_{\substack{k \geq 1 \\ \gamma \in H_2(X,\mathbb{Z})}} n_\gamma (D_1 \cdot \gamma)(D_2 \cdot \gamma)(D_3 \cdot \gamma) q^{k\gamma}$$
$$= \int_X D_1 \cup D_2 \cup D_3 + \sum_{\gamma \in H_2(X,\mathbb{Z})} n_\gamma (D_1 \cdot \gamma)(D_2 \cdot \gamma)(D_3 \cdot \gamma) \frac{q^\gamma}{1 - q^\gamma}.$$

とくに X が 5 次超曲面の場合に (5.19) が得られたことになる.

3 点関数 (5.28) を用いて, 量子コホモロジーを定義する. $T_0 = 1, T_1, \cdots, T_m$ を $H^*(X, \mathbb{Q})$ の同次元からなる基底とし, $g_{ij} = \int_X T_i \cup T_j$ とする. さらに g^{ij} を行列 $(g^{ij})_{i,j}$ が $(g_{ij})_{i,j}$ の逆行列となるように取り, T^i を次で定める:

$$T^i = \sum_{j=0}^m g^{ij} T_i \in H^*(X, \mathbb{Q}).$$

構成より, $T_i \cup T^j = \delta_{ij}$ である.

定義 5.14 X を滑らかな射影的代数多様体とする. $H^*(X, \Lambda_\mathbb{C})$ 上の**量子積** $*_A$ を $\omega_1, \omega_2 \in H^*(X, \mathbb{C})$ に対して次で定義する:

$$\omega_1 *_A \omega_2 := \sum_{i=0}^m I_{0,3,\beta}(\omega_1, \omega_2, T_i) T^i.$$

量子積 $*_A$ は結合的である. これには証明を要するが, たとえば [30, 定理 8.1.4] を参照されたい. $H^*(X, \Lambda_\mathbb{C})$ 上の内積 $\langle -, - \rangle_A$ を通常のカップ積で定義すると, 構成により次が成立する:

$$\langle \omega_1 *_A \omega_2, \omega_3 \rangle_A = \langle \omega_1, \omega_2 *_A \omega_3 \rangle_A = \langle \omega_1, \omega_2, \omega_3 \rangle_A.$$

よってホッジ分解 (定理 3.33 を参照) を用いると, 次の $\Lambda_\mathbb{C}$-係数のフロベニウス

代数を得たことになる:
$$(H^*(X, \Omega_X^*) \otimes \Lambda_{\mathbb{C}}, \langle -, - \rangle_A, *_A).$$

上のフロベニウス代数に (5.29) を代入して $*_A$ が収束するなら, (5.13) における A 型の位相的場の理論の数学定式化が得られることになる. これは**量子コホモロジー**と呼ばれ, $QH^*(X, \mathbb{C})$ と記述される.

例 5.15 $X = \mathbb{P}^r$ の量子コホモロジーを計算しよう. H を超平面クラスとすると, $H^*(\mathbb{P}^r, \mathbb{C})$ の基底として $H^i, 0 \leq i \leq r$ が取れる. l を $\mathbb{P}^r$ の直線とし, $q = q^{[l]}$ とする. 次が成立することを示そう:

$$H^i *_A H^j = \begin{cases} H^{i+j} & i+j \leq r \\ qH^{i+j-r-1} & i+j \geq r+1 \end{cases} \tag{5.32}$$

任意の $\beta \in H_2(\mathbb{P}^r, \mathbb{Z})$ は $\beta = d[l], d \in \mathbb{Z}$ と書ける. 定義により

$$H^i *_A H^j = \sum_{d \geq 0} I_{0,3,d}(H^i, H^j, H^k) H^{r-k}$$

であるため, Gromov-Witten 不変量 $I_{0,3,d}(H^i, H^j, H^k)$ を計算する必要がある. モジュライ空間 $\overline{M}_{0,3}(\mathbb{P}^r, d[l])$ の仮想次元 D は $D = d(r+1) + r$ となるため, $I_{0,3,d}(H^i, H^j, H^k)$ が 0 にならないためには, 等式

$$i + j + k = d(r+1) + r \tag{5.33}$$

が成立する必要がある. 各 i, j, k は r 以下なので, これより $d = 0$ または $d = 1$ が得られる. さらに, $i + j \leq r$ ならば $d = 0$ となり, $H^i *_A H^j = H^{i+j}$ が $i + j \leq r$ で成立することがわかる. また, 量子積が結合的であることと $i + j \leq r$ のときの $H^i *_A H^j$ がカップ積に等しいことを考え合わせると, $i + j \geq r + 1$ のときの $H^i *_A H^j$ の計算は $H *_A H^r$ の計算に帰着できる. このとき, 等式 (5.33) が成立する (d, k) は $(1, r)$ のみであるため,

$$H *_A H^r = I_{0,3,1}(H, H^r, H^r) H^0$$

となる. $I_{0,3,1}(H, H^r, H^r)$ は $\mathbb{P}^r$ 内の 2 点を通る直線の数に他ならないため, 1 になる. よって $H *_A H^r = qH^0$ が言える. 以上より, $q = e^{2\pi\sqrt{-1} \int_l B + \sqrt{-1}\omega}$

と置いて次の環同型が言える:
$$QH^*(\mathbb{P}^r, \mathbb{C}) \cong \mathbb{C}[H]/(H^{r+1} - q).$$

5.7 圏論的ミラー対称性

前節までのミラー対称性に関する議論は,Kontsevich による圏論的ミラー対称性以前の話である.この節では圏論的ミラー対称性について解説しよう.鍵となるのは,データ (5.7) から出発して得られる「**D-ブレインの圏**」である.D-ブレインとはカラビ・ヤウ多様体内を動く 1 次元のひものある種の境界条件である.イメージとしては,ひもに貼りつく膜を思い描けば良い.(ただし,必ずしもこれは正しい描像ではない.) 位相的場の理論を考察した際に A 型と B 型の理論が存在したように,D-ブレインにも A 型と B 型が存在する.それぞれに対して

$$\text{対象} = \{A(B) \text{ 型の D-ブレイン全体}\}$$
$$\text{射} = \{2 \text{ つの } A(B) \text{ 型の D-ブレインに貼りつくひも全体}\}$$

と定めると $A(B)$ 型の D-ブレインの圏が定まると期待される.ただし,上の圏の記述はこのままでは数学的に意味をなさない.D-ブレインやそれらに貼りつくひもというものを数学的に解釈しなければいけない.これらの数学的解釈を与えたのが Kontsevich の仕事であると言える.

位相的場の理論では B 型の方が容易に構成できたように,D-ブレインの圏も B 型の方が容易である.これは,前章で導入した連接層の導来圏

$$D^b \operatorname{Coh}(X)$$

に他ならない.連接層の導来圏は,B 型の位相的場の理論と同様に複素化されたケーラー類 $B + \sqrt{-1}\omega$ には依存しない.

A 型の D-ブレインの圏の数学的定式化は「**深谷圏**」と呼ばれる.これは $B + \sqrt{-1}\omega$ のみから定まる圏であり,X の複素構造の取り方には依存しない.簡単のために,$B = 0$ としよう.このとき A 型の D-ブレインの圏は ω のみに依存するが,これは X 上のシンプレクティック構造を定め,(X, ω) はシンプレクティック多様体になる.深谷圏はシンプレクティック多様体 (X, ω) から出発して定義

される圏であり，$\mathrm{Fuk}(X,\omega)$ と記述される．深谷圏の正確な定義を与えるのは大変なので，ここでは大雑把な記述だけ与えておこう．深谷圏の対象はデータ

$$(L, F, \nabla) \tag{5.34}$$

からなる．ここで $L \subset X$ は Lagrangian 部分多様体 (つまり，$\omega|_L \equiv 0$ となる部分多様体)，F は L 上のエルミート計量付き複素ベクトル束，そして ∇ は F 上のユニタリ接続である．ただし，記述 (5.34) は完全ではなく，L の Maslov 類が 0 になるなどいくつか制限がつく．また，射はベクトル空間として次で与えられる：

$$\mathrm{Hom}((L_1, F_1, \nabla_1), (L_2, F_2, \nabla_2)) = \bigoplus_{p \in L_1 \cap L_2} \mathrm{Hom}(F_1(p), F_2(p)).$$

ここで，簡単のため L_1 と L_2 は横断的に交わると仮定した．上のように与えられた対象と射のデータは，圏の公理の 1 つである「結合律」を満たさず，一般には圏にはならない．正確には A_∞ 圏と呼ばれる，ある種の高次の圏になる．これは，$\mathrm{Hom}(E_1, E_2)$ に $\mathbb{Z}$ による次数付けが入っていて，各整数 $k \geq 0$ と $E_1, \cdots, E_k \in \mathrm{Fuk}(X, \omega)$ に対して次数が $2-k$ の線形写像

$$m_k \colon \mathrm{Hom}(E_1, E_2) \otimes \mathrm{Hom}(E_2, E_3) \otimes \cdots \otimes \mathrm{Hom}(E_k, E_{k+1})$$
$$\to \mathrm{Hom}(E_1, E_{k+1})$$

が定まり，ある種の公理を満たすものである．m_k が $k=2$ を除いてすべて 0 になるなら通常の次数付き圏になる．m_k は次のように与えられる．簡単のため，各 E_i を (L_i, F_i, ∇_i) と書いたときに F_i が自明な直線束になるとしよう．このとき，m_k は大雑把に言って次のように与えられる：

$$m_k(p_1, \cdots, p_k) \tag{5.35}$$
$$= \sum_{\substack{\phi \colon D^2 \to X, p_{k+1} \in L_1 \cap L_{k+1} \\ 0 = t_0 < t_1 < \cdots < t_k < t_{k+1} = 1}} \pm \exp\left(-\int_{D^2} \phi^* \omega\right) p_{k+1}.$$

ここで

$$D^2 = \{z \in \mathbb{C} : |z| \leq 1\}$$

であり，ϕ は次を満たしている：

$$\phi(\exp(2\pi\sqrt{-1}t)) \in L_j,\ t_{j-1} < t < t_j,$$
$$\phi(\exp(2\pi\sqrt{-1}t_j)) = p_j,\ 1 \leq j \leq k+1.$$

式 (5.35) の右辺を正確に定義するには, Gromov-Witten 不変量を定義したように D^2 から X への写像のモジュライ空間およびその上の仮想サイクルを考える必要がある. しかし, これらは代数幾何学の枠組みを超えているため, 超越的な議論が必要になる. また, (5.35) の右辺の収束性も問題になるが, 量子コホモロジーの積のようにある種の冪級数だと思うことによって収束性に目をつぶることができる. とりあえず (5.35) の右辺が問題なく定義されているとして議論を進めよう. こうして得られた深谷圏 $\text{Fuk}(X,\omega)$ は B-場を付け加えた一般化シンプレクティック多様体 $(X, B+\sqrt{-1}\omega)$ に対しても構成することができ, A_∞-圏

$$\text{Fuk}(X, B+\sqrt{-1}\omega)$$

が出来上がる.

ここで, アーベル圏から出発してその複体の圏を考察することで導来圏が定義されたように, A_∞-圏から出発してその導来圏を定義する方法が存在する. これは A_∞-圏の対象の「捻り複体」達を考えることによって得られ, アーベル圏の導来圏と同様に三角圏となる. 詳細は [12], [73] を参照されたい. これにより, A_∞-圏 $\text{Fuk}(X, B+\sqrt{-1}\omega)$ の導来圏

$$D^b\text{Fuk}(X, B+\sqrt{-1}\omega)$$

が得られる. データ (5.7) から出発して得られる上の三角圏が A 型の D-ブレインの圏である.

圏論的ミラー対称性予想は, 次のように述べることができる:

予想 5.16　$(X_1, B_1+\sqrt{-1}\omega_1)$ と $(X_2, B_2+\sqrt{-1}\omega_2)$ が物理的ミラーの関係にあるとき, 次の三角圏の同値が存在する:

$$D^b\text{Fuk}(X_1, B_1+\sqrt{-1}\omega_1) \cong D^b\text{Coh}(X_2). \tag{5.36}$$

圏同値 (5.36) の左辺は $(X_1, B_1+\sqrt{-1}\omega_1)$ のシンプレクティック幾何学の理論で, X_1 の複素構造の取り方には依らない. また, 右辺は X_2 の代数幾何学の

理論で, $B_2 + \sqrt{-1}\omega_2$ には依存していない. これは位相的場の理論で議論した A 模型, B 模型の関係と全く同じものである. しかし, 導来深谷圏や連接層の導来圏は位相的場の理論よりも多くの情報を持つ. たとえば前章で見たように, 連接層の導来圏を考察することと, 元の代数多様体を研究することの間には密接な関係があり, これらは「ほぼ」等しい[3]. よって予想 5.16 は, ミラー対称の関係にあるカラビ・ヤウ多様体のシンプレクティック幾何学と代数幾何学, それぞれ「ほぼそのもの」の幾何学理論の間の等価性ともいえる. これらは一見すると何の関係もない幾何学理論であるため, 驚きの予想である.

圏論的ミラー対称性予想 5.16 と, それ以前の予想 5.8 の関係を見てみよう. まず, 予想 5.8 は '予想' である. つまり, 数学的に明確な形で定式化はされていない. その一方予想 5.16 は, 物理的ミラーの定義の曖昧さや深谷圏を定義する際の収束性の問題点も残っているが, 予想 5.8 よりもはるかに明確である. 何より, シンプレクティック幾何学と代数幾何学を関連付ける主張 (5.18) が, 圏同値という言葉で記述できたことが特徴的である. では, (5.16) で議論した位相的場の理論のミラー対称性や変形理論とはどのような関係にあるだろうか？ それを調べる鍵は, 導来深谷圏と連接層の導来圏のホッホシルト・コホモロジーにある. 連接層の導来圏 $D^b \mathrm{Coh}(X)$ のホッホシルト・コホモロジーは, 定理 4.27 により次のベクトル空間と同型である:

$$\mathrm{HH}^*(X) \cong H^*(X, \overset{*}{\wedge} T_X).$$

定理 4.27 における同型は一般にフロベニウス構造を保たないが, この同型に $\sqrt{\mathrm{td}_X}$ を掛け算するとフロベニウス構造が保たれることが [27] において示されている. 一方, B-場付きシンプレクティック多様体 $(X, B+\sqrt{-1}\omega)$ の導来深谷圏のホッホシルト・コホモロジーは次で与えられる:

$$\mathrm{Hom}^*_{D^b\mathrm{Fuk}(X\times X, (-B-\sqrt{-1}\omega)\boxplus(B+\sqrt{-1}\omega))}(\mathbb{C}_\Delta, \mathbb{C}_\Delta).$$

---

[3] ここで「ほぼ」と書くと誤解があるかもしれない. 実際, 非自明なフーリエ・向井パートナーや自己同値群が存在し得るので, 導来圏の理論が必ずしも元の代数多様体の幾何学と等価と言うわけではない. そのずれを測るのが問 4.10 であった. しかし, $\mathrm{FM}(X)$ の数は高々有限集合であると期待されるので, 連接層の導来圏は少なくとも位相的場の理論よりは遥かに多くの元の幾何学の情報を含んでいそうである. そのため,「ほぼ」と書いた.

上のホッホシルト・コホモロジーはフロベニウス代数として量子コホモロジー
$$QH^*(X, B+\sqrt{-1}\omega)$$
と同型になると期待されている．上の量子コホモロジーのホッジ分解を取ると，圏論的ミラー対称性予想 5.16 からフロベニウス代数の間の同型

$$(H^*(X_1, \Omega^*_{X_1}), \langle -, - \rangle_A, *_A) \cong \left(H^*(X_2, \overset{*}{\wedge} T_{X_2}), \langle -, - \rangle_B, *_B \right) \quad (5.37)$$

が得られると考えられる．これは位相的場の理論のミラー対称性 (5.16) に他ならない．さらに，同型 (5.37) の左辺は導来深谷圏の変形理論，右辺は連接層の導来圏の変形理論に対応していると期待されている．つまり，予想 5.8 における「拡張された変形」とは単にシンプレクティック構造や複素構造を変形させるだけではなく，導来深谷圏や連接層の導来圏そのものを変形させることを意味する．圏を変形させるので，これは元のシンプレクティック構造や複素構造の変形から来ているとは限らないことに注意しよう．たとえば，連接層の導来圏の 2 次のホッホシルト・コホモロジーは次のように分解する：

$$\mathrm{HH}^2(X) \cong H^0(X, \overset{2}{\wedge} T_X) \oplus H^1(X, T_X) \oplus H^2(X, \mathcal{O}_X).$$

上の直和因子の内，$H^1(X, T_X)$ は通常の X の複素構造の変形である．他の直和因子は何を意味するだろうか？ 実は，$H^0(X, \overset{2}{\wedge} T_X)$ は X の構造層 $\mathcal{O}_X$ の非可換環への変形を与える．また，$H^2(X, \mathcal{O}_X)$ は連接層の貼り合わせ条件 (3.8) の変形を与える．結果として，$\mathrm{HH}^2(X)$ の元は連接層の圏 $\mathrm{Coh}(X)$ の変形を与え，よってとくに導来圏の変形も与える ([114] を参照)．2 次以外のホッホシルト・コホモロジーはどのような変形理論に対応するだろうか？ これらは $D^b\mathrm{Coh}(X)$ に A_∞-圏としての構造を入れ，A_∞-圏としての変形のパラメータを与えると考えられている．しかし，A_∞-圏の変形理論はいまだ未成熟の研究分野である．興味のある読者は [2] を参照されたい．

第6章

連接層の導来圏と双有理幾何学

定理 4.15 において導来同値を与える双有理写像の例を与えた．双有理幾何学は代数幾何学における中心的な話題の 1 つである．定理 4.15 の結果が契機となって 2000 年度前半辺りから導来圏と双有理幾何学の関係が注目されるようになった．代数曲面の双有理幾何学については第 2.5 節で解説したが，3 次元以上の場合の双有理幾何学はより面白く深い理論に発展している．まずは第 6.1 節で高次元 MMP の発展の経緯について解説する．

6.1　高次元極小モデル理論の歴史

第 2.5 節で解説した代数曲面の分類理論を高次元化しようというのは自然な流れである．ところが，20 世紀初頭には代数曲面の分類理論が完成したのにも関わらず，3 次元代数多様体の分類理論の発展は 1970 年代まで滞ったままであった．この節では 1980 年代に大発展した 3 次元代数多様体の分類理論の流れについて簡単に解説する．様々な用語や概念が出てくるが，これらを知らなくても後の章の内容を理解するのに支障はない．筆者が連接層の導来圏に興味を持つきっかけを解説するのに必要であるだけなので，雰囲気を味わうだけで十分である．より詳細を知りたい読者は [72] を参照されたい．

3 次元 MMP の主な問題点は次の点にあった．滑らかな 3 次元代数多様体を考えよう．代数曲面の場合には (-1) 曲線を探してそれを潰すという操作を施したわけであるが，この (-1) 曲線という概念は代数曲面に特有のもので，同様の概念を 3 次元代数多様体上の有理曲線に対して直接拡張することはできない．しかしそれでも，滑らかな 3 次元代数多様体上に (-1) 曲線と似た振る舞いをする有理曲線の例は観察されていた．さらにそのような有理曲線を双有理射で潰

して別の 3 次元代数多様体を得る操作の例も知られていた．代数曲面の場合との最大の違いは，このような操作で得られた 3 次元代数多様体には特異点が生じてしまうことであった．この有理曲線を潰すという操作は非常にデリケートで，特異点が存在する場合には容易に議論を続けることができないのである．たとえば次のような例が存在する．

例 6.1 Y を射影的 3 次元代数多様体で，1 点 $p \in Y$ においてのみ特異点が存在すると仮定する．さらに，$p \in Y$ は複素解析的に次の特異点と同型であるとする．

$$0 \in \{(x,y,z,w) \in \mathbb{C}^4 : xy + z^2 + w^3 = 0\}. \tag{6.1}$$

このとき，Y を $p \in Y$ でブローアップすると非特異射影的 3 次元代数多様体 X と双有理射 $f \colon X \to Y$ が得られる．f の例外集合 $E = f^{-1}(p)$ は $\mathbb{P}^3$ 内の特異 2 次曲面

$$E = \{[X:Y:Z:W] \in \mathbb{P}^3 : XY + Z^2 = 0\}$$

と同型である．X から出発すると，E 内のすべての直線 $l \subset E$ は $-K_X \cdot l = 1$ を満たし，これらはすべて (-1)-曲線の類似物であると考えられる．しかしこれらをすべて潰すと Y が得られ，これには特異点 $p \in Y$ が存在する．

1980 年代に起きたブレイクスルーの発端は，森重文氏による Hartshorne 予想の証明 [86] であった．Hartshorne 予想とは一言でいうと，

接束が豊富であるような滑らかな射影的代数多様体は射影空間に限る

という主張である．この予想の証明のアイデアを基にして，滑らかな 3 次元代数多様体 X 上の (-1) 曲線の類似物が [87] において導入された．これは X 上の曲線の数値類のなす錐の端射線を与えるため，**端射的有理曲線**と呼ばれる．大雑把に言うと，端射的有理曲線とは $K_X \cdot C < 0$ となる有理曲線の中で最も小さい (曲線の数値類の中で $C = C_1 + C_2$ と分解しない) ものを指す．さらにこの端射的有理曲線を潰す双有理射の分類が [87] によって完成された．つまり，代数曲面上の (-1) 曲線を潰すという操作の 3 次元版が完全に理解されたのである．上述したように端射的有理曲線を潰した先の 3 次元代数多様体には特異点が出

現するのであるが, 上記の結果を基に端射的有理曲線を潰すことが可能な 3 次元代数多様体の特異点のクラスが特定された. これは**末端特異点**と呼ばれていて, 比較的マイルドな特異点のクラスである. 3 次元末端特異点は完全に分類されており, これらはすべて $\mathbb{C}^4$ 内の超曲面特異点の有限群作用の商で得られる. たとえば例 6.1 における直線 $l \subset E$ は端射的有理曲線であり, 特異点 (6.1) は末端特異点の例である. 森重文氏, 川又雄二郎氏, Shokurov 氏らを中心として末端特異点の解析, 分類が進み, 高々末端特異点しか持たない 3 次元代数多様体上の端射線の理論, および端射的有理曲線を潰す双有理射の存在が示された.

これで, もし上述の端射的有理曲線を潰す操作によって末端特異点のクラスが保たれ, そしてそのステップが有限回で終了するなら, 3 次元極小モデルプログラムが完成することになる. しかし話は上手くいかず, ある種の非常に悪い振る舞いをする端射的有理曲線を潰すと末端特異点の範囲から外れてしまうのである. 滑らかな 3 次元代数多様体上にはこのような有理曲線は存在しないのであるが, 考察する範囲を末端特異点を許す 3 次元代数多様体に拡張した結果このような現象が生じてしまったのである. そこで, 上述のような悪い有理曲線が存在する場合には, それを潰して得られる特異点を別の有理曲線に置き換えるという操作が考察された. つまり X を末端特異点しか持たない 3 次元代数多様体として, 端射的有理曲線 $C \subset X$ が双有理射 $f \colon X \to Y$ によって非末端特異点 $p = f(C)$ に潰れてしまうとする. このとき, 別の 3 次元代数多様体 $X^\dagger$ と双有理射 $f^\dagger \colon X^\dagger \to Y$ であって, $f^\dagger$ の例外集合 $C^\dagger$ が「良い」有理曲線になるものを構成しようということである. この操作

$$X \to Y \leftarrow X^\dagger \tag{6.2}$$

はフリップと呼ばれている (図 6.1 を参照).

例 6.2 アフィン代数多様体 Y を

$$Y = \{(x, y, z, w) : xy - zw = 0\} \subset \mathbb{C}^4$$

とし, $I, I^\dagger \subset \mathcal{O}_Y$ をイデアル $(x, w), (x, z)$ とする. これらでブローアップすると代数多様体 $X, X^\dagger$, および次の図式が得られる:

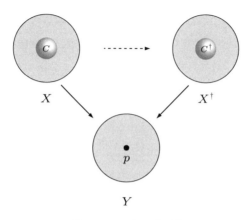

図 **6.1** フリップの図

$$(C \subset X) \xrightarrow{\phi} (C^\dagger \subset X^\dagger) \qquad (6.3)$$
$$\searrow^{f} \qquad \swarrow^{f^\dagger}$$
$$(0 \in Y).$$

$C = f^{-1}(0)$, $C^\dagger = f^{\dagger-1}(0)$ であり, これらは $\mathbb{P}^1$ と同型である. 上の図式は例 4.14 における $r = 1$ の場合に他ならない. とくに, 次が成り立つ:

$$N_{C/X} \cong \mathcal{O}_\mathbb{P}(-1)^{\oplus 2}.$$

上が成り立つ有理曲線 C は $(-1, -1)$-曲線と呼ばれる. 双有理写像 ϕ は X から C を取り除いて代わりに $C^\dagger$ を埋め込んでいる. しかし, $K_X \cdot C = 0$ であるため C は端射的有理曲線ではない. 図式 (6.3) は後述するフロップの例である.

ここで, n 次巡回群 μ_n の Y への作用を $\xi(x,y,z,w) = (\xi x, y, \xi z, w)$ で定める. $I, I^\dagger$ はこの作用で閉じているので, μ_n の作用は $X, X^\dagger$ に持ち上がる. X_n, C_n, $X_n^\dagger$, $C_n^\dagger$, Y_n を次で定める:

$$X_n = X/\mu_n,\ C_n = C/\mu_n,\ X_n^\dagger = X^\dagger/\mu_n,\ C_n^\dagger = C^\dagger/\mu_n,\ Y_n = Y/\mu_n.$$

すると, 次の図式を得る.

$$(C_n \subset X_n) \xrightarrow{\phi_n} (C_n^\dagger \subset X_n^\dagger) \qquad (6.4)$$
$$\searrow^{f_n} \qquad \swarrow^{f_n^\dagger}$$
$$(0 \in Y_n).$$

上の図式において, X_n は特異点を持ち
$$K_{X_n} \cdot C_n = -\frac{n-1}{n}, \quad K_{X_n^\dagger} \cdot C_n^\dagger = n-1$$
が成立する[1]. また, C_n は端射的有理曲線である. 図式 (6.4) に現れる代数多様体は非コンパクトであるが, これらを境界上で滑らかになるように射影的コンパクトするとフリップの例が得られる.

与えられたフリップ収縮に対し, そのフリップは存在したら一意的であることはすぐにわかる. またフリップによって末端特異点のクラスが保たれること, フリップは有限回で終了することもわかる. 残る問題点はフリップが実際に存在することであったが, 最終的に森重文氏 [88] によって存在性も示され, 3 次元極小モデルプログラムが完成することになった.

以上の内容を要約しよう. 高々末端特異点しか持たない 3 次元代数多様体 X から出発して, 以下の列を得る.

$$X \dashrightarrow X_1 \dashrightarrow X_2 \dashrightarrow \cdots \dashrightarrow X_{m-1} \dashrightarrow X_m. \tag{6.5}$$

各ステップ $X_i \dashrightarrow X_{i+1}$ は端射的有理曲線を潰す双有理射か, フリップ $X_i \to Y_i \leftarrow X_{i+1}$ のいずれかである. プログラムの終着点である X_m には端射的有理曲線は存在せず, **極小モデル**と呼ばれる[2].

さて, 3 次元代数多様体に対して問 2.19 を考えよう. $\kappa(X) \geq 0$ のときには, 極小モデル X_m の標準因子 K_{X_m} が準豊富 (例 3.23 を参照) であることが示される[3]. よって, $n \gg 0$ に対する $\omega_{X_m}^{\otimes n}$ の大域切断を用いて, $\kappa(Z) = \dim Z = \kappa(X)$ となる代数多様体 Z と**飯高写像**と呼ばれる全射

---

[1] X_n には特異点が存在するので, $K_{X_n} \cdot C_n$ は有理数になる. この点については第 6.2 節で述べる

[2] より正確には, X_m は $\kappa(X) \geq 0$ のときのみ極小モデルと呼ばれる. この場合, X_m が極小であることと標準因子 $K_{X_m} \cdot C \geq 0$ 全ての曲線 $C \subset X_m$ に対して成立することが同値になる. また $\kappa(X) = -\infty$ の場合, X_m は森ファイバー空間と呼ばれている.

[3] K_{X_m} が準豊富ならば K_{X_m} はネフなので, とくに X_m は極小モデルである. ここでは, その逆が成立すると主張している. この準豊富性は一般次元の極小モデルに対しても期待される性質であるが, 4 次元以上では未解決である. この準豊富性は, アバンダンス予想と呼ばれる.

$$\pi\colon X_m \to Z \tag{6.6}$$

を構成できる．飯高写像 π の十分一般の点 $p \in Z$ に対するファイバー $\pi^{-1}(p)$ (一般ファイバーと呼ばれる) は連結かつ小平次元が 0 の極小モデルになる．よって極小モデル X_m の幾何構造は，(非常に大雑把であるが) Z の幾何構造と一般ファイバー $\pi^{-1}(p)$ の幾何構造を記述することによってある程度特定できる．つまり，小平次元が 0 の極小モデル (カラビ・ヤウ型と呼ばれる) と，小平次元が通常の次元と等しい代数多様体 (一般型と呼ばれる) の幾何構造を調べればよい．また，$\kappa(X) = -\infty$ のときも (6.6) と同様に代数多様体の間の全射が存在するが，この場合は $\dim Z < \dim X$ となり，また一般ファイバーはファノ多様体[4] と呼ばれる特殊なクラスの代数多様体になる．よってこの場合も，より次元が小さい代数多様体 Z の幾何構造と，一般ファイバーとして現れるファノ多様体の幾何構造を調べれば良いことになる．この先のさらなる詳細な分類は現在でも難しい問題であるが，極小モデルプログラムの終着点 X_m および (6.6) を考えることによって大雑把な意味で 3 次元代数多様体の幾何構造が分類できたと言える．

　2 次元の場合と 3 次元の場合の極小モデル理論を比較すると，以下の 3 つの大きな違いがある．

- 2 次元の場合のプログラムは滑らかな代数多様体で閉じているが，3 次元の場合には仮に滑らかな代数多様体から出発しても末端特異点を許さないとプログラムが進まない．
- 3 次元の場合，端射的有理曲線を潰すことで末端特異点の範囲から外れてしまう場合もある．その場合はフリップを施す必要がある．
- 出来上がった極小モデル X_m は双有理写像の列 (6.5) に依存してしまうかもしれない．しかし，2 つの双有理同値な極小モデルはフロップと呼ばれるフリップと良く似た操作で結ばれる．

最初の 2 点については前述した通りである．最後の点も 2 次元の場合と 3 次元の場合の大きな違いである．フロップという操作もフリップと同様にある種の

---

[4] 滑らかな射影的代数多様体 Y は $-K_Y$ が豊富になる場合ファノ多様体と呼ばれる．ファノ多様体の小平次元は $-\infty$ である．

有理曲線を取り除いて別の有理曲線に置き換える操作なのであるが, フロップする有理曲線はフリップする有理曲線よりもずっと良い振る舞いをするので, その存在を示すのはフリップよりもはるかに容易である.

6.2 双有理幾何学における用語

ここで, 前節で出てきた双有理幾何学の用語について簡単に解説する. より詳細に関しては [72] を参照されたい. この節では滑らかとは限らない代数多様体を扱うが, それらはすべて正規[5]であると仮定する. 標準的な環論により, X が正規な代数多様体ならその特異点集合 $\mathrm{Sing}(X)$ の余次元は 2 以上である. X 上の (有効)**Weil 因子**とは X 上の余次元 1 の部分代数多様体 D_i 達の形式和

$$\sum_{i=1}^{m} a_i D_i, \quad a_i \in \mathbb{Z} \ (a_i \in \mathbb{Z}_{\geq 1})$$

である. $\mathrm{Sing}(X) \neq \emptyset$ の場合, X 上の Weil 因子は必ずしも例 3.24 における Cartier 因子とは限らない. また, $U = X \setminus \mathrm{Sing}(X)$ 上の Cartier 因子 K_U の閉包を取ることで, X 上の Weil 因子 K_X が定まる. 末端特異点の定義を与えるために, Weil 因子の $\mathbb{Q}$-分解性の定義を与える.

定義 6.3 X を正規な代数多様体とし, D を X 上の Weil 因子とする. D はある $m \in \mathbb{Z}_{\geq 1}$ が存在して mD が Cartier 因子になるときに $\mathbb{Q}$-**分解的**であると言う. K_X が Cartier 因子となるとき, X は **Gorenstein** であると言い, K_X が $\mathbb{Q}$-分解的になるとき, X は $\mathbb{Q}$-**Gorenstein** であると言う. X 上のすべての Weil 因子が $\mathbb{Q}$-分解的になるとき, X は単に $\mathbb{Q}$-**分解的**であると言う.

例 6.4 2 次元代数多様体 $Y = \{(x, y, z) : x^2 + yz = 0\}$ は正規であり, その上の因子 $D = (x = y = 0)$ は Weil 因子である. しかし, Cartier 因子ではない. 一方, $2D$ は Cartier 因子である. 実際, Y は $\mathbb{Q}$-分解的である.

---

[5] 代数多様体 X が正規であるとは, 任意の $x \in X$ に対して $\mathcal{O}_{X,x}$ が正規環であるものとして定義される.

正規代数多様体 X 上の $\mathbb{Q}$-**因子**とは, 既約な Weil 因子の $\mathbb{Q}$-係数の線形結合のことである. $f\colon Y \to X$ を射影的な射として, D を X 上の $\mathbb{Q}$-分解的な因子とする. mD が Cartier 因子になる $m \in \mathbb{Z}_{\geq 1}$ を取り, Y 上の $\mathbb{Q}$-因子 f^*D を

$$f^*D = f^*(mD)/m$$

と定義する. mD は Cartier 因子なので, $f^*(mD)$ は矛盾なく定義されることに注意する. 末端特異点の定義は以下で与えられる.

定義 6.5 Y を $\mathbb{Q}$-Gorenstein な正規代数多様体とし, 特異点解消 $f\colon X \to Y$ で例外集合が正規交差因子 $\bigcup_{i=1}^{k} E_i$ となるものを取る. このとき, K_Y は $\mathbb{Q}$-分解的なので f^*K_Y が $\mathbb{Q}$-因子として定義でき, $\mathbb{Q}$-因子として次のように書ける.

$$K_X = f^*K_Y + \sum_{i=1}^{k} a_i E_i.$$

ただし $a_i \in \mathbb{Q}$ である. すべての i について $a_i > 0$ であるとき, Y は**末端特異点**しか持たないと言う.

例 6.6 例 6.1 の状況で $K_X = f^*K_Y + E$ となるため, 特異点 (6.1) は末端特異点である.

次に端射線収縮について述べる. $f\colon X \to Y$ を正規な代数多様体の間の射影的な双有理射とする. X が $\mathbb{Q}$-分解的であるとすると, 次の実ベクトル空間が定義できる.

$$N^1(X/Y) := \bigoplus_{D \subset X} \mathbb{R}[D]/\equiv.$$

ここで $D \subset X$ はすべての余次元が 1 の部分代数多様体を動き, 関係式 $D_1 \equiv D_2$ は $f(C)$ が点となるすべての曲線 $C \subset X$ に対して $D_1 \cdot C = D_2 \cdot C$ となるものとして定める. X の $\mathbb{Q}$-分解性から, $D_i \cdot C$ が矛盾なく定義できる [6] ことに注意する. $N^1(X/Y)$ は有限次元であることが知られており, $\rho(X/Y)$ を $N^1(X/Y)$ の次元とする.

---

[6] mD_i が Cartier 因子となる $m \in \mathbb{Z}_{\geq 1}$ を取り, $D_i \cdot C = (mD_i \cdot C)/m$ と定義する.

定義 6.7 X を $\mathbb{Q}$-分解的で末端特異点しか持たない正規代数多様体とし, $f\colon X \to Y$ を正規な代数多様体の間の射影的な双有理射とする. このとき $\rho(X/Y) = 1$ で $-K_X$ が f-豊富[7]であるとき, f は**端射線収縮**であると言う.

ブローダウンは端射線収縮の最も簡単な例である.

例 6.8 Y を滑らかな射影的代数多様体とし, $C \subset Y$ を滑らかな閉部分代数多様体とする. $f\colon X \to Y$ を Y の C を中心とするブローアップとする. X から見ると, 双有理射 f は端射線収縮を与えている.

$f\colon X \to Y$ を端射線収縮とする. このとき, f は次の 2 種類に分けられる.

- f の例外集合の余次元が 1 の場合. (**因子収縮**).
- f の例外集合の余次元が 2 以上の場合. (**フリップ収縮**).

f が因子収縮の場合は f の例外集合は既約な因子であり, Y もまた末端特異点しか持たないことが知られている. $\dim X \leq 2$ の場合, フリップ収縮は存在しない. 図式 (6.4) における f_n は 3 次元フリップ収縮の例である. 3 次元の滑らかな射影的代数多様体からのフリップ収縮は存在しないが, 4 次元以上ではそのようなフリップ収縮が存在する.

例 6.9 $r > s$ を整数とし, X を $\mathbb{P}^r$ 上のベクトル束 $\mathcal{O}_{\mathbb{P}^r}(-1)^{\oplus s+1}$ の全空間とする. 射影 $X \to \mathbb{P}^r$ の 0 切断を E とする. X からの双有理射 $f\colon X \to Y$ で, E を点 $p \in Y$ に潰すものが存在し, フリップ収縮を与える. ここで, $\dim X = r + s + 1 \geq 4$ であることに注意する. 例 4.14 と同様に E を中心とするブローアップ $g\colon Z \to X$ を取る. g の例外集合は $D = \mathbb{P}^r \times \mathbb{P}^s$ であり, D から $\mathbb{P}^s$ への射影は双有理射 $h\colon Z \to X^\dagger$ に拡張する. 図式 (4.28) と同様に, 次の図式を得る.

---

[7] f-豊富性は通常の豊富性の相対版であり, 詳細な定義は [50, 第 2 章] を参照されたい. $\rho(X/Y) = 1$ の場合, $-K_X$ が f-豊富であることと, f で点に潰れるすべての曲線 C に対して $-K_X \cdot C > 0$ となることが同値になる.

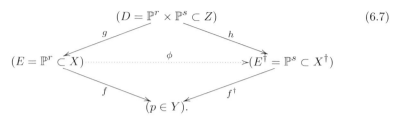 (6.7)

双有理射 f はフリップ収縮であり, 双有理写像 ϕ は定義 6.10 におけるフリップの例を与えている.

$f\colon X \to Y$ がフリップ収縮の場合, Y は $\mathbb{Q}$-Gorenstein ですらない. この場合, MMP を走らせるためには図式 (6.4), (6.7) のようにフリップを行う必要がある.

定義 6.10 $f\colon X \to Y$ をフリップ収縮とする. f の**フリップ**とは, 例外集合の余次元が 2 以上の射影的双有理射 $f^\dagger\colon X^\dagger \to Y$ であって, $X^\dagger$ は $\mathbb{Q}$-Gorenstein, $\rho(X^\dagger/Y) = 1$ であり, $K_{X^\dagger}$ は f-豊富であるものである.

フリップ収縮 $f\colon X \to Y$ とそのフリップ $f^\dagger\colon X^\dagger \to Y$ の違いは, 前者では $-K_X$ が f-豊富である一方, 後者では $K_{X^\dagger}$ が $f^\dagger$-豊富になる点である. 標準因子の相対的 (反) 豊富性を相対的自明性に置き換えることで, フリップの類似物であるフロップも定義される:

定義 6.11 X を $\mathbb{Q}$-Gorenstein な正規代数多様体とし, Y を正規な代数多様体とする. $f\colon X \to Y$ を例外集合の余次元が 2 以上である射影的双有理射とする. f が**フロップ収縮**であるとは, $\rho(X/Y) = 1$ であり $[K_X] = 0$ が $N^1(X/Y)$ で成立するものを指す. フロップ収縮 f に対して, その**フロップ** $f^\dagger\colon X^\dagger \to Y$ とはフロップ収縮であり双有理写像 $X \dashrightarrow X^\dagger$ が同型に拡張しないものとして定義される.

図式 (4.28), (6.3) はフロップの例である. $\dim X = 3$ の場合に限ると図式 (6.3) が最も簡単なフロップの例であり, **Atiyah** フロップと呼ばれる. フリップ収縮と違い, フロップ収縮 $f\colon X \to Y$ を行うと Y は $\mathbb{Q}$-Gorenstein のままであ

る[8]. これ以外にも様々なフロップの例が存在する. たとえば次のように Atiyah フロップの一般化を構成できる.

例 6.12 アフィン代数多様体 Y を
$$Y = \{xy + z^2 - w^{2n} = 0 : (x,y,z,w) \in \mathbb{C}^4\}$$
とし, イデアル $I, I^\dagger \subset \mathcal{O}_Y$ を $I = (x, z+w^n)$, $I^\dagger = (x, z-w^n)$ とする. $f \colon X \to Y$, $f^\dagger \colon X^\dagger \to Y$ をそれぞれ $I, I^\dagger$ でのブローアップとすると, 図式
$$X \xrightarrow{f} Y \xleftarrow{f^\dagger} X^\dagger$$
はフロップの例を与える. これは $n = 1$ のときは図式 (6.3) に他ならない.

フロップ収縮 $f \colon X \to Y$ で X が滑らかになる場合, f は次で定義される Y のクレパント小特異点解消の特別なものになる:

定義 6.13 Y を正規な代数多様体とし, $f \colon X \to Y$ を特異点解消とする. f が $N^1(X/Y)$ の中で $[K_X] = f^*[K_Y]$ を満たすとき, f は Y の**クレパント特異点解消**であると呼ばれる. また, f の例外集合の余次元が 2 以上になる場合, f は Y の**クレパント小特異点解消**であると呼ばれる.

例 6.14 Y を例 6.4 のように取る. $f \colon X \to Y$ を原点でのブローアップとすると, f はクレパント特異点解消である. しかし, f はクレパント小特異点解消ではない.

最後に, ブローダウンやフリップ (フロップ) を一般化した双有理変換の概念を導入する:

定義 6.15 $X, X^\dagger$ を $\mathbb{Q}$-Gorenstein な代数多様体とし, $\phi \colon X \dashrightarrow X^\dagger$ を双有理写像とする. 共通の特異点解消

---

[8] ただし, Y は $\mathbb{Q}$-分解的ではなくなる.

を取る．このとき，$g^*K_X - h^*K_{X^\dagger}$ が有効な (自明な) $\mathbb{Q}$-因子となる場合，$K_X >$ $(=)K_{X^\dagger}$ と書く．$K_X = K_{X^\dagger}$ となる場合，X と $X^\dagger$ は K-**同値**であると呼ばれる．

例 6.16 Y を滑らかな代数多様体とし，$f\colon X \to Y$ を余次元 r の滑らかな部分代数多様体に沿ったブローアップとすると，$K_X = f^*K_Y + (r-1)E$ であるため $K_X > K_Y$ である．

例 6.17 図式 (6.7) を考えると，
$$g^*K_X - h^*K_{X^\dagger} = (r-s)D$$
であるため，$K_X > K_{X^\dagger}$ である．

一般に，MMP のステップ $X_i \dashrightarrow X_{i+1}$ は $K_{X_i} > K_{X_{i+1}}$ を満たす．また，全てのフロップは K-同値であり，とくに双有理同値な極小モデル $X_m \dashrightarrow X'_m$ は $K_{X_m} = K_{X'_m}$ を満たす．つまり，

$$\text{MMP とは標準因子を小さくする操作である} \tag{6.8}$$

と言え，その小ささは MMP の取り方に依存しないと言える．

6.3　Bridgeland による 3 次元フロップ導来同値

これまで述べた 3 次元極小モデル理論は日本を中心に大発展した理論で，筆者が代数幾何学の研究を志したのも極小モデル理論に興味を持ったのが大きな理由の 1 つである．筆者が連接層の導来圏の研究に興味を持ったのは，Bridgeland による次の結果を解説する講演[9]を聴いたのがきっかけであった．

定理 6.18 (Bridgeland [16])　X を滑らかな 3 次元代数多様体とし，$f\colon X \to Y$ をフロップ収縮とする．このとき f のフロップ $f^\dagger\colon X^\dagger \to Y$ が存在し，$X^\dagger$ は滑らかであり，さらに連接層の導来圏の同値

---

[9] この講演は 2001 年冬に東京大学数理科学研究科において行われた．筆者が学部 4 年生の頃である．

$$\Phi\colon D^b\operatorname{Coh}(X^\dagger) \overset{\sim}{\to} D^b\operatorname{Coh}(X)$$

が存在する.

Bridgeland が上の結果を発表した時点で, 定理の主張の最初の部分 (フロップが存在して滑らかになる) はすでに 3 次元双有理幾何学における既知の結果であった ([70] を参照). しかし, 当時の技術でこの結果を証明するには, Y に現れる特異点の分類が必須であった. Bridgeland による証明は, Y の特異点の分類を必要としない. しかも, フロップの存在, フロップして得られた代数多様体が滑らかであること, そして連接層の導来圏の同値の存在が同時に証明されたのである. とくに, 前者の 2 つの主張も連接層の導来圏を用いて示されたことになる. これは驚異的であった. なぜなら, 連接層の導来圏とは層係数コホモロジーを扱う際の単なる技術的な道具であって, それが実際に幾何学 (とくに双有理幾何学) に応用を与えるとは想定されていなかったためである.

MMP の観点から定理 6.18 の意味を考えてみよう. 前節で述べた通り, $X \dashrightarrow X^\dagger$ が双有理同値な極小モデルならばこれらはフロップの合成で結ばれる. よって X が滑らかな 3 次元極小モデルならば $X^\dagger$ も滑らかで, それらの導来圏も同値になる. つまり,

3 次元極小モデルは一意ではないが, 導来圏のレベルでは一意である

と言える. この事実は, 少なくとも思想的には連接層の導来圏をあたかも幾何学的対象と考えると, 極小モデル理論がより自然に解釈できることを示唆している. この点については, 第 6.8 節でより詳しく解説する. また, カラビ・ヤウ多様体は極小モデルなので, 次が従う:

系 6.19 双有理同値な 3 次元カラビ・ヤウ多様体の連接層の導来圏は同値になる.

実は, 上の系は超弦理論によってすでに予言されていたのであった.

6.4 t-構造

Bridgeland による定理 6.18 の証明の鍵となるのは t-構造の概念である．これは一般の三角圏において定義される．ここで, t-構造の定義について解説する．

定義 6.20 $\mathcal{D}$ を三角圏とする．部分圏 $\mathcal{D}^{\leq 0} \subset \mathcal{D}$ は次の条件を満たすときに **t-構造**であると呼ばれる．

- $\mathcal{D}^{\leq 0}[1] \subset \mathcal{D}^{\leq 0}$ が成立する．
- 任意の $E \in \mathcal{D}$ に対し, 次の完全三角形が存在する．

$$\tau_{\leq 0}E \to E \to \tau_{\geq 1}E \to \tau_{\leq 0}E[1]. \tag{6.9}$$

ここで $\tau_{\leq 0}E \in \mathcal{D}^{\leq 0}, \tau_{\geq 1}E \in \mathcal{D}^{\geq 1}$ であり, $\mathcal{D}^{\geq 1} := \{E \in \mathcal{D} : \mathrm{Hom}(\mathcal{D}^{\leq 0}, E) = 0\}$ である．

$\mathcal{D}^{\leq 0} \subset \mathcal{D}$ が t-構造を与えるとき, $\mathcal{D}$ の部分圏

$$\mathcal{D}^{\leq 0} \cap (\mathcal{D}^{\geq 1}[1]) \subset \mathcal{D}$$

は **t-構造の核**と呼ばれる．t-構造の核はアーベル圏の構造を持つことが知られている．$\mathcal{D}$ がアーベル圏 $\mathcal{A}$ の導来圏で与えられるときは, 以下の例のように標準的な t-構造を構成でき, その核は部分圏 $\mathcal{A} \subset \mathcal{D}$ に圏同値になる．

例 6.21 $\mathcal{A}$ をアーベル圏とし, $\mathcal{D} = D^b(\mathcal{A})$ とする．部分圏 $\mathcal{D}^{\leq 0} \subset \mathcal{D}$ を以下で定める．

$$\mathcal{D}^{\leq 0} = \{E \in \mathcal{D} : \mathcal{H}^i(E) = 0,\ i > 0\}. \tag{6.10}$$

これは $\mathcal{D}$ 上の t-構造を定め, **標準的 t-構造**と呼ばれる．このとき

$$\mathcal{D}^{\geq 1} = \{E \in \mathcal{D} : \mathcal{H}^i(E) = 0,\ i \leq 0\}$$

である．また, $E \in \mathcal{A}$ に複体 $\cdots \to 0 \to E \to 0 \to \cdots$（ただし, E は次数 0 に位置している）を対応させて定まる関手

$$\mathcal{A} \to \mathcal{D}^{\leq 0} \cap (\mathcal{D}^{\geq 1}[1])$$

は圏同値になる．

部分圏 (6.10) が t-構造であることを確認するには, 完全三角形 (6.9) の存在を示せば良い. $\mathcal{A}$ の対象の複体 $(\mathcal{F}^\bullet, d^\bullet)$ に対し $\tau_{\leq 0}\mathcal{F}^\bullet, \tau_{\geq 1}\mathcal{F}^\bullet$ を次で定める.

$$\tau_{\leq 0}\mathcal{F}^\bullet = \cdots \to \mathcal{F}^{-2} \to \mathcal{F}^{-1} \to \operatorname{Ker} d^0 \to 0 \to 0 \to \cdots$$

$$\tau_{\geq 1}\mathcal{F}^\bullet = \cdots \to 0 \to 0 \to \mathcal{F}^0/\operatorname{Ker} d^0 \to \mathcal{F}^1 \to \mathcal{F}^2 \to \cdots.$$

ここで $\operatorname{Ker} d^0, \mathcal{F}^0/\operatorname{Ker} d^0$ は次数 0 に位置している. 構成から $\tau_{\leq 0}\mathcal{F}^\bullet \in \mathcal{D}^{\leq 0}$, $\tau_{\geq 1}\mathcal{F}^\bullet \in \mathcal{D}^{\geq 1}$ であり, 明らかに複体としての完全系列

$$0 \to \tau_{\leq 0}\mathcal{F}^\bullet \to \mathcal{F}^\bullet \to \tau_{\geq 1}\mathcal{F}^\bullet \to 0$$

が存在する. よって, 完全三角形 (6.9) が存在することがわかる.

t-構造の核 $\mathcal{A} \subset \mathcal{D}$ が与えられると, 各 $i \in \mathbb{Z}$ に対して次のコホモロジー関手が定義できる.

$$\mathcal{H}^i_\mathcal{A} \colon \mathcal{D} \ni E \mapsto \tau_{\geq 0}\tau_{\leq 0}(E[i]) \in \mathcal{A}.$$

ここで $\tau_{\geq 0}(*) = \tau_{\geq 1}(*[-1])[1]$ と定義される. $\mathcal{A} \subset \mathcal{D}$ が標準的な t-構造の核の場合, $\mathcal{H}^i_\mathcal{A}(*)$ は単に i 番目の複体のコホモロジーを取っているに過ぎない.

定義 6.20 による t-構造の定義だと $\mathcal{D}^{\leq 0} = \{0\}$ という自明な t-構造も含んでしまうため, 実際は次で定義される「有界」な t-構造を考える.

定義 6.22 三角圏 $\mathcal{D}$ の t-構造 $\mathcal{D}^{\leq 0} \subset \mathcal{D}$ は次が成立するとき, **有界**であると言う.

$$\mathcal{D} = \bigcup_{i,j \in \mathbb{Z}} \mathcal{D}^{\leq 0}[i] \cap \mathcal{D}^{\geq 1}[j].$$

例 6.21 における標準的な t-構造は有界であるが, 自明な t-構造 $\mathcal{D}^{\leq 0} = \{0\}$ は有界ではない. 次の補題は後に必要になるため, ここで述べておく[10].

補題 6.23 $\mathcal{A} \subset \mathcal{D}$ を三角圏 $\mathcal{D}$ の部分加法圏とする. このとき $\mathcal{A}$ が有界な t-構造の核であることと, 次の条件が成立することが同値になる:

- 整数 $k_1 > k_2$ と $A, B \in \mathcal{A}$ に対して $\operatorname{Hom}(A[k_1], B[k_2]) = 0$ となる.

---

[10] 証明は簡単な演習問題である.

- 任意の $0 \neq E \in \mathcal{D}$ に対して, 整数列 $k_1 > k_2 > \cdots > k_n$ と完全三角形の列

(6.11)

が存在して, すべての j について $A_j \in \mathcal{A}[k_j]$ となる.

上の補題における完全三角形の列は, 次のように得られる: まず $E \in \mathcal{D}$ に対して, $\mathcal{H}_\mathcal{A}^i(E) \neq 0$ となる最大の i を取る. 次の完全三角形が存在する:
$$E' \to E \to \mathcal{H}_\mathcal{A}^i(E)[-i] \to E'[1].$$
すると, $\mathcal{H}_\mathcal{A}^j(E') \neq 0$ となる最大の j は $j < i$ を満たす. E' に対しても同様の完全三角形を取って, この操作を繰り返すと求める完全三角形の列 (6.11) が得られる. とくに, 各 A_j は $\mathcal{H}_\mathcal{A}^{-k_j}(E)$ に他ならない.

有界な t-構造から出発して, 他の有界な t-構造を構成する傾斜[11]と呼ばれる操作が存在する. 傾斜の出発点は, t-構造の核における捻れ対である.

定義 6.24 $\mathcal{A} \subset \mathcal{D}$ を有界な t-構造の核とする. $\mathcal{A}$ の部分圏の組 $(\mathcal{T}, \mathcal{F})$ は次の条件を満たすとき**捻れ対**であると呼ぶ.

- 任意の $T \in \mathcal{T}, F \in \mathcal{F}$ に対して $\mathrm{Hom}(T, F) = 0$ である.
- 任意の $E \in \mathcal{A}$ に対して, 完全系列
$$0 \to T \to E \to F \to 0$$
で, $T \in \mathcal{T}, F \in \mathcal{F}$ となるものが存在する.

$(\mathcal{T}, \mathcal{F})$ を t-構造の核 $\mathcal{A}$ 上の捻れ対とするとき, $\mathcal{A}^\dagger$ を次で定義する.
$$\mathcal{A}^\dagger = \left\{ E \in \mathcal{D} : \begin{array}{l} \mathcal{H}_\mathcal{A}^0(E) \in \mathcal{T},\ \mathcal{H}_\mathcal{A}^{-1}(E) \in \mathcal{F}, \\ \mathcal{H}_\mathcal{A}^i(E) = 0, i \neq 0, -1. \end{array} \right\}.$$

---

[11] 英語では tilting と書く.

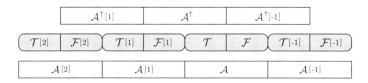

図 6.2 傾斜の図

$\mathcal{A}^{\dagger}$ もまた $\mathcal{D}$ の t-構造の核であり [12],捩れ対 $(\mathcal{T}, \mathcal{F})$ による $\mathcal{A}$ の**傾斜**であると呼ばれる (図 6.2 を参照). $\mathcal{A}^{\dagger}$ は次のようにも記述できる. まず,三角圏 $\mathcal{D}$ の部分圏 $\mathcal{C} \subset \mathcal{D}$ が拡大で閉じているとは,任意の $E_1, E_2 \in \mathcal{C}$ および $\mathcal{D}$ における完全三角形

$$E_1 \to E \to E_2 \to E_1[1]$$

に対して, $E \in \mathcal{C}$ が成立することを指す. $\mathcal{D}$ の対象の集合 S に対して,その**拡大閉包** $\langle S \rangle_{\mathrm{ex}} \subset \mathcal{D}$ を拡大で閉じていて S に含まれる対象を含む最小の $\mathcal{D}$ の部分圏と定義する. すると, $\mathcal{A}^{\dagger}$ は次のように書ける:

$$\mathcal{A}^{\dagger} = \langle \mathcal{F}[1], \mathcal{T} \rangle_{\mathrm{ex}}.$$

例 6.25 X を代数多様体とし, $\mathcal{D} = D^b \mathrm{Coh}(X)$ とする. $\mathcal{T}$ を捩れ層全体からなる $\mathrm{Coh}(X)$ の部分圏とし, $\mathcal{F}$ を捩れがない連接層 [13] 全体からなる $\mathrm{Coh}(X)$ の部分圏とする. このとき, $(\mathcal{T}, \mathcal{F})$ は $\mathrm{Coh}(X)$ の捩れ対である. 対応する傾斜

$$\langle \mathcal{F}[1], \mathcal{T} \rangle_{\mathrm{ex}} \subset D^b \mathrm{Coh}(X)$$

は $D^b \mathrm{Coh}(X)$ の標準的ではない t-構造の核を与える.

6.5 Bridgeland による偏屈連接層

X を滑らかな 3 次元代数多様体とし, $f \colon X \to Y$ をフロップ収縮とする. この状況下で, Bridgeland [16] は**偏屈連接層**のなすアーベル圏を導入した. これは

---

[12] 詳細については [48] を参照されたい.

[13] $F \in \mathrm{Coh}(X)$ は部分捩れ層が存在しないときに,捩れがないと呼ばれる.

$D^b\operatorname{Coh}(X)$ の有界な t-構造の核であり,これは第 7.5 節で述べるように Y 上の非可換代数の層の加群の圏と同値になる.ここでは天下り的に偏屈連接層の圏を定義する.まず,$\operatorname{Coh}(X)$ の部分圏 $\mathcal{C}$ を次で定める:

$$\mathcal{C} = \{F \in \operatorname{Coh}(X) : \mathbf{R}f_*F = 0\}.$$

定義 6.26 各 $p \in \mathbb{Z}$ に対して,$^p\operatorname{Per}(X/Y)$ を次の条件を満足する対象 $E \in D^b\operatorname{Coh}(X)$ からなる $D^b\operatorname{Coh}(X)$ の部分圏とする:

- $\mathbf{R}f_*E \in \operatorname{Coh}(Y)$.
- 任意の $i < -p$ に対して $\operatorname{Hom}(E, \mathcal{C}[i]) = 0$.
- 任意の $i > -p$ に対して $\operatorname{Hom}(\mathcal{C}[i], E) = 0$.

上の定義から,$\mathcal{C}[-p] \subset {}^p\operatorname{Per}(X/Y)$ であることに注意する.上の定義からは自明ではないが,$^p\operatorname{Per}(X/Y)$ は $D^b\operatorname{Coh}(X)$ の有界な t-構造の核となる.しかも $p \in \{-1, 0\}$ の場合には $\operatorname{Coh}(X)$ の傾斜として得られる.これを見るために,もし仮に $^p\operatorname{Per}(X/Y)$ が $D^b\operatorname{Coh}(X)$ の有界な t-構造の核が $\operatorname{Coh}(X)$ の傾斜として得られるなら,任意の $E \in {}^p\operatorname{Per}(X/Y)$ に対して $\mathcal{H}^i(E)$ は $i \neq -1, 0$ で 0 になることに注意しよう.実際,この性質は $p \in \{-1, 0\}$ に対して成立する.

補題 6.27 $E \in D^b\operatorname{Coh}(X)$ と $p \in \{-1, 0\}$ に対し,$E \in {}^p\operatorname{Per}(X/Y)$ であることと次の条件が同値になる.

- $\mathcal{H}^i(E) = 0$ が $i \neq -1, 0$ で成立する.
- $R^1f_*\mathcal{H}^0(E) = f_*\mathcal{H}^{-1}(E) = 0$ である.
- $p = 0$ のとき $\operatorname{Hom}(\mathcal{C}, \mathcal{H}^{-1}(E)) = 0$ であり,$p = -1$ のとき $\operatorname{Hom}(\mathcal{H}^0(E), \mathcal{C}) = 0$ である.

証明 $p = -1$ のときのみ示す.$p = 0$ のときも証明は同様である.まず $E \in {}^{-1}\operatorname{Per}(X/Y)$ とする.次のスペクトル系列を用いる:

$$E_2^{p,q} = R^pf_*\mathcal{H}^q(E) \Rightarrow \mathcal{H}^{p+q}(\mathbf{R}f_*E). \tag{6.12}$$

f のファイバーは高々 1 次元なので,$E_2^{p,q}$ は $p \geq 2$ と $p \leq -1$ で 0 にな

る[14]．よってスペクトル系列 (6.12) は E_2 で退化する．定義 6.26 より $\mathbf{R}f_*E \in \text{Coh}(Y)$ なので, (6.12) より $i \neq -1,0$ で $\mathbf{R}f_*\mathcal{H}^i(E) = 0$ であり, $R^1f_*\mathcal{H}^0(E) = f_*\mathcal{H}^{-1}(E) = 0$ が言える．前者より $\mathcal{H}^i(E) \in \mathcal{C}$ が $i \neq -1,0$ で成り立つ．一方, 定義 6.26 より $\text{Hom}(E,\mathcal{C}[i]) = 0$ が $i \leq 0$ で成り立ち, $\text{Hom}(\mathcal{C}[i],E) = 0$ が $i \geq 2$ で成り立つ．よって, $\mathcal{H}^i(E) = 0$ が $i \neq -1,0$ で成立することがわかる．また完全三角形

$$\mathcal{H}^{-1}(E)[1] \to E \to \mathcal{H}^0(E) \to \mathcal{H}^{-1}(E)[2]$$

と $\text{Hom}(E,\mathcal{C}) = 0$ より $\text{Hom}(\mathcal{H}^0(E),\mathcal{C}) = 0$ が言える．逆に $E \in D^b\text{Coh}(X)$ が補題の条件を満たすとき, $E \in {}^{-1}\text{Per}(X/Y)$ となることは定義 6.26 より直ちに従う． □

$p \in \{-1,0\}$ に対して, $\text{Coh}(X)$ の部分圏の組 $({}^p\mathcal{T}, {}^p\mathcal{F})$ を以下で定義する．

$${}^{-1}\mathcal{T} = \{E \in \text{Coh}(X) : R^1f_*E = 0,\ \text{Hom}(E,\mathcal{C}) = 0\}$$
$${}^{-1}\mathcal{F} = \{E \in \text{Coh}(X) : f_*E = 0\}$$
$${}^{0}\mathcal{T} = \{E \in \text{Coh}(X) : R^1f_*E = 0\}$$
$${}^{0}\mathcal{F} = \{E \in \text{Coh}(X) : f_*E = 0,\ \text{Hom}(\mathcal{C},E) = 0\}.$$

上の 2 つの組 $({}^p\mathcal{T}, {}^p\mathcal{F})$, $p = -1,0$ は $\text{Coh}(X)$ の捩れ対であることが示される[15]．補題 6.27 より, $({}^p\mathcal{T}, {}^p\mathcal{F})$ で $\text{Coh}(X)$ を傾斜して得られる t-構造の核は ${}^p\text{Per}(X/Y)$ に他ならない．つまり, 次が成り立つ:

$${}^p\text{Per}(X/Y) = \langle {}^p\mathcal{F}[1], {}^p\mathcal{T} \rangle_{\text{ex}}.$$

例 6.28 $f \colon X \to Y$ を 3 次元フロップ収縮とし, $p \in \{-1,0\}$, $x \in X$ とする．次が成立することが容易にチェックできる．

$$\mathcal{O}_X,\ \mathcal{O}_x \in {}^p\text{Per}(X/Y).$$

---

[14] $f \colon X \to Y$ のファイバーの次元が高々 d ならば, 任意の $E \in \text{Coh}(X)$ に対して $R^if_*E = 0$ が $i > d$ で成り立つ．これは定理 3.29 の双対版である．

[15] これには証明を要するが, 詳細は [31] を参照．

例 6.29 3次元フロップ収縮 $f\colon X \to Y$ が図式 (6.3) で与えられるとする．このとき，次が成立することが容易にチェックできる．

$$\mathcal{O}_C(a)[1],\ \mathcal{O}_C(b) \in {}^{-1}\mathrm{Per}(X/Y),\ a \leq -1, b \geq 0,$$

$$\mathcal{O}_C(a)[1],\ \mathcal{O}_C(b) \in {}^{0}\mathrm{Per}(X/Y),\ a \leq -2, b \geq -1.$$

6.6 定理 6.18 の証明のアイデア

この節では，Bridgeland による定理 6.18 の証明のアイデアを解説する．アーベル多様体とその双対アーベル多様体の間の導来同値 (4.26) を思い起こそう．双対アーベル多様体は，その定義により元のアーベル多様体上の直線束のモジュライ空間であり，普遍直線束を用いてフーリエ・向井関手が構成できた．定理 6.18 の証明の鍵となるアイデアは，

フロップを連接層の導来圏の対象のモジュライ空間とみなす

ということである．すると，アーベル多様体の場合の同値 (4.26) と同様にフーリエ・向井関手が構成できる．

3次元フロップ収縮 $f\colon X \to Y$ が与えられたとする．当然のことであるが，X 自身は X 上の層 $\mathcal{O}_x$, $x \in X$ のモジュライ空間とみなせる．しかも，層 $\mathcal{O}_x$ は $\mathrm{Coh}(X)$ 上の単純対象として特徴づけることができる[16]．一方，$\mathcal{O}_x$ は例 6.28 により ${}^{-1}\mathrm{Per}(X/Y)$ の対象であるが，これは必ずしも ${}^{-1}\mathrm{Per}(X/Y)$ における単純対象ではない．$\mathrm{Coh}(X)$ と ${}^{-1}\mathrm{Per}(X/Y)$ は異なるアーベル圏であるため，その中の単純対象達は異なりうるのである．

たとえば図式 (6.3) で与えられるフロップ収縮を考え，$x \in C$ とする．すると，次の $\mathrm{Coh}(X)$ における完全系列が存在する．

$$0 \to \mathcal{O}_C(-1) \to \mathcal{O}_C \to \mathcal{O}_x \to 0. \tag{6.13}$$

しかし，上の完全系列は ${}^{-1}\mathrm{Per}(X/Y)$ における完全系列ではない．なぜなら例 6.29 により $\mathcal{O}_C(-1)[1] \in {}^{-1}\mathrm{Per}(X/Y)$ であり，よって $\mathcal{O}_C(-1) \notin {}^{-1}\mathrm{Per}(X/Y)$ となるためである．一方，$\mathrm{Coh}(X)$ における自然な全射 $\mathcal{O}_C \to \mathcal{O}_x$ の写像錘を取るこ

---

[16] 補題 4.2 の証明を参照．

とで次の完全三角形を得る．

$$\mathcal{O}_C \to \mathcal{O}_x \to \mathcal{O}_C(-1)[1] \to \mathcal{O}_x[1].$$

上の完全三角形は, $\mathcal{O}_C, \mathcal{O}_x, \mathcal{O}_C(-1)[1]$ がすべて $^{-1}\mathrm{Per}(X/Y)$ の対象であるため, $^{-1}\mathrm{Per}(X/Y)$ における次の完全系列を与える:

$$0 \to \mathcal{O}_C \to \mathcal{O}_x \to \mathcal{O}_C(-1)[1] \to 0. \tag{6.14}$$

よって, $\mathcal{O}_C$ は $^{-1}\mathrm{Per}(X/Y)$ において $\mathcal{O}_x$ の部分対象となり，これは $\mathcal{O}_x$ が $^{-1}\mathrm{Per}(X/Y)$ における単純対象ではないことを意味している．

ここで, $^{-1}\mathrm{Per}(X/Y)$ における完全系列 (6.14) の両端を入れ替えてみる．$^{-1}\mathrm{Per}(X/Y)$ における，次の形の完全系列を考えよう．

$$0 \to \mathcal{O}_C(-1)[1] \to E \to \mathcal{O}_C \to 0. \tag{6.15}$$

$\mathcal{O}_x$ と E は，たとえば両者のチャーン類が等しいなどの共通の性質を持つが，導来圏の対象としては異なる．実際, $\mathcal{O}_x$ は連接層であるが E は連接層ではなく連接層の複体である．完全系列 (6.15) に当てはまる E はどの位存在するか見てみよう．完全系列 (6.15) を与えることと，元

$$\xi \in \mathrm{Ext}^1_X(\mathcal{O}_C, \mathcal{O}_C(-1)[1])$$

与えることは等価である．上の拡大の空間は, 2 次元ベクトル空間であることが比較的簡単な計算でわかる．ξ に対応して得られる完全系列 (6.15) を考え, E に対応する対象を E_ξ とする．すると, E_ξ が $\mathcal{O}_C(-1)[1] \oplus \mathcal{O}_C$ と同型であることと $\xi = 0$ となることが同値である．さらに, $E_\xi \cong E_{\xi'}$ であることとある $\lambda \in \mathbb{C}^*$ が存在して $\xi = \lambda\xi'$ となることが同値になる．よって完全系列 (6.15) に現れる E で非自明なものは

$$\mathbb{P}(\mathrm{Ext}^1_X(\mathcal{O}_C, \mathcal{O}_C(-1)[1])) \cong \mathbb{P}^1$$

の分だけ存在することになる．Bridgeland は右辺の $\mathbb{P}^1$ が f のフロップ $f^\dagger \colon X^\dagger \to Y$ の例外集合と同一視できると考えた．もしそうなら, $f^\dagger$ の例外集合 $C^\dagger$ の点 $\xi \in C^\dagger$ に対して, 上述のように $^{-1}\mathrm{Per}(X/Y)$ の対象 E_ξ が定まる．そこで $\xi \in X^\dagger$ に対して, $\xi \notin C^\dagger$ ならば双有理写像 $\phi \colon X \dashrightarrow X^\dagger$ を用いて $E_\xi = \mathcal{O}_{\phi(\xi)}$ とし, $\xi \in C^\dagger$ に対して上述の E_ξ を対応させることで, $X^\dagger$ でパラメータ付けされ

る導来圏の対象の族 $\{E_\xi\}_{\xi \in X^\dagger}$ が出来上がる. よって $X^\dagger$ はこのような導来圏の対象のモジュライ空間と考えるのが自然である.

では, より正確にどのようなモジュライ理論を考察したら良いだろうか？ 結果として $X^\dagger$ をモジュライ空間として実現させるためには, 完全系列 (6.14) 中央の $\mathcal{O}_x, x \in C$ はモジュライ理論から排除する必要がある. そこで, $x \in C$ に対する $\mathcal{O}_x$ と完全系列 (6.15) 中央の対象 E との違いを見極める必要がある. 次の事実に注意しよう.

$$\mathrm{Hom}(\mathcal{O}_X, \mathcal{O}_x) = \mathbb{C}, \quad \mathrm{Hom}(\mathcal{O}_X, E) = \mathbb{C}.$$

前者は当然成立するし, 後者は $\mathrm{Hom}(\mathcal{O}_X, *)$ を完全系列 (6.15) に当てはめることでチェックできる. それぞれの 0 ではない元に対応する射を考える.

$$\mathcal{O}_X \xrightarrow{u_1} \mathcal{O}_x, \quad \mathcal{O}_X \xrightarrow{u_2} E.$$

射 u_1 は $\mathrm{Coh}(X)$ における全射であるが, $^{-1}\mathrm{Per}(X/Y)$ においては全射ではない [17]. ところが, 完全系列 (6.15) が分裂しないなら u_2 は $^{-1}\mathrm{Per}(X/Y)$ において全射である [18]. $^{-1}\mathrm{Per}(X/Y)$ において $\mathcal{O}_X$ からの全射が存在するか否かが $\mathcal{O}_x, x \in C$ と E を区別するポイントになっている.

一般の 3 次元フロップ収縮の場合に戻る. 上の考察から, 次の対象の集合を考える.

$$\mathrm{PHilb}(X/Y) = \left\{ (\mathcal{O}_X \xrightarrow{u} E) : \begin{array}{l} E \text{ は } ^{-1}\mathrm{Per}(X/Y) \text{ における全射で,} \\ \mathrm{ch}(E) = \mathrm{ch}(\mathcal{O}_x), \ x \in X. \end{array} \right\}.$$

Bridgeland は幾何学的不変式論を用いて $\mathrm{PHilb}(X/Y)$ が Y 上の射影スキームの構造を持つことを示した. これは**偏屈 Hilbert スキーム** [19] と呼ばれる. $\mathrm{PHilb}(X/Y)$ から Y への射は次で与えられる.

$$\mathrm{PHilb}(X/Y) \ni (\mathcal{O}_X \to E) \mapsto \mathrm{Supp}(\mathbf{R}f_*E) \in Y.$$

---

[17] u_1 は完全系列 (6.14) によって $\mathcal{O}_X \to \mathcal{O}_C$ を経由するからである.

[18] この事実は $\mathcal{O}_C(-1)[1], \mathcal{O}_C$ が $^{-1}\mathrm{Per}(X/Y)$ の単純対象であることから簡単に従う.

[19] Hilbert スキームは部分スキームのモジュライ空間であるが, 部分スキーム $Z \subset X$ を与えることと $\mathrm{Coh}(X)$ における全射 $\mathcal{O}_X \to \mathcal{O}_Z$ を与えることは同値であることから, $\mathrm{PHilb}(X/Y)$ は Hilbert スキームのアナロジーとみなせる.

実際, PHilb(X/Y) の定義から $\mathbf{R}f_*E$ はある $y \in Y$ の構造層 $\mathcal{O}_y$ と同型になることが容易に示され, 上の射が矛盾なく定義される. また, $X \times \mathrm{PHilb}(X/Y)$ 上には偏屈連接層の普遍全射

$$\mathcal{O}_{X \times \mathrm{PHilb}(X/Y)} \to \mathcal{P}$$

が存在する. これは各点 $y \in \mathrm{PHilb}(X/Y)$ で導来制限

$$\mathcal{O}_X \to \mathbf{L}i_y^* \mathcal{P}$$

を取ると, y に対応する $^{-1}\mathrm{Per}(X/Y)$ 内の全射が得られるものである. ここで, i_y は $X \times \{y\}$ から $X \times \mathrm{PHilb}(X/Y)$ への埋め込みである.

$x \in X \setminus C$ とすると, $\mathcal{O}_X \to \mathcal{O}_x$ は明らかに $\mathrm{PHilb}(X/Y)$ の点を与える. これらの点を含む $\mathrm{PHilb}(X/Y)$ の既約成分を $X^\dagger$ と置くと, $X^\dagger$ は X と双有理同値であり, 次の可換図式が存在する.

 (6.16)

上の双有理写像 ψ は $x \in C$ では定義されない. それは上述した通り, 自然な射 $\mathcal{O}_X \to \mathcal{O}_x$ が $^{-1}\mathrm{Per}(X/Y)$ において全射でないことによる. Bridgeland は $X^\dagger$ が滑らかであること, 図式 (6.16) が f のフロップを与えること, そして関手

$$\Phi = \Phi_{X^\dagger \to X}^{\mathcal{P}} \colon D^b \operatorname{Coh}(X^\dagger) \to D^b \operatorname{Coh}(X)$$

が同値であることを同時に示した. これらの事実の証明は可換環論における共通部分定理 [20] に依存しており, 技術的であるため詳細は [16] に委ねる.

これまでは $^{-1}\mathrm{Per}(X/Y)$ のみ考えてきたが, 上の同値 Φ は次の同値を誘導することも示される.

$$\Phi \colon {}^0\mathrm{Per}(X^\dagger/Y) \xrightarrow{\sim} {}^{-1}\mathrm{Per}(X/Y). \tag{6.17}$$

これにより, 偏屈連接層と 3 次元フロップの関係が明らかになった.

---

[20] この定理を使用するところで, X の次元が 3 次元であることが本質的に必要になる.

6.7 導来圏の準直交分解

これまで 3 次元フロップと導来圏に関する結果を述べたが, フロップは MMP における重要な双有理変換の 1 つであった. そこで, 高次元 MMP に出現する他の双有理変換によって導来圏がどのように振る舞うか調べるのは興味深い問題である. そのために必要となるのが, 準直交分解の概念である. この節では, 導来圏の準直交分解等について解説する. まずは許容可能部分圏[21]の定義から述べる.

定義 6.30 $\mathcal{D}$ を三角圏とし, $\mathcal{C} \subset \mathcal{D}$ を部分三角圏とする. 埋め込み $i\colon \mathcal{C} \subset \mathcal{D}$ が右 (左) 随伴関手を持つとき, $\mathcal{C}$ は $\mathcal{D}$ の**右 (左) 許容可能部分圏**であると言う. $\mathcal{C}$ が右かつ左許容可能部分圏のとき, $\mathcal{C}$ は**許容可能**であると言う.

次の補題で見るように, 滑らかな射影的代数多様体の導来圏の間の充満忠実な埋め込みは許容可能である.

補題 6.31 X, Y を滑らかな射影的代数多様体とし, $\Phi\colon D^b\operatorname{Coh}(Y) \hookrightarrow D^b\operatorname{Coh}(X)$ を充満忠実な埋め込みとする. このとき, Φ は許容可能な埋め込みである.

証明 定理 4.11 により, 対象 $\mathcal{P} \in D^b\operatorname{Coh}(X \times Y)$ が存在して Φ は $\mathcal{P}$ を核とするフーリエ・向井変換の形に書ける. $\mathcal{P}^\vee$ を導来双対 $\mathbf{R}\mathcal{H}om(\mathcal{P}, \mathcal{O}_{X\times Y})$ として, Φ^R, Φ^L をそれぞれ次のように定める:

$$\Phi^R = \Phi_{Y \to X}^{\mathcal{P}^\vee \otimes \pi_X^* \omega_X [\dim X]} \colon D^b\operatorname{Coh}(Y) \to D^b\operatorname{Coh}(X),$$
$$\Phi^L = \Phi_{Y \to X}^{\mathcal{P}^\vee \otimes \pi_Y^* \omega_Y [\dim Y]} \colon D^b\operatorname{Coh}(Y) \to D^b\operatorname{Coh}(X).$$

ここで, π_X, π_Y は $X \times Y$ から X, Y への射影である. Φ^R と Φ^L がそれぞれ Φ の右随伴関手および左随伴関手を与えていることが容易にわかる. □

次の補題が示すように, ある条件下では導来引き戻しは充満忠実な関手になる:

---

[21] 英語で admissible subcategory と書く.

補題 6.32 $f\colon X \to Y$ を滑らかな射影的代数多様体の間の射とし, $\mathbf{R}f_*\mathcal{O}_X = \mathcal{O}_Y$ が成立するとする. このとき, 関手
$$\mathbf{L}f^*\colon D^b\operatorname{Coh}(Y) \to D^b\operatorname{Coh}(X) \tag{6.18}$$
は充満忠実であり, よって許容可能である.

証明 $E, F \in D^b\operatorname{Coh}(Y)$ に対して, 射影公式 [22] と仮定 $\mathbf{R}f_*\mathcal{O}_X = \mathcal{O}_Y$ を使うと
$$\operatorname{Hom}(\mathbf{L}f^*E, \mathbf{L}f^*F) \cong \operatorname{Hom}(E, \mathbf{R}f_*\mathbf{L}f^*F)$$
$$\cong \operatorname{Hom}(E, F \otimes \mathbf{R}f_*\mathcal{O}_X)$$
$$\cong \operatorname{Hom}(E, F)$$

となる. □

注意 6.33 補題 6.32 中の条件 $\mathbf{R}f_*\mathcal{O}_X = \mathcal{O}_Y$ は, たとえば f が滑らかな部分代数多様体 $C \subset Y$ に沿ったブローアップや $\mathbb{P}^r$-束の場合に満たされる.

埋め込み (6.18) による $D^b\operatorname{Coh}(X)$ と $D^b\operatorname{Coh}(Y)$ の差を測るには, 埋め込み (6.18) の像の準直交補空間を考えると良い. 一般に三角圏 $\mathcal{D}$ の部分圏 $\mathcal{C} \subset \mathcal{D}$ に対して, $\mathcal{C}^\perp$ と $^\perp\mathcal{C}$ を次で定める.
$$\mathcal{C}^\perp = \{A \in \mathcal{D} : \operatorname{Hom}(\mathcal{C}, A) = 0\}$$
$$^\perp\mathcal{C} = \{A \in \mathcal{D} : \operatorname{Hom}(A, \mathcal{C}) = 0\}.$$

次の補題で見るように, 許容可能部分圏 $\mathcal{C} \subset \mathcal{D}$ が存在すると $\mathcal{D}$ は $\mathcal{C}$ と $\mathcal{C}$ の直交成分に分解する.

補題 6.34 $\mathcal{D}$ を三角圏とし, $i\colon \mathcal{C} \subset \mathcal{D}$ を部分三角圏とする. このとき $\mathcal{C}$ が右許容可能な部分三角圏であることと, 任意の $E \in \mathcal{D}$ に対して次の完全三角形が存在することが同値である.
$$F \to E \to G \to F[1]. \tag{6.19}$$
ここで $F \in \mathcal{C}$ であり, $G \in \mathcal{C}^\perp$ である.

---

[22] [49, Proposition 5.6] を参照.

証明 $\mathcal{C}$ が右許容可能であるとし,埋め込み i の右随伴関手を Φ^R とする.任意の $E \in \mathcal{D}$ に対して,随伴性から標準的な射
$$F := i \circ \Phi^R(E) \to E$$
が存在する.上の射の写像錐を取ると完全三角形 $F \to E \to G \to F[1]$ が得られ,$F \in \mathcal{C}, G \in \mathcal{C}^\perp$ が成立する.逆に任意の $E \in \mathcal{D}$ に対して完全三角形 (6.19) が存在すると仮定する.このとき,$\mathrm{Hom}(\mathcal{C}, \mathcal{C}^\perp) = 0$ より完全三角形 (6.19) は同型を除いて一意に定まる.$E \mapsto F$ は埋め込み i の右随伴関手を与える. □

注意 6.35 $E \in \mathcal{D}$ に対して完全三角形 (6.19) における G を対応させることで関手 $\mathcal{D} \to \mathcal{C}^\perp$ を得る.これは埋め込み $\mathcal{C}^\perp \subset \mathcal{D}$ の左随伴関手となるため,$\mathcal{C}^\perp$ は $\mathcal{D}$ の左許容可能部分三角圏である.

注意 6.36 補題 6.34 を用いて,許容可能ではない部分圏の例を構成できる.たとえば C を滑らかな代数曲線として,$\mathcal{D} = D^b \mathrm{Coh}(C), \mathcal{C} \subset \mathcal{D}$ をすべての点 $x \in C$ の構造層 $\mathcal{O}_x$ を含む最小の部分三角圏とする.すると,簡単な議論により $\mathcal{C}^\perp = 0$ がわかる.仮に $\mathcal{C} \subset \mathcal{D}$ が右許容可能であるなら,補題 6.34 より $\mathcal{C} = \mathcal{D}$ でなければいけない.しかし $\mathcal{O}_C \notin \mathcal{C}$ なので,これは矛盾である.

補題 6.34 により,三角圏 $\mathcal{D}$ に右許容可能部分圏 $\mathcal{C}$ が存在すると任意の $\mathcal{D}$ の対象は $\mathcal{C}$ の対象と $\mathcal{C}^\perp$ の対象に分解することになる.このような分解を繰り返すことで,三角圏の準直交分解の概念に行き着くことになる:

定義 6.37 三角圏 $\mathcal{D}$ の部分三角圏 $\mathcal{C}_1, \cdots, \mathcal{C}_m$ が次の条件を満たすとする.
- 任意の $i > j$ に対して $\mathrm{Hom}(\mathcal{C}_i, \mathcal{C}_j) = 0$.
- 任意の $E \in \mathcal{D}$ に対して次の完全三角形の列が存在する.

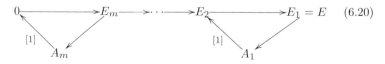 (6.20)

ここで $A_i \in \mathcal{C}_i$ である.

このとき,
$$\mathcal{D} = \langle \mathcal{C}_1, \mathcal{C}_2, \cdots, \mathcal{C}_m \rangle \tag{6.21}$$
と書き, $\mathcal{D}$ の**準直交分解**と呼ぶ.

注意 6.38 補題 6.34 より, $\mathcal{C} \subset \mathcal{D}$ が右許容可能部分圏のときは $m = 2$, $\mathcal{C}_1 = \mathcal{C}^\perp$, $\mathcal{C}_2 = \mathcal{C}$ と置くと定義 6.37 の条件を満たしている. よってこのとき, $\mathcal{D} = \langle \mathcal{C}^\perp, \mathcal{C} \rangle$ と書ける.

準直交分解 (6.21) が存在すると, 三角圏 $\mathcal{D}$ はより簡単な三角圏 $\mathcal{C}_i$ 達で記述できることになる. 仮に $\mathcal{C}_i$ 達が最も簡単になる場合, つまり有限次元複素ベクトル空間のなすアーベル圏の導来圏 $D^b(\mathrm{Vect}_\mathbb{C})$[23] の場合を考えよう. すると, すべての $\mathcal{D}$ の対象は有限次元ベクトル空間達と完全三角形の列 (6.20) で記述できることになる. $\mathcal{D}$ が連接層の導来圏で与えられる場合, $\mathcal{D}$ の対象を連接層の複体とみなすより完全三角形 (6.20) のデータとみなした方が簡単である. 最も簡単な部分三角圏 $\mathcal{C}_i$ 達を与えることと, 次で述べる例外対象を与えることには密接な関係がある:

定義 6.39 $\mathcal{D}$ を $\mathbb{C}$-線形な三角圏[24]とする. $E \in \mathcal{D}$ は次の条件を満たすとき, **例外対象**であると言う.

$$\mathrm{Hom}(E, E[i]) = \begin{cases} \mathbb{C}, & i = 0, \\ 0, & i \neq 0. \end{cases}$$

X を滑らかな射影的代数多様体とし, $E \in D^b\mathrm{Coh}(X)$ を例外対象とする. このとき, 例外対象の定義より次の関手

$$D^b(\mathrm{Vect}_\mathbb{C}) \ni V \mapsto V \underset{\mathbb{C}}{\otimes} E \in D^b\mathrm{Coh}(X)$$

は充満忠実になる. 上の関手の像を $\langle E \rangle$ と書く. 補題 6.31 より, $\langle E \rangle$ は $D^b\mathrm{Coh}(X)$ の許容可能部分圏である. 定義 6.37 の各 $\mathcal{C}_i$ が, 例外対象 $E_i \in \mathcal{C}_i$ によって $\langle E_i \rangle$

---

[23] これは $\mathrm{Spec}\,\mathbb{C}$ の連接層の導来圏ともみなせる.

[24] 三角圏が $\mathbb{C}$-線形であるとは, 射の空間が複素ベクトル空間で, 自然な整合性を満たすものである. 複素代数多様体の連接層の導来圏は $\mathbb{C}$-線形である.

と記述できるとする．このとき，
$$\mathcal{D} = \langle E_1, E_2, \cdots, E_m \rangle \tag{6.22}$$
と書き，$\mathcal{D}$ の**完全例外コレクション**と呼ぶ．E_i がさらに次の条件
$$\mathrm{Hom}(E_i, E_j[k]) = 0, \ i < j, \ k \neq 0$$
を満たすとき，(6.22) を**完全強例外コレクション**と呼ぶ．次章で述べるように，三角圏 $\mathcal{D}$ 上に完全例外コレクションが存在すると $\mathcal{D}$ はある有限次元非可換代数の有限次元表現の導来圏と同値になる．よって $\mathcal{D}$ の研究が格段に簡単になる．

例 6.40 射影空間 $\mathbb{P}^n$ 上の直線束はすべて例外対象である．しかも，次の完全強例外コレクションが存在することが Beilinson [9] により示されている．
$$D^b \mathrm{Coh}(\mathbb{P}^n) = \langle \mathcal{O}_{\mathbb{P}^n}(-n), \cdots, \mathcal{O}_{\mathbb{P}^n}(-1), \mathcal{O}_{\mathbb{P}^n} \rangle.$$

6.8　MMP と導来圏

ブローダウンやフリップ図式 (6.7) は MMP の過程に出現しうる双有理変換である．これらの操作によって導来圏がどのように振る舞うか述べる．Y を滑らかな射影的代数多様体とし，$C \subset Y$ を余次元 r の滑らかな部分代数多様体とする．$f: X \to Y$ を C を中心とするブローアップとし，$E \subset X$ を f の例外集合とする．次の図式を得る．

$$\begin{array}{ccc} E & \xrightarrow{j} & X \\ {\scriptstyle g}\downarrow & & \downarrow{\scriptstyle f} \\ C & \xrightarrow{i} & Y. \end{array} \tag{6.23}$$

$g: E \to C$ は $\mathbb{P}^{r-1}$-束であることに注意する．また補題 6.32 により $\mathbf{L}f^*$ は充満忠実であり，その像は許容可能である．次の結果は Bondal-Orlov [14] によるものである．

定理 6.41 (Bondal-Orlov [14])　各 $k \in \mathbb{Z}$ について，関手
$$\Phi_k: D^b \mathrm{Coh}(C) \to D^b \mathrm{Coh}(X)$$
$$F \mapsto j_*(g^* F \otimes \mathcal{O}_E(k))$$

は充満忠実であり，その像を $\mathcal{C}_k$ とすると次の準直交分解が存在する．
$$D^b \operatorname{Coh}(X) = \langle \mathcal{C}_{1-r}, \cdots, \mathcal{C}_{-2}, \mathcal{C}_{-1}, \mathbf{L}f^* D^b \operatorname{Coh}(Y) \rangle.$$

上の定理を滑らかな射影的代数曲面 X 上の MMP
$$X = X_1 \to X_2 \to \cdots \to X_m$$
に適用してみよう．ここで各ステップ $f_i \colon X_i \to X_{i+1}$ は (-1)-曲線 $C_i \subset X_i$ を点に潰す双有理射であり，X_m は古典的極小モデルである．g_i を
$$g_i = f_{i-1} \circ \cdots \circ f_1 \colon X \to X_i$$
とする．すると，定理 6.41 は次の準直交分解の存在を意味している．

$D^b \operatorname{Coh}(X) =$

$\langle \mathcal{O}_{C_1}(-1), \mathbf{L}g_2^* \mathcal{O}_{C_2}(-1), \cdots, \mathbf{L}g_{m-1}^* \mathcal{O}_{C_{m-1}}(-1), \mathbf{L}g_m^* D^b \operatorname{Coh}(X_m) \rangle.$

このことは，代数曲面の極小モデルプログラムによって連接層の導来圏はどんどん小さくなり，極小モデルの連接層の導来圏が元の代数曲面の導来圏に準直交成分として含まれることを意味する．

3 次元以上の MMP についても同様のことが言えるだろうか？ 定理 6.41 は，少なくとも滑らかなブローダウンについては導来圏が小さくなることを主張している．しかし，高次元の MMP は滑らかなブローダウンだけでは話は済まなかった．次の 2 点を思い起こそう．

- 滑らかな代数多様体だけではなく，高々末端特異点のみを持つ代数多様体を考える必要がある．
- 因子を潰す双有理射だけではなく，余次元が 2 以上の部分代数多様体を別の部分代数多様体に置き換えるフリップと呼ばれる操作が必要である．

まず，特異点については後回しにして，滑らかな代数多様体の間のフリップを考える．図式 (6.7) はこのようなフリップの例を与えている．この場合，Bondal-Orlov による次の結果がある．

定理 6.42 (Bondal-Orlov [14])　図式 (6.7) において，$\mathcal{O}_E(k)$ は $D^b \operatorname{Coh}(X)$ における例外対象である．さらに関手

$$\Phi = \mathbf{R}g_*\mathbf{L}h^* \colon D^b\operatorname{Coh}(X^\dagger) \to D^b\operatorname{Coh}(X)$$

は充満忠実であり，次の準直交分解が存在する．

$$D^b\operatorname{Coh}(X) = \langle \mathcal{O}_E(s-r), \cdots, \mathcal{O}_E(-2), \mathcal{O}_E(-1), \Phi D^b\operatorname{Coh}(X^\dagger) \rangle.$$

上の定理は，少なくとも図式 (6.7) で与えられるフリップについては導来圏が小さくなることを保障している．よって，哲学的には

$$\text{MMP とは導来圏を小さくする操作である} \tag{6.24}$$

と期待できる．この MMP に関する 2 種類の哲学 (6.8), (6.24) に基づいて，川又雄二郎氏は次の予想を提唱した．

予想 6.43 (川又 [66]) $\phi\colon X \dashrightarrow X^\dagger$ を滑らかな射影的代数多様体の間の双有理写像とし，$K_X > (=)K_{X^\dagger}$ とする．このとき，充満忠実な埋め込み (導来圏の同値)

$$\Phi\colon D^b\operatorname{Coh}(X^\dagger) \to D^b\operatorname{Coh}(X)$$

が存在する．

予想 6.43 は，現在でも未解決である．予想 6.43 は定理 6.18, 定理 6.41, 定理 6.42 を含んでおり，双有理幾何学と導来圏の間の深い関係を示唆したものである．定理 6.41, 定理 6.42 のように，双有理変換 ϕ の記述が具体的にわかっているなら，それを用いて導来同値 Φ を構成することが可能であると考えられる．しかし，次の例で見るように Φ の核対象を見つけるのは微妙な問題である．

例 6.44 V を $r+1$ 次元の複素ベクトル空間とし，X を $\mathbb{P}(V) \cong \mathbb{P}^r$ の余接束 $\Omega_{\mathbb{P}(V)}$ の全空間とする．$E = \mathbb{P}(V) \subset X$ を射影 $X \to \mathbb{P}(V)$ の零切断とする．図式 (4.28) と同様に，次の図式を得る．

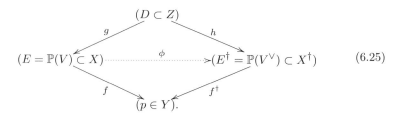

ここで $X^\dagger$ は $\Omega_{\mathbb{P}(V^\vee)}$ の全空間, g, h は $E, E^\vee$ におけるブローアップであり, D は次で与えられる:
$$D = \{(z, \psi) \in \mathbb{P}(V) \times \mathbb{P}(V^\vee) : \psi(z) = 0\}.$$

図式 (6.25) は**向井フロップ**と呼ばれている. このとき, 定理 4.15 と同様に次の関手を構成することができる:
$$\Phi_{X^\dagger \to X}^{\mathcal{O}_Z} : \mathbf{R}g_* \mathbf{L}h^* : D^b \operatorname{Coh}(X^\dagger) \to D^b \operatorname{Coh}(X). \tag{6.26}$$

並河良典氏は [92] において, 上の関手が**同値ではない**ことを示した. 一方で, 次の関手が圏同値になることを示している:
$$\Phi_{X^\dagger \to X}^{\mathcal{O}_{X \times_Y X^\dagger}} : D^b \operatorname{Coh}(X^\dagger) \to D^b \operatorname{Coh}(X). \tag{6.27}$$

$X \times_Y X^\dagger = Z \cup (E \times E^\dagger)$ であるため, (6.26) と (6.27) は異なる関手である.

上の例の $X, X^\dagger$ は, 次で定義される複素シンプレクティック多様体の例である:

定義 6.45 滑らかな代数多様体 X は偶数次元 ($2r$ 次元とする) であり, 正則 2 形式 $\omega \in H^0(X, \Omega_X^2)$ が存在して $\bigwedge^r \omega$ が至る所消えないものが存在するとき, **複素シンプレクティック多様体**と呼ぶ.

$X, X^\dagger$ を双有理同値な複素シンプレクティック多様体とすると, これらの標準因子は自明であるためとくに K-同値である. この場合, X と $X^\dagger$ が (ほぼ) 導来同値であることが Kaledin [62] により示されている. この結果は非可換クレパント特異点解消や正標数還元, 非可換量子化など高度な技術を用いるものである. また, 予想 6.43 はトーリック多様体[25]の場合に川又雄二郎氏 [67] により解決されている.

予想 6.43 を一般の場合に解決するにはどのような議論を行うのが良いだろうか? 3 次元の K-同値な 2 つの滑らかな射影的代数多様体を考えよう. このとき, これらはフロップの合成で結べることが知られている. よってこの場合の予想 6.43 は定理 6.18 から従う. 定理 6.18 の強力な点は, フロップの具体的な記述

---

[25] 複素トーラス $(\mathbb{C}^*)^k$ の作用を持つ, 特殊なクラスの代数多様体のこと. 詳細は [39] を参照.

がわからなくても連接層の導来圏の同値が従う点にある．そこで，より高次元 (4 次元以上) の滑らかな代数多様体の間のフリップ (フロップ) $X \to Y \leftarrow X^\dagger$ を考え，定理 6.18 の証明の真似をしてみよう．フリップ (フロップ) 収縮 $f \colon X \to Y$ に付随した偏屈連接層の圏を構成することが最初のステップである．しかし，ここで早くも議論が上手くいかないことがわかる．偏屈連接層の圏を定義 6.26 と同様に構成しても，これは t-構造の核を与えるとは限らないのである [26]．しかし次章の定理 7.13 で述べるように，f のファイバー次元が 1 以下の場合は，定義 6.26 の偏屈連接層の圏は Y 上の非可換代数の層の連接層の圏と同値になる．よってファイバー次元が 2 以上の場合でも，X と Y 上の非可換代数の層の導来同値を構成することで，偏屈連接層の圏を定義 6.26 とは別の方法で定義できると考えられる．そこで，仮にそのような方法で偏屈連接層の圏が定義できたとしよう．すると，第 6.6 節と同様の議論で偏屈 Hilbert スキームを構成することが可能なはずである．しかし，偏屈 Hilbert スキームが滑らかであることや導来同値を与えることは，少なくとも第 6.6 節の議論では $\dim X = 3$ であることに強く依存しており，4 次元以上の場合に同様の議論が上手くいくとは考えづらい．Bridgeland による定理 6.18 の証明は非常に美しいものであり，この定理の高次元化というのは自然で重要な問題であるが，上述の問題点により現在でも定理 6.18 の議論の高次元化は未解決である．さらに，4 次元以上の場合には滑らかなフリップ (フロップ) 収縮から出発してもそれをフリップ (フロップ) すると特異点が生じ得る．双有理幾何学と導来圏の関係を探るうえで，特異点をどう扱うかというのは非常に難しい問題である．この点について，次節で解説する．

6.9 特異点付き代数多様体の導来圏

前節の議論，および予想 6.43 により，次が期待できる：

期待 6.46 X を滑らかな射影的代数多様体とし，X から始まる MMP

---

[26] 補題 6.27 の証明には f のファイバーが高々 1 次元であることを用いているが，X の次元が 4 次元以上なら f のファイバーの次元が 2 以上になり得るため，証明が破綻してしまう．

$$X = X_1 \dashrightarrow X_2 \dashrightarrow \cdots \dashrightarrow X_m.$$

を考える.このとき,各 i に対して充満忠実で許容可能な埋め込み

$$D^b \operatorname{Coh}(X_{i+1}) \hookrightarrow D^b \operatorname{Coh}(X_i)$$

が存在する.とくに極小モデル X_m の導来圏は $D^b \operatorname{Coh}(X)$ に準直交成分として含まれる.さらに,極小モデルの導来圏は MMP の取り方に依らず同値になる.

上の期待は $\dim X \leq 2$ の場合には正しいことを前節で説明した.また,もし各ステップ X_i が滑らかならば上の期待は予想 6.43 から従う.その一方で,$\dim X \geq 3$ の場合には MMP の過程で末端特異点が生じ得る.もしもどれかの i で X_i が特異点を持つなら,上の期待は正しくない.これが,期待 6.46 を「予想」と書かなかった理由である.

これまで,本書では特異点を持たない代数多様体上の連接層の導来圏を扱ってきた.代数多様体が特異点を持つと,その連接層の導来圏の研究には様々な問題点が発生する.1 つの問題点に,フーリエ・向井変換が上手く定義できないことが挙げられる.X, Y を射影的代数多様体とする.$\mathcal{P} \in D^b \operatorname{Coh}(X \times Y)$ が与えられたとき,関手

$$\Phi = \mathbf{R}\pi_X^*(\mathbf{L}\pi_Y^*(*) \overset{\mathbf{L}}{\otimes} \mathcal{P}) \colon D^b \operatorname{Coh}(Y) \to D \operatorname{Coh}(X) \tag{6.28}$$

が定義できるが,Y が特異点を持つと関手 (6.28) の像が $D^b \operatorname{Coh}(X)$ に入るとは限らない[27].それは,$E \in D^b \operatorname{Coh}(Y)$ に対して $\Phi(E)$ を計算するには,まず E を局所自由層の複体に擬同型で置き換える必要があるが,この局所自由層の複体を有界な複体として取ることができないことに起因している.たとえば次の例でこのことを観察しよう.

例 6.47 $X = \operatorname{Spec}\mathbb{C}[t]$ とし,Y を次で定める:

$$Y = \{y^2 = x^3 : (x, y) \in \mathbb{C}^3\}.$$

Y は原点で特異点を持つ既約な代数曲線であり,次の双有理射が存在する:

---

[27] $\Phi(E)$ が非有界な連接層の複体になってしまうかもしれない.

$$\pi\colon X \ni t \mapsto (t^2, t^3) \in Y.$$

このとき, 次の関手

$$\mathbf{L}\pi^*\colon D^b\operatorname{Coh}(Y) \to D\operatorname{Coh}(X)$$

は π のグラフ $Z \subset X \times Y$ の構造層を核対象とするフーリエ・向井型の関手である. しかし, $\mathbf{L}\pi^*\mathcal{O}_0$ は連接層の有界な複体ではない. ここで $\mathcal{O}_0$ は特異点 $0 \in Y$ の構造層である. これを見るために, $\mathcal{O}_0$ の $\mathcal{O}_Y$-加群としてのレゾリューションを次のように取る:

$$\cdots \to \mathcal{O}_Y^{\oplus 2} \xrightarrow{B} \mathcal{O}_Y^{\oplus 2} \xrightarrow{A} \mathcal{O}_Y^{\oplus 2} \xrightarrow{B} \mathcal{O}_Y^{\oplus 2} \xrightarrow{A} \mathcal{O}_Y^{\oplus 2} \xrightarrow{u} \mathcal{O}_Y \to \mathcal{O}_0 \to 0.$$

ここで $u(f, g) = yf - xg$ であり, A, B は次の行列で与えられる:

$$A = \begin{pmatrix} x & -y \\ y & -x^2 \end{pmatrix}, \quad B = \begin{pmatrix} x^2 & -y \\ y & -x \end{pmatrix}.$$

よって, $\mathbf{L}\pi^*\mathcal{O}_0$ は次の複体で与えられる:

$$\cdots \to \mathbb{C}[t]^{\oplus 2} \xrightarrow{B_t} \mathbb{C}[t]^{\oplus 2} \xrightarrow{A_t} \mathbb{C}[t]^{\oplus 2} \xrightarrow{B_t} \mathbb{C}[t]^{\oplus 2} \xrightarrow{A_t} \mathbb{C}[t]^{\oplus 2} \xrightarrow{u_t} \mathbb{C}[t] \to 0.$$

ここで, A_t, B_t, u_t は A, B, u に $x = t^2, y = t^3$ を代入したものである. 上の複体のコホモロジーを計算すると,

$$\operatorname{Ker} A_t / \operatorname{Im} B_t = \operatorname{Ker} B_t / \operatorname{Im} A_t = \mathbb{C}[t]/t^2$$

となる. とくに, $\mathbf{L}\pi^*\mathcal{O}_0$ は有界な連接層の複体と擬同型にならない.

他にも, 特異点を持つ代数多様体上の連接層の導来圏はセール関手を持たない, 性質 (4.21) が成立しない等, 滑らかな場合に成立していた様々な良い性質が成立しない. 大きな要因は, 例 6.47 で見たように導来圏の対象が有界な局所自由層の複体と擬同型にならないことに起因する. 一方, 有界な局所自由層の複体と擬同型になる対象のみに焦点を絞るとこれらの問題点は解消されるように思える. 次の定義を与える:

定義 6.48 X を (滑らかとは限らない) 代数多様体とする. 対象 $E \in D^b\operatorname{Coh}(X)$ は, 各点 $x \in X$ に対して開近傍 $x \in U \subset X$ が存在して $E|_U$ が U 上の局所自由層の有界複体と擬同型になるとき, **完全複体**であると呼ばれる. 完全複体からなる $D^b\operatorname{Coh}(X)$ の部分圏は $\operatorname{Perf}(X)$ と記述される.

注意 6.49 $\mathrm{Perf}(X)$ は $D^b\mathrm{Coh}(X)$ の部分三角圏であり,X が滑らかであることと $\mathrm{Perf}(X) = D^b\mathrm{Coh}(X)$ となることは同値である.

注意 6.50 X が準射影的であるときは,$E \in D^b\mathrm{Coh}(X)$ が完全複体であることと,E が X 上の局所自由層の有界複体と擬同型であることが同値になる.

特異点を持つ代数多様体に対しては,$D^b\mathrm{Coh}(X)$ を $\mathrm{Perf}(X)$ で置き換えて議論を展開してはどうだろうか.完全複体に対しては上述の問題点は回避できるので,様々な議論が上手くいきそうに見える.しかし,それでも次の問題点が生じる.X を末端特異点しか持たない代数多様体として,$f\colon Y \to X$ を特異点解消とする.すると,次の関手が存在する:

$$\mathbf{L}f^*\colon \mathrm{Perf}(X) \to D^b\mathrm{Coh}(Y). \tag{6.29}$$

関手 (6.29) は,X 上の完全複体 E に対しては $\mathbf{L}f^*E$ もまた完全複体であり,よって $D^b\mathrm{Coh}(Y)$ の対象になることから定義される.一方,例 6.47 と同様に,X が滑らかでなければ上の関手は $D^b\mathrm{Coh}(X)$ から $D^b\mathrm{Coh}(Y)$ への関手に拡張しない.Y に特異点があったとしても,それが末端特異点しか持たないなら $\mathbf{R}f_*\mathcal{O}_Y = \mathcal{O}_X$ となるので,補題 6.32 の証明と同様に (6.29) は充満忠実な埋め込みである.しかし,補題 6.32 の帰結と異なり,関手 (6.29) は許容可能な埋め込みではない.このことは,$E \in D^b\mathrm{Coh}(Y)$ に対して定まる対象 $D^b\mathrm{Coh}(X)$ の対象 $\mathbf{R}f_*E$ が必ずしも完全複体にならないことから見て取れる [28].よって,$D^b\mathrm{Coh}(Y)$ を f によって準直交分解することができない.この問題点は,期待 6.46 において $D^b\mathrm{Coh}(X_i)$ を $\mathrm{Perf}(X_i)$ に置き換えて議論しようとすると,仮に MMP の仮定において充満忠実な関手が構成できたとしてもそれが準直交分解を与えないことを示唆している.これでは,期待 6.46 に沿う理論を展開できない.

上述の問題点は完全複体のみを考えていては対象が足りないことに起因している.そこで,$\mathrm{Perf}(X)$ を含む「良い」三角圏 $\mathcal{D}_X$ を構成し,$D^b\mathrm{Coh}(X)$ を $\mathcal{D}_X$ で置き換えて議論を展開すると良いと期待できる.この「良い」三角圏 $\mathcal{D}_X$ は,

---

[28] たとえば,$x \in X$ が特異点であるとして $y \in f^{-1}(x)$ とすると $\mathbf{R}f_*\mathcal{O}_y = \mathcal{O}_x$ である.しかし,$\mathcal{O}_x$ は完全複体ではない.

滑らかな射影的代数多様体の連接層の導来圏が持つ良い性質 (セール関手を持つ, 性質 (4.21) が成立する, 補題 6.31 のアナロジーが成立する等) と同じ性質を共有したい. そのような性質は, 次に述べる「飽和[29]」という性質から導き出すことができる.

定義 6.51 $\mathcal{D}$ を三角圏とする. $\mathcal{D}$ 上のコホモロジー的関手とは反変関手

$$F \colon \mathcal{D} \to (\mathrm{Vect}_{\mathbb{C}})$$

であって, $\mathcal{D}$ における任意の完全三角形 $E_1 \to E_2 \to E_3 \to E_1[1]$ に F を施すとベクトル空間の長完全系列

$$\cdots \to F(E_1[1]) \to F(E_3) \to F(E_2) \to F(E_1) \to \cdots$$

が得られるものを指す. さらに F が有限型であるとは, 任意の $E \in \mathcal{D}$ に対して $F(E[i]) = 0$ が $|i| \gg 0$ で成立するものを指す. $\mathcal{D}$ 上の任意の有限型コホモロジー的関手 F に対して, ある対象 $E \in \mathcal{D}$ が存在して $F \cong \mathrm{Hom}(*, E)$ となるとき, $\mathcal{D}$ は**飽和**であると言う.

滑らかな射影的代数多様体上の連接層の導来圏は飽和である. 一方, 滑らかではない代数多様体上の連接層の導来圏は飽和ではない. この飽和という条件は非常に技術的なものに思えるかもしれない. しかし, 飽和な三角圏は滑らかな射影的代数多様体上の連接層の導来圏が持つ様々な良い性質を共有するため, 非常に便利な概念である. たとえば飽和な三角圏にはセール関手が存在するし, 飽和な三角圏の間の充満忠実な埋め込みは許容可能になる[30]. とくに, 前述の議論から特異点付き代数多様体の完全複体の圏 $\mathrm{Perf}(X)$ は飽和ではない. また逆に, 飽和な三角圏の許容可能部分圏は飽和である. 最後の性質は, 滑らかな射影的代数多様体上の連接層の導来圏の許容可能部分圏は飽和になることを意味する. 飽和な三角圏に関する上記の性質についての詳細は [13] を参照されたい.

例 6.52 X を滑らかな射影的代数多様体とし, $E \in D^b \mathrm{Coh}(X)$ を例外対象とする. すると $\langle E \rangle \subset D^b \mathrm{Coh}(X)$ は許容可能部分圏であり, ある部分三角圏

---

[29] 英語では saturated と書く.
[30] これは補題 6.31 の一般化である.

$\mathcal{D} \subset D^b\operatorname{Coh}(X)$ に対して準直交分解 $D^b\operatorname{Coh}(X) = \langle E, \mathcal{D} \rangle$ が成立する．$\mathcal{D}$ は飽和な三角圏である．

これまでの議論から，特異点付き代数多様体 X に対しては $\operatorname{Perf}(X)$ を部分三角圏として含む何らかの飽和な三角圏 $\mathcal{D}_X$ を構成し，$D^b\operatorname{Coh}(X_i)$ を $\mathcal{D}_{X_i}$ に置き換えると期待 6.46 が成立すると考えられる．そこで問題となるのは，どのように飽和な三角圏 $\mathcal{D}_X$ を選ぶかということである．単に $\operatorname{Perf}(X) \subset \mathcal{D}_X$ で $\mathcal{D}_X$ が飽和というだけなら，いくらでもこのような $\mathcal{D}_X$ は存在する．たとえば X が末端特異点しか持たないとして，$f\colon Y \to X$ を特異点解消とする．すると
$$\mathbf{L}f^*\operatorname{Perf}(X) \subset D^b\operatorname{Coh}(Y)$$
であり，$D^b\operatorname{Coh}(Y)$ は飽和である．Y をさらにブローアップすると，$D^b\operatorname{Coh}(Y)$ はより大きくなってしまい，可能な $\mathcal{D}_X$ が無数に存在してしまう．

この点をクリアするには，$\mathcal{D}_X$ を $\operatorname{Perf}(X) \subset \mathcal{D}_X$ となる飽和な部分圏であって，ある意味で「最小」になるものを取るべきである．さらにそのような三角圏 $\mathcal{D}_X$ のセール関手が (X が Gorenstein となる場合には) $\operatorname{Perf}(X)$ 上で $\otimes \omega_X[\dim X]$ で与えられるものを取りたい[31]．それは，(6.8) で述べたように MMP とは標準因子を小さくする操作と解釈できるため，$\mathcal{D}_X$ における標準因子 (セール関手) の「大きさ」と X の標準因子の大きさが「等しい」ことを要求するためである．

例 6.53 X を特異点を持つ射影的代数多様体とし，$f\colon Y \to X$ をクレパント特異点解消とする．このとき，$\mathcal{D}_X = D^b\operatorname{Coh}(Y)$ は飽和であり，$\operatorname{Perf}(X)$ を含み，そのセール関手は (f がクレパントであるため) $\otimes f^*\omega_X[\dim X]$ で与えられる．

一般に，末端特異点はクレパント特異点解消を持つとは限らないため，上の例のように $\mathcal{D}_X$ を選ぶことはできない．そのような場合，一度特異点解消 $f\colon Y \to X$ を選んでから，
$$\mathbf{L}f^*\operatorname{Perf}(X) \subset \mathcal{D}_X \subset D^b\operatorname{Coh}(Y)$$
となる $D^b\operatorname{Coh}(Y)$ の許容可能部分圏 $\mathcal{D}_X$ で，さらにそのセール関手 $\mathcal{S}_{\mathcal{D}_X}$ が

---

[31] X が Gorenstein と言う仮定は，ω_X が直線束であり，よって $\otimes \omega_X[\dim X]$ が $\operatorname{Perf}(X)$ の自己同値を与えることを保証する．

$\mathbf{L}f^* \mathrm{Perf}(X)$ 上で
$$\mathcal{S}_{\mathcal{D}_X} = \otimes f^* \omega_X [\dim X]$$
となるものを見つけると良いと考えられる.

例 6.54 X を $p \in X$ 以外では滑らかな射影的代数多様体とし, $p \in X$ は複素解析的に次の特異点と同型であるとする.
$$U = \{xy - zw = 0 : (x,y,z,w) \in \mathbb{C}^4\}.$$
このとき, $p \in X$ は Gorenstein 末端特異点である. ここで U は複素解析空間としてクレパント小特異点解消を持つが, これは X 上のクレパント特異点解消に拡張するとは限らないことに注意する. $f: Y \to X$ を $p \in X$ におけるブローアップとする. 例外集合 E は $\mathbb{P}^1 \times \mathbb{P}^1$ と同型であり, 次の準直交分解が存在する:
$$D^b \mathrm{Coh}(Y) = \langle \mathcal{O}_E(-1,-1), \mathcal{O}_E(-1,0), \mathcal{D}_X \rangle.$$
もし X がクレパント小特異点解消 $\widehat{X} \to X$ を持つなら, $\mathcal{D}_X$ は $\widehat{X}$ 上の連接層の導来圏と同値になる. 一方, X がクレパント小特異点解消を持たないなら $\mathcal{D}_X$ は代数多様体の連接層の導来圏と同値になる保証はない. しかし, $\mathbf{L}f^* \mathrm{Perf}(X) \subset \mathcal{D}_X$ であり, $\mathcal{D}_X$ のセール関手は $\otimes f^* \omega_X[3]$ である. 詳細については [69] を参照されたい.

すべての 3 次元末端特異点は, $\mathbb{C}^4$ 内の超曲面特異点を有限群の作用で割った特異点である[32]. さらに, 3 次元末端特異点が Gorenstein であることと超曲面特異点となることは同値である. X が Gorenstein ではない場合には, 特異点に付随する有限群の作用に関する Deligne-Mumford スタックを考える必要があると考えられる. たとえば次のような例がある.

例 6.55 群 $G = \mathbb{Z}/2\mathbb{Z}$ の $\mathbb{C}^3$ への作用を生成元 $\xi \in \mathbb{Z}/2\mathbb{Z}$ に対して
$$\xi(x,y,z) = (-x,-y,-z)$$
で定める. X を $p \in X$ でのみ特異点を持つ射影的代数多様体とし, $p \in X$ は複

---

[32] [72, 第 5 章] を参照.

素解析的に上の作用に関する商特異点 $\mathbb{C}^3/G$ と同型であるとする. $f\colon Y \to X$ を $p \in X$ でのブローアップとする. f の例外集合 E は $\mathbb{P}^2$ と同型であり, 次の準直交分解

$$D^b \operatorname{Coh}(Y) = \langle \mathcal{O}_E(-1), \mathcal{D}_X \rangle$$

が存在する. この場合, X は Gorenstein ではないため $\mathcal{D}_X$ 上のセール関手は $\otimes f^*\omega_X[3]$ とならない. これは, ω_X が直線束ではないため, $\otimes f^*\omega_X[3]$ が自己同値にならないためである. 一方, 商スタック $[\mathbb{C}^3/G]$ の原点での近傍と $X \setminus \{p\}$ を貼り合わせて得られる Deligne-Mumford スタック $\mathcal{X}$ は滑らかであり, $\mathcal{D}_X \cong D^b \operatorname{Coh}(\mathcal{X})$ が成立する. この記述を用いて, $\mathcal{D}_X$ のセール関手は $\otimes \omega_\mathcal{X}[3]$ で与えられる.

X が Gorenstein になる場合に戻ろう. 例 6.54 の X は Gorenstein であり, そこで構成した $\mathcal{D}_X$ のセール関手は $\mathbf{L}f^*\operatorname{Perf}(X)$ 上のみならず $\mathcal{D}_X$ 全体で $\otimes f^*\omega_X[\dim X]$ で与えられる. しかし, 3 次元 Gorenstein 末端特異点に限ったとしても, セール関手が $\otimes f^*\omega_X[\dim X]$ で与えられる $\mathcal{D}_X$ が存在しない (と考えられる) 例が存在する. たとえば次のような例がある:

例 6.56 X を $p \in X$ でのみ特異点を持つ射影的代数多様体とし, $p \in X$ は複素解析的に次の特異点と同型であるとする:

$$\{(x,y,z,w) \in \mathbb{C}^4 : xy + z^2 + w^3 = 0\}.$$

このとき, $p \in X$ は 3 次元 Gorenstein 末端特異点であり, さらに X はクレパント特異点解消を持たない. $f\colon Y \to X$ を $p \in X$ でのブローアップとする. f の例外集合は特異 2 次曲面 $E \subset \mathbb{P}^3$ であり, 次の準直交分解が存在する:

$$D^b \operatorname{Coh}(Y) = \langle \mathcal{O}_E(-1), \mathcal{D}_X \rangle.$$

$\mathcal{D}_X$ のセール関手 $\mathcal{S}_{\mathcal{D}_X}$ は $\mathbf{L}f^*\operatorname{Perf}(X)$ 上では $\otimes f^*\omega_X[3]$ であるが, $\mathcal{D}_X$ 上では $\mathcal{S}_{\mathcal{D}_X} \neq \otimes f^*\omega_X[3]$ である. しかし, $\mathcal{D}_X$ は $\mathbf{L}f^*\operatorname{Perf}(X)$ の対象と $\mathcal{S}_{\mathcal{D}_X}(c) = c[2]$ となる対象 $c \in \mathcal{D}_X$ で生成されることが知られている [33]. よって $\mathcal{D}_X$ のセール関手は $f^*\omega_X[3]$ に非常に近いと言える.

---

[33] 詳細は [67] を参照.

与えられた末端特異点付き代数多様体 X に対して, どのように $\mathcal{D}_X$ を構成すると期待 6.46 のアナロジーが成立するかは, いまだ未解決の問題である. いずれにせよ, 期待 6.46 はこのままでは不十分で, これを成立させる最小の飽和三角圏 $\mathcal{D}_X$ の存在も予想として加える必要がある. これらを纏めて, 次の「予想」を述べる:

'予想' 6.57 X を高々末端特異点しか持たない射影的代数多様体とし, X から始まる MMP

$$X = X_1 \dashrightarrow X_2 \dashrightarrow \cdots \dashrightarrow X_m.$$

を考える. このとき, 各 i に対して特異点解消 $f_i \colon Y_i \to X_i$ と部分三角圏 $\mathcal{D}_{X_i}$

$$\mathbf{L}f_i^* \operatorname{Perf}(X_i) \subset \mathcal{D}_{X_i} \subset D^b \operatorname{Coh}(Y_i)$$

が存在して, $\mathcal{D}_{X_i}$ は $D^b \operatorname{Coh}(Y_i)$ の許容可能部分三角圏であり, $\mathcal{D}_{X_i}$ のセール関手は $\otimes f_i^* \omega_{X_i}$ に「非常に近く」, さらに各 i に対して充満忠実で許容可能な埋め込み

$$\mathcal{D}_{X_{i+1}} \hookrightarrow \mathcal{D}_{X_i}$$

が存在する. とくに極小モデル X_m に付随する三角圏 $\mathcal{D}_{X_m}$ は $\mathcal{D}_X$ に準直交成分として含まれる. さらに, 極小モデルに付随する三角圏 $\mathcal{D}_{X_m}$ は MMP の取り方に依らず同値になる.

上の '予想' は「非常に近く」の意味が曖昧であるため, 数学的に厳密な予想であるとは言えない. ある意味, 哲学的な主張である. また, $\mathcal{D}_{X_i}$ を一意的に選べるか? 標準的な構成法が存在するか? 等の問題点も存在する. しかし, たとえば各 X_i が商特異点しか持たないなら X_i に付随する Deligne-Mumford スタック $\mathcal{X}_i$ を考え, $\mathcal{D}_{X_i} = D^b \operatorname{Coh}(\mathcal{X}_i)$ と置いて議論すればよい. トーリック多様体の MMP を考えると, 各 X_i は商特異点しか持たないので $\mathcal{D}_{X_i} = D^b \operatorname{Coh}(\mathcal{X}_i)$ として上の '予想' が成立するかどうか問うことができる. そして, その場合 (トーリックの場合) については上の '予想' は肯定的に解決されている [67].

第 7 章

連接層の導来圏と表現論，非可換代数，行列因子化

これまでは代数多様体上の連接層の導来圏を通じて異なる幾何構造を持つ代数多様体が関連付けられることを見た．本章では連接層の導来圏を通じて，代数多様体と，一見すると幾何学とは結びつかないより代数的な対象との間の関係について議論する．

7.1 McKay 対応

McKay 対応とは，McKay によって観察されたある種の有限群の表現論と代数多様体の幾何学の間の不思議な関係であり，多くの数学者を惹きつけてきた魅力的な現象である．G を $\mathrm{SL}_2(\mathbb{C})$ の有限部分群とする．G は自然に $\mathbb{C}^2$ に作用しているので，その商空間を $\mathbb{C}^2/G$ と記述することにする．商空間 $\mathbb{C}^2/G$ は特異点を許した代数曲面であり，クレパント特異点解消

$$f\colon X \to \mathbb{C}^2/G$$

が存在することが知られている．この場合，McKay 対応とは次の 1 対 1 対応を意味する：

$$f \text{ の例外集合の既約因子} \xleftrightarrow{1:1} G \text{ の非自明な既約表現}. \tag{7.1}$$

次の例で 1 対 1 対応 (7.1) を観察する．

例 7.1 $G = \mathbb{Z}/(n+1)\mathbb{Z}$ とし，G を次の埋め込みによって $\mathrm{SL}_2(\mathbb{C})$ の有限部分群とみなす：

$$G \ni m \mapsto \begin{pmatrix} \xi^m & 0 \\ 0 & \xi^{n+1-m} \end{pmatrix} \in \mathrm{SL}_2(\mathbb{C}).$$

ただし, $\xi = e^{2\pi i/(n+1)}$ である. 商空間 $A_n := \mathbb{C}^2/G$ はアフィン代数多様体であり, その関数環は次で与えられる:

$$\mathbb{C}[u,v]^G = \mathbb{C}[u^{n+1}, uv, v^{n+1}] \cong \mathbb{C}[x,y,z]/(xy - z^{n+1}).$$

$n=1$ なら A_n を原点でブローアップすると滑らかになる (例 2.23 を参照). $n \geq 2$ なら, A_n を原点でブローアップすると 1 点でのみ特異点を持ち, その特異点は A_{n-1} と同型になる. よって A_n を n 回ブローアップするとクレパント特異点解消 $X \to A_n$ が得られる. その例外集合は n 個の既約成分からなり, それぞれ $\mathbb{P}^1$ と同型である.

その一方, $1 \leq k \leq n$ に対して G の 1 次元表現 ρ_k を次の群準同型で定める:

$$G \ni m \mapsto \xi^{km} \in \mathbb{C}^*.$$

ρ_k は非自明な 1 次元既約表現である. 有限群の表現論より, G の既約表現は $\{\rho_1, \rho_2, \cdots, \rho_n\}$ からなる. よって, 少なくとも (7.1) の両辺の個数が n に等しいことが観察できた.

有限群 $G \subset \mathrm{SL}_2(\mathbb{C})$ の商空間は完全に分類されている. これらはすべて超曲面特異点であり, A 型, D 型および E 型に分類される:

$$A_n : \{(x,y,z) \in \mathbb{C}^3 : x^2 + y^2 + z^{n+1}\}, \ n \geq 1,$$
$$D_n : \{(x,y,z) \in \mathbb{C}^3 : x^2 + y^2 z + z^{n-1} = 0\}, \ n \geq 4,$$
$$E_6 : \{(x,y,z) \in \mathbb{C}^3 : x^2 + y^3 + z^4 = 0\},$$
$$E_7 : \{(x,y,z) \in \mathbb{C}^3 : x^2 + y^3 + yz^3 = 0\},$$
$$E_8 : \{(x,y,z) \in \mathbb{C}^3 : x^2 + y^3 + z^5 = 0\}.$$

$f : X \to \mathbb{C}^2/G$ をクレパント特異点解消として, その例外集合の既約成分を $C_1, C_2, \cdots, C_m$ とする. 各 C_i は $\mathbb{P}^1$ と同型であり, それらが定める双対グラフを次で定める: 頂点を $\{1, 2, \cdots, m\}$ とし, 2 つの頂点 i, j に対して $C_i \cap C_j \neq \varnothing$ のとき i と j を辺で結ぶ. こうして得られた双対グラフは次で与えられることが容易にチェックできる:

$$A_n : \underset{C_1}{\bullet} - \underset{C_2}{\bullet} - \cdots - \underset{C_{n-1}}{\bullet} - \underset{C_n}{\bullet}$$

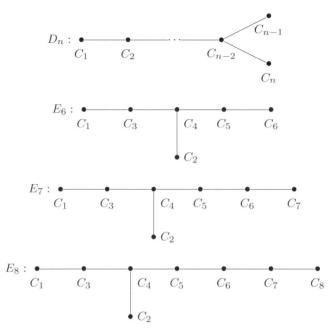

一方, G の既約表現を $\rho_1, \cdots, \rho_m$ として, これらから双対グラフを次のように構成する: 頂点を $\{1, \cdots, m\}$ とし, i と j が次を満たすときにこれらを辺で結ぶ.

$$\mathrm{Ext}^1_{\mathrm{Coh}_G(\mathbb{C}^2)}(\rho_i \otimes \mathcal{O}_0, \rho_j \otimes \mathcal{O}_0) \neq 0$$

ここで $\mathrm{Coh}_G(\mathbb{C}^2)$ の定義は次節の定義 7.2 で与えられる. このようにして出来上がる双対グラフは, クレパント特異点解消 $X \to \mathbb{C}^2/G$ の例外集合から構成した上記の双対グラフと一致することもチェックできる. よって, 対応 (7.1) は単なる集合としての 1 対 1 対応ではなく, 両辺の理論の間のより深い関係から見えてくると推察される.

7.2 導来 McKay 対応

前節で述べた McKay 対応は, Kapranov-Vasserot [63] によって X 上の連接層の導来圏と G-同変な $\mathbb{C}^2$ 上の連接層の導来圏の間の同値として解釈された. これにより, McKay 対応の内在的な意味づけが明確になった. ここで, G-同変

な連接層の定義を与える:

定義 7.2 代数多様体 Y に群 G が作用しているとき, G-同変な Y 上の連接層とは Y 上の連接層 $\mathcal{F}$ と各 $g \in G$ に対する同型射
$$u_g \colon \mathcal{F} \xrightarrow{\cong} g^*\mathcal{F}$$
達のデータ $(\mathcal{F}, \{u_g\}_{g \in G})$ であって $u_{g'g} = g^* u_{g'} \circ u_g$ となるものである.

G-同変な連接層からなるアーベル圏は $\mathrm{Coh}_G(Y)$ と記述される [1]. $\mathcal{Y}$ を商スタック $[Y/G]$ とすると, $\mathrm{Coh}_G(Y)$ は $\mathcal{Y}$ 上の連接層の圏に他ならない. $G \subset \mathrm{SL}_n(\mathbb{C})$ とし, ρ を G の有限次元表現とすると, $\rho \otimes \mathcal{O}_0$ は自然に $\mathrm{Coh}_G(\mathbb{C}^n)$ の対象を定めることに注意する.

定理 7.3 (Kapranov-Vasserot [63]) $G \subset \mathrm{SL}_2(\mathbb{C})$ を有限部分群とし, クレパント特異点解消 $f\colon X \to \mathbb{C}^2/G$ を取る. このとき, 次の導来圏の同値が存在する.
$$D^b \mathrm{Coh}(X) \cong D^b \mathrm{Coh}_G(\mathbb{C}^2). \tag{7.2}$$

導来同値 (7.2) は代数多様体 X と有限群 G の表現論の理論が等価であることを主張している [2]. さらに導来同値 (7.2) を上手く取ると, f の例外因子 $C_1, \cdots, C_m$ から定まる左辺の対象 $S_i = \mathcal{O}_{C_i}(-1)[1]$ が G の既約表現 ρ_i から定まる右辺の対象 $\rho_i \otimes \mathcal{O}_0$ に対応することがわかる. これによって対応 (7.1) が導来圏の同値から定まること, X と G-表現から定まる双対グラフが等しいことが説明できる. 実際,
$$C_i \cap C_j \neq \varnothing \ \leftrightarrow \ \mathrm{Ext}^1_X(S_i, S_j) \neq 0 \ \leftrightarrow \ \mathrm{Ext}^1_{\mathrm{Coh}_G(\mathbb{C}^2)}(\rho_i \otimes \mathcal{O}_0, \rho_j \otimes \mathcal{O}_0) \neq 0$$
であるため, 両者の双対グラフが等しくなる.

定理 7.3 と同様の導来 McKay 対応がより高次元で成立するか, を問うのは自然な問題意識である. これは Bridgeland-King-Reid [23] によって 3 次元の場合に拡張されている. $G \subset \mathrm{SL}_3(\mathbb{C})$ を有限部分群とする. この場合, 2 次元の場合

---

[1] 射の空間は u_g と整合するように自然に定義される

[2] 別の言い方をすると, 商スタック $\mathcal{X} = [\mathbb{C}^2/G]$ は X の (スタックまで拡張した意味での) フーリエ・向井パートナーであると言える.

と異なり $\mathbb{C}^3/G$ は超曲面特異点ではなく,クレパント特異点解消を持つことも明らかではない.これらを分類することは,2次元の場合よりもはるかに困難である.それにも関わらず,次の定理が成立する.

定理 7.4 (Bridgleand-King-Reid [23]) $G \subset \mathrm{SL}_3(\mathbb{C})$ を有限部分群とする.このとき,クレパント特異点解消 $X \to \mathbb{C}^3/G$ および,次の導来圏の同値が存在する:
$$\Phi \colon D^b \operatorname{Coh}(X) \cong D^b \operatorname{Coh}_G(\mathbb{C}^3). \tag{7.3}$$

上の定理は,特異点 $\mathbb{C}^3/G$ の具体的な記述を知らなくても成立するし,さらにクレパント特異点解消の存在も示している点で非常に強力である.定理 6.18 において,3 次元フロップ収縮で出現する特異点の分類を知らなくてもフロップの存在およびフロップによる導来同値が示されると述べた.この点において,定理 7.4 は定理 6.18 に良く似ている.実際,定理 7.4 は定理 6.18 と同様のアイデアで証明されたのである.また,定理 7.3 も定理 7.4 と同様の議論で証明できる.証明のアイデアについて述べる前に,3 次元の例を 1 つ与えておく.

例 7.5 $G = \mathbb{Z}/3\mathbb{Z}$ とし,G を $\mathrm{SL}_3(\mathbb{C})$ に次の写像で埋め込む:
$$G \ni m \mapsto \begin{pmatrix} \xi^m & 0 & 0 \\ 0 & \xi^m & 0 \\ 0 & 0 & \xi^m \end{pmatrix} \in \mathrm{SL}_3(\mathbb{C}).$$

ただし,$\xi = e^{2\pi i/3}$ である.$\mathbb{C}^3/G$ は原点でのみ特異点を持ち,原点でブローアップするとクレパント特異点解消 $f \colon X \to \mathbb{C}^3/G$ が得られる.f の例外集合 E は $\mathbb{P}^2$ と同型であり,その X における法束は $\mathcal{O}_{\mathbb{P}^2}(-3)$ と同型である.G の 1 次元既約表現達 ρ_0, ρ_1, ρ_2 を例 7.1 と同様に定める.ただし,ρ_0 は自明な表現である.このとき,同値 (7.3) を上手く取ると以下のように対応する:
$$\Phi(i_* \mathcal{O}_E) = \rho_0, \ \Phi(i_* \Omega_E(1)[1]) = \rho_1, \ \Phi(i_* \mathcal{O}_E(-1)[2]) = \rho_2.$$

ここで $i \colon E \hookrightarrow X$ は埋め込みである.

7.3 定理 7.4 の証明のアイデア

$G \subset \mathrm{SL}_3(\mathbb{C})$ を有限群とする. 定理 7.4 の証明のポイントとなるのは, クレパント特異点解消 $f\colon X \to \mathbb{C}^3/G$ を G の $\mathbb{C}^3$ への作用のデータから定まるある種のモジュライ空間として構成することである. 定理 6.18 の証明を思い起こそう. 定理 6.18 では, 3 次元フロップ収縮から出発して偏屈連接層の圏を構成し, 偏屈連接層の中での全射をパラメータ付けする偏屈 Hilbert スキームを構成したのであった. 定理 7.4 では, 偏屈連接層に対応するものを構成する必要はない. 最初からアーベル圏 $\mathrm{Coh}_G(\mathbb{C}^3)$ が与えられているためである. 有限次元複素ベクトル空間 $\varGamma$ を次で定める:

$$\varGamma = \bigoplus_{g \in G} \mathbb{C} \cdot g.$$

$\varGamma$ は G の群演算によって自然に G 表現を定める. 偏屈 Hilbert スキームと同様に, **G-Hilbert スキーム**を次で定める:

$$G\,\mathrm{Hilb}(\mathbb{C}^3) = \left\{ (\mathcal{O}_{\mathbb{C}^3} \overset{\pi}{\twoheadrightarrow} Q) : \begin{array}{l} \pi \text{ は } \mathrm{Coh}_G(\mathbb{C}^3) \text{ における全射で,} \\ G \text{ 表現として } H^0(Q) \cong \varGamma. \end{array} \right\}.$$

偏屈 Hilbert スキームと同様に, $G\,\mathrm{Hilb}(\mathbb{C}^3)$ は代数多様体として実現される. さらに自然な射

$$f\colon G\,\mathrm{Hilb}(\mathbb{C}^3) \to \mathbb{C}^3/G$$

が存在する. これは $\mathcal{O}_{\mathbb{C}^3} \twoheadrightarrow Q$ に対して Q の台を対応させることで得られる [3]. 射 f は射影的な射であることがわかる. 一方, $Z \subset \mathbb{C}^3$ を G の $\mathbb{C}^3$ への作用に関する自由軌道とすると, 自然な全射 $\mathcal{O}_{\mathbb{C}^3} \twoheadrightarrow \mathcal{O}_Z$ は $G\,\mathrm{Hilb}(\mathbb{C}^3)$ の点を定める. X を $G\,\mathrm{Hilb}(\mathbb{C}^3)$ の既約成分で, 自由軌道を含むものとする. f を X に制限したものも f と書くと, 射

$$f\colon X \to \mathbb{C}^3/G \tag{7.4}$$

が得られる. また, $X \times \mathbb{C}^3$ 上に普遍全射

---

[3] 定義より G 表現として $H^0(Q) \cong \varGamma$ なので, Q の台は G の $\mathbb{C}^3$ への作用に関する軌道の 1 つを与える. よって f が矛盾なく定義できる.

$$\mathcal{O}_{X\times\mathbb{C}^3} \to \mathcal{O}_{\mathcal{Z}}$$

も存在する. $\mathcal{O}_{\mathcal{Z}}$ は $X\times\mathbb{C}^3$ 上の G-同変な連接層である. ただし, G は $X\times\mathbb{C}^3$ の $\mathbb{C}^3$ 成分のみに作用している. $\mathcal{O}_{\mathcal{Z}}$ を用いてフーリエ・向井型の関手

$$\mathbf{R}\pi_{\mathbb{C}^*}(\mathbf{L}\pi_X^*(*)\otimes\mathcal{O}_{\mathcal{Z}})\colon D^b\operatorname{Coh}(X) \to D^b\operatorname{Coh}_G(\mathbb{C}^3) \tag{7.5}$$

を構成できる. 定理 6.18 の証明と同様に, X が滑らかであること, (7.4) がクレパント特異点解消であること, そして関手 (7.5) が同値であることが同時に示される.

7.4 傾斜ベクトル束

定理 7.3 や定理 7.4 は, 有限群の表現論と代数多様体の幾何学を関連させるものである. 有限群 $G\subset\operatorname{SL}_n(\mathbb{C})$ に対して, G-同変な $\mathbb{C}^n$ 上の連接層を考え, それと $\mathbb{C}^n/G$ のクレパント特異点解消の導来圏を比較したのであった. F を G-同変な $\mathbb{C}^n$ 上の連接層とする. これは有限生成 $\mathbb{C}[x_1,\cdots,x_n]$ 加群であって, さらに G の作用も付いている. G は $\mathbb{C}^n$ に作用しており, よって $\mathbb{C}[x_1,\cdots,x_n]$ に作用している. F への $\mathbb{C}[x_1,\cdots,x_n]$ と G の作用は, G の $\mathbb{C}[x_1,\cdots,x_n]$ への作用と整合する. 一般に, 可換環 R に群 G が左から作用しているとき, **歪み環** $R*G$ を次で定める: 集合としては

$$R*G = \bigoplus_{g\in G} Rg$$

であり, 掛け算を $a,b\in R$ に対して

$$ag\cdot bh = (agb)gh$$

と定義する. $R*G$ は結合的代数であるが, 可換とは限らず一般に非可換環である. (可換とは限らない) 環 A に対して, $\operatorname{mod}(A)$ を有限生成右 A 加群のなすアーベル圏とする. 上述の G-同変連接層の記述から, 次が明らかに成立する:

$$\operatorname{Coh}_G(\mathbb{C}^n) \cong \operatorname{mod}(G*\mathbb{C}[x_1,\cdots,x_n]).$$

よって定理 7.3 と定理 7.4 は, 代数多様体の連接層の導来圏と非可換環の表現の導来圏の間の同値と捉えることができる.

逆に, 代数多様体が与えられたときにその連接層の導来圏が何らかの非可換代数の加群の導来圏と同値になるかどうかというのは自然な疑問である. 鍵となるのは, 次の**森田同値**の概念である:

補題 7.6 R を可換環, $m \geq 1$ を整数とし, $A = \mathrm{End}(R^{\oplus m})$ とする. このとき, 次の自然な同値が存在する:
$$\Phi\colon \mathrm{mod}(R) \cong \mathrm{mod}(A).$$

証明 関手 Φ を次で定める:
$$\Phi(M) = \mathrm{Hom}(R^{\oplus m}, M).$$
一方, $\mathrm{mod}(A)$ から $\mathrm{mod}(R)$ への関手 Ψ を次で定める:
$$\Psi(N) = N \otimes_A (R^{\oplus m}).$$
明らかに $\Psi \circ \Phi(R) \cong R$, $\Phi \circ \Psi(A) \cong A$ である. R, A はそれぞれ $\mathrm{mod}(R)$, $\mathrm{mod}(A)$ を生成しているため, $\Psi \circ \Phi \cong \mathrm{id}$, $\Phi \circ \Psi \cong \mathrm{id}$ である. とくに Φ は同値である. □

上の補題と同様の議論により, X を代数多様体, $\mathcal{E}$ を X 上の代数的ベクトル束, そして $\mathcal{A} = \mathcal{E}nd(\mathcal{E})$ を X 上の非可換代数の層とすると, 次の圏同値が成立する [4]:
$$\mathcal{H}om(\mathcal{E}, *)\colon \mathrm{Coh}(X) \cong \mathrm{Coh}(\mathcal{A}).$$
ここで $\mathcal{A}$ の大域切断は $A = \mathrm{End}(\mathcal{E})$ であり, これは非可換代数である. しかし, 関手の合成
$$\mathrm{Coh}(X) \overset{\cong}{\to} \mathrm{Coh}(\mathcal{A}) \overset{\Gamma}{\to} \mathrm{mod}(A)$$
は X がアフィンでなければ同値にならない. 一方, 上の関手達の導来関手を取る:
$$D^-\mathrm{Coh}(X) \overset{\cong}{\to} D^-\mathrm{Coh}(\mathcal{A}) \overset{\mathbf{R}\Gamma}{\to} D^-\mathrm{mod}(A). \tag{7.6}$$
上の導来関手の合成が同値になり得るかどうか考察する. まず, そもそも $\mathbf{R}\Gamma$ が定義できるためには, 次が成立していなければならない:

---

[4] 非可換代数の層 $\mathcal{A}$ に関する連接層の圏 $\mathrm{Coh}(\mathcal{A})$ も, $\mathrm{Coh}(X)$ と同様に定義できる.

$$\mathbf{R}\Gamma(X, \mathcal{A}) = A.$$

別の言い方をすると，$\mathrm{Ext}^i(\mathcal{E}, \mathcal{E}) = 0$ が $i > 0$ で成立している必要がある．またこのとき，合成 (7.6) は次のように書ける:

$$\mathbf{R}\mathrm{Hom}(\mathcal{E}, *) \colon D^- \mathrm{Coh}(X) \to D^- \mathrm{mod}(A). \tag{7.7}$$

よってもし (7.7) が同値ならば，次が成立しなければいけない: 対象 $F \in D^- \mathrm{Coh}(X)$ が $\mathbf{R}\mathrm{Hom}(\mathcal{E}, F) = 0$ を満たすなら，$F = 0$ である．以上の条件を満たすベクトル束 $\mathcal{E}$ は，傾斜ベクトル束と呼ばれる．まとめて，次の定義を得る．

定義 7.7 X を代数多様体とし，$\mathcal{E}$ を X 上の代数的ベクトル束とする．$\mathcal{E}$ は次の条件を満たすとき，**傾斜ベクトル束**と呼ばれる:

- $\mathrm{Ext}^i(\mathcal{E}, \mathcal{E}) = 0$ が $i > 0$ で成立する．
- $F \in D^-(X)$ に対して $\mathbf{R}\mathrm{Hom}(\mathcal{E}, F) = 0$ ならば $F = 0$ である．

例 7.8 $E_1, E_2, \cdots, E_m \in D^b \mathrm{Coh}(X)$ を，第 6.7 節で述べた完全強例外コレクションとする．各 E_i がベクトル束なら，それらの直和

$$\mathcal{E} = E_1 \oplus E_2 \oplus \cdots \oplus E_m$$

は傾斜ベクトル束である．とくに射影空間 $\mathbb{P}^n$ 上のベクトル束

$$\mathcal{O}_{\mathbb{P}^n}(-n) \oplus \cdots \oplus \mathcal{O}_{\mathbb{P}^n}(-1) \oplus \mathcal{O}_{\mathbb{P}^n}$$

は傾斜ベクトル束である．

定義 7.7 は関手 (7.7) が同値であるための必要条件であるが，十分条件でもある．次の命題が成立する．

命題 7.9 X を代数多様体とし，$\mathcal{E}$ を X 上の傾斜ベクトル束とする．このとき，関手 (7.7) は同値であり，さらに有界な導来圏の同値

$$\mathbf{R}\mathrm{Hom}(\mathcal{E}, *) \colon D^b \mathrm{Coh}(X) \xrightarrow{\sim} D^b \mathrm{mod}(A)$$

に制限される．

証明 関手 Ψ を

$$\Psi\colon D^-\operatorname{mod}(A)\ni M\mapsto M\underset{A}{\otimes}\mathcal{E}\in D^-\operatorname{Coh}(X)$$

と定義する. すると, 補題 7.6 と同様に Ψ は関手 (7.7) の逆関手を与えることがわかる. とくに関手 (7.7) は同値であり, さらに有界な導来圏の間の同値も誘導することがわかる. 詳細は [126, Lemma 3.3] を参照. □

命題 7.9 により, 与えられた代数多様体に傾斜ベクトル束が存在すると, その連接層の導来圏は非可換代数の導来圏と同値になる. これは定理 7.3, 定理 7.4 における導来 McKay 対応に酷似した現象である. McKay 対応の場合, 非可換環 ($G\subset\operatorname{SL}_n(\mathbb{C})$ から定まる歪み環) から出発して代数多様体を構成したが, 命題 7.9 は逆に代数多様体から出発してそれと導来同値になる非可換代数を構成していることに注意する. 非可換代数の方が調べやすい場合もあるため, 傾斜ベクトル束が存在するなら代数多様体の導来圏の構造を調べる大きな手がかりになる. しかし, 一般に必ずしもすべての代数多様体に傾斜ベクトル束が存在するわけではない.

例 7.10 C を滑らかな射影的代数曲線とする. このとき, C 上に傾斜ベクトル束が存在することと C が $\mathbb{P}^1$ と同型になることは同値である. 実際, C 上に傾斜ベクトル束 $\mathcal{E}$ が存在すると仮定する. $\mathcal{E}$ の階数を r とし, g を C の種数とすると, Riemann-Roch の定理から

$$\chi(\mathcal{E},\mathcal{E})=r^2(1-g)$$

が得られる. $\mathcal{E}$ は傾斜ベクトル束なので $\chi(\mathcal{E},\mathcal{E})>0$ である. よって $g=0$ となる. 一方, C が $\mathbb{P}^1$ と同型なら, 例 7.8 により傾斜ベクトル束が存在する.

注意 7.11 上の例から, 一般に傾斜ベクトル束を持つような射影的代数多様体は射影空間と双有理同値なものに限ると考えられるかもしれない. これが正しいかどうかは未解決である.

例 7.12 例 7.8 と命題 7.9 より, 射影空間 $\mathbb{P}^n$ の連接層の導来圏と非可換代数

$$A = \mathrm{End}(\mathcal{O}_{\mathbb{P}^n}(-n) \oplus \cdots \oplus \mathcal{O}_{\mathbb{P}^n}(-1) \oplus \mathcal{O}_{\mathbb{P}^n})$$

が導来同値になる．とくに $\mathbb{P}^1$ の連接層の導来圏と非可換代数

$$A = \begin{pmatrix} \mathbb{C} & \mathbb{C}^2 \\ 0 & \mathbb{C} \end{pmatrix}$$

の導来圏が同値になる．

7.5　一般 McKay 対応

代数多様体上に傾斜ベクトル束を構成するのは，一般には難しい問題である．Van den Bergh [31] は 3 次元アフィン代数多様体のクレパント小特異点解消を含む多くの状況下で傾斜ベクトル束を構成した．さらに，Bridgeland による偏屈連接層と命題 7.9 によって得られる非可換代数の加群の圏の間の同値を誘導することも示した．次が Van den Bergh による結果である：

定理 7.13 (Van den Bergh [31])　$Y = \mathrm{Spec}\, R$ をアフィン代数多様体とし，$f\colon X \to Y$ を射影的な射とする．以下を仮定する．
- f のすべてのファイバーは高々 1 次元である．
- $\mathbf{R}f_*\mathcal{O}_X = \mathcal{O}_Y$ が成立する．

このとき，$p \in \{-1, 0\}$ に対し X 上の傾斜ベクトル束 ${}^p\mathcal{E}$ が存在し，${}^pA = \mathrm{End}({}^p\mathcal{E})$ とすると命題 7.9 の同値

$${}^p\Phi = \mathbf{R}\mathrm{Hom}({}^p\mathcal{E}, *)\colon D^b\mathrm{Coh}(X) \xrightarrow{\cong} D^b\mathrm{mod}({}^pA)$$

は次のアーベル圏の同値に制限される：

$${}^p\Phi\colon {}^p\mathrm{Per}(X/Y) \xrightarrow{\cong} \mathrm{mod}({}^pA).$$

ここで，${}^p\mathrm{Per}(X/Y)$ は定義 6.26 と同様に定義される．

証明　$p = 0$ に対する傾斜ベクトル束 ${}^0\mathcal{E}$ の構成のみ述べ，詳細は [31] に委ねる．$\mathcal{L}$ を X 上の大域切断で生成される豊富直線束とする．$R^1 f_*\mathcal{L}^{-1}$ は有限生成 R-加群なので，ある $m \in \mathbb{Z}_{\geq 0}$ と全射

$$R^{\oplus m} \to R^1 f_* \mathcal{L}^{-1}$$

が存在する．随伴を取って $D^b \operatorname{Coh}(X)$ における射 $\mathcal{O}_X^{\oplus m} \to \mathcal{L}^{-1}[1]$ が得られる．その写像錐を取ると，ベクトル束 ${}^0\mathcal{E}$ と完全系列

$$0 \to \mathcal{L}^{-1} \to {}^0\mathcal{E} \to \mathcal{O}_X^{\oplus m} \to 0$$

が得られる．ベクトル束 $\mathcal{O}_X \oplus {}^0\mathcal{E}$ が $p=0$ の場合の求める傾斜ベクトル束である． □

例 7.14 A_1 を

$$A_1 = (x^2 + y^2 + z^2 = 0) = \mathbb{C}^2/(\mathbb{Z}/2\mathbb{Z})$$

とし，$f\colon X \to A_1$ を原点でのブローアップとする (例 2.23 を参照)．ここで，$\mathbb{Z}/2\mathbb{Z}$ は $\mathbb{C}^2$ に例 7.1 と同様に作用している．これはクレパント特異点解消であり，定理 7.13 の仮定を満たしている．傾斜ベクトル束 ${}^p\mathcal{E}$ は次で与えられる:

$$^{-1}\mathcal{E} = \mathcal{O}_X \oplus \mathcal{O}_X(1), \quad {}^0\mathcal{E} = \mathcal{O}_X \oplus \mathcal{O}_X(-1).$$

この場合，対応する非可換代数 ${}^pA$ は次を満たすことがチェックできる:

$$^pA \cong (\mathbb{Z}/2\mathbb{Z}) * \mathbb{C}[u,v].$$

よってこの場合の定理 7.13 は定理 7.3 における導来 McKay 対応を与えている．

例 7.15 Y をアフィン代数多様体，$f\colon X \to Y$ を 3 次元フロップ収縮とすると定理 7.13 の仮定を満たす．たとえば図式 (6.3) のフロップ収縮 $f\colon X \to Y$ において，例 7.14 と同様に，${}^p\mathcal{E}$ は次で与えられる:

$$^{-1}\mathcal{E} = \mathcal{O}_X \oplus \mathcal{O}_X(1), \quad {}^0\mathcal{E} = \mathcal{O}_X \oplus \mathcal{O}_X(-1).$$

$I = (x,z) \subset \mathcal{O}_Y$ とすると，非可換代数 ${}^pA$ は次で与えられる:

$$^pA = \begin{pmatrix} \mathcal{O}_Y & I^{-1} \\ I & \mathcal{O}_Y \end{pmatrix}.$$

ここで $I^{-1} = \{a \in Q(\mathcal{O}_Y) : aI \subset \mathcal{O}_Y\}$ である．

7.6　McKay 対応のさらなる一般化

本章でこれまで紹介した結果がどれくらい一般化, 高次元化できるか考えよう. まず, 導来 McKay 対応について考える. 定理 7.3 では $G \subset \mathrm{SL}_2(\mathbb{C})$ の場合を, そして定理 7.4 では $G \subset \mathrm{SL}_3(\mathbb{C})$ の場合を扱った. $n \geq 4$ に対する $G \subset \mathrm{SL}_4(\mathbb{C})$ の場合に同様の定理が成立するかどうか問うのは自然な疑問である. しかし, $n \geq 4$ のときは $\mathbb{C}^n/G$ がクレパント特異点解消を持つとは限らないため, 定理 7.3 や定理 7.4 をそのまま高次元化することはできない. 一方, クレパント特異点解消が存在すると仮定して以下の予想を述べることは可能である.

予想 7.16　有限群 $G \subset \mathrm{SL}_n(\mathbb{C})$ に対して, $\mathbb{C}^n/G$ がクレパント特異点解消 $X \to \mathbb{C}^n/G$ を持つと仮定する. このとき, 次の導来圏の同値が存在する.

$$D^b \mathrm{Coh}(X) \cong D^b \mathrm{Coh}_G(\mathbb{C}^n). \tag{7.8}$$

一般の n に対しては, 上の予想は G が有限アーベル群のときには正しいことが [67] で示されている. また, n が偶数 $n = 2k$ で, $G \subset \mathrm{Sp}(2k,\mathbb{C})$ の場合にも予想が成立することが [10] で示されている. ここで $\mathrm{Sp}(2k,\mathbb{C})$ は $\mathrm{SL}(2k,\mathbb{C})$ の部分群であり, $\mathbb{C}^{2k}$ の標準的なシンプレクティック構造

$$dx_1 \wedge dy_1 + \cdots + dx_k \wedge dy_k$$

を保つものである. ここで $(x_1, \cdots, x_k, y_1, \cdots, y_k)$ を $\mathbb{C}^{2k}$ の座標とした.

次に, アフィン代数多様体の特異点解消から出発して非可換代数との導来同値を構成する問題を考える. 次のように予想する:

予想 7.17　Y をアフィン代数多様体とし, $f \colon X \to Y$ を特異点解消とする. さらに $\mathbf{R}f_*\mathcal{O}_X = \mathcal{O}_Y$ が成立するとする. このとき, X 上には傾斜ベクトル束 $\mathcal{E}$ が存在する. よって $A = \mathrm{End}(\mathcal{E})$ とすると, 命題 7.9 による導来圏の同値が存在する:

$$\mathbf{R}\mathrm{Hom}(\mathcal{E}, *) \colon D^b \mathrm{Coh}(X) \cong D^b \mathrm{mod}(A). \tag{7.9}$$

定理 7.13 により, 予想 7.17 は f のファイバーの次元が高々 1 の場合は正しい. また, 予想 7.16 と同様に X, Y がトーリック多様体の場合 [68], X がシンプレクティック多様体の場合 [62] に予想 7.17 が正しいことが示されている. 次の例はトーリック多様体の場合の例である:

例 7.18 X を $\mathbb{P}^r$ 上のベクトル束 $\mathcal{O}_{\mathbb{P}^r}(-1)^{\oplus r+1}$ の全空間とすると, X は $\operatorname{Spec} H^0(\mathcal{O}_X)$ のクレパント特異点解消である. $\pi \colon X \to \mathbb{P}^r$ を射影, $\mathcal{O}_X(1) = \pi^* \mathcal{O}_{\mathbb{P}^r}(1)$ とし, $\mathcal{E}$ を次のように置く:
$$\mathcal{E} = \mathcal{O}_X \oplus \mathcal{O}_X(1) \oplus \cdots \oplus \mathcal{O}_X(r).$$
すると $\mathcal{E}$ は傾斜ベクトル束である.

定理 7.13 をより一般化しようとすると, ファイバーの次元がより高い場合を考えるのは自然である. しかし, 定理 7.13 の証明を思い起こすと, ファイバーの次元が高々 1 であることから従う $R^i f_* \mathcal{L}^{-1} = 0, i \geq 2$ という事実を用いている. また, $\mathcal{O}_X$ と $\mathcal{L}^{-1}$ が $D^b \operatorname{Coh}(X)$ を生成するという事実を定理 7.13 の証明で暗に用いているが, これもファイバーの次元が 2 以上なら成立しない. よって f のファイバーの次元が 2 以上なら, 定理 7.13 と同様の証明は通用しない. このファイバーの次元に関する制限は, 補題 6.27 における偏屈連接層の記述を与える際にも必要となった. ファイバーの次元が 2 以上なら, ${}^p\operatorname{Per}(X/Y)$ を定義 6.26 と同様に定義しても補題 6.27 の類似が従わず, 結果として ${}^p\operatorname{Per}(X/Y)$ は有界な t-構造の核ではなくなってしまう. 一方, 予想 7.17 において仮に (定義 6.26 とは異なる方法で) 偏屈連接層の圏が $D^b \operatorname{Coh}(X)$ の有界な t-構造の核として構成できたとする. すると, この偏屈連接層の圏は同値 (7.9) によって $D^b \operatorname{mod}(A)$ 側の標準的な t-構造の核 $\operatorname{mod}(A)$ に対応すると期待したい. したがって, 傾斜ベクトル束の構成はファイバー次元が 2 以上の場合の偏屈連接層の圏の構成に大きなヒントを与えることになる.

どのようにして傾斜ベクトル束を構成すれば良いだろうか? 傾斜ベクトル束を与えるには定義 7.7 における 2 つの条件が必要だったが, 仮に最初の条件のみを満たすベクトル束が見つかったとしよう. つまり, 予想 7.17 の X 上にベクトル束 ${}^0\mathcal{E}$ が存在して, $\operatorname{Ext}^{>0}({}^0\mathcal{E}, {}^0\mathcal{E}) = 0$ が成立すると仮定する. ここで

$\mathbf{R}\operatorname{Hom}({}^0\mathcal{E}, F) = 0$ ならば $F = 0$ という, 定義 7.7 の 2 番目の条件は仮定しない. 予想 7.17 の仮定の下では, ${}^0\mathcal{E} = \mathcal{O}_X$ がこの条件を満たす. しかし, このような ${}^0\mathcal{E}$ は $\mathcal{O}_X$ だけとは限らない. たとえば例 7.18 において ${}^0\mathcal{E} = \mathcal{O}_X \oplus \mathcal{O}_X(1)$ は条件 $\operatorname{Ext}^{>0}({}^0\mathcal{E}, {}^0\mathcal{E}) = 0$ を満たす. このような ${}^0\mathcal{E}$ が与えられると, 関手

$$\mathbf{R}\operatorname{Hom}(\mathcal{E}_0, *)\colon D^b\operatorname{Coh}(X) \to D^b\operatorname{mod}(A_0) \tag{7.10}$$

が定まる. ただしここで, $A_0 = \operatorname{End}({}^0\mathcal{E})$ である. ${}^0\mathcal{E}$ は傾斜ベクトル束とは限らないため, 関手 (7.10) は必ずしも同値ではない. ${}^0\mathcal{E} = \mathcal{O}_X$ ならば $D^b\operatorname{mod}(A_0) = D^b\operatorname{Coh}(Y)$ であり, 上の関手は導来押し出し $\mathbf{R}f_*$ に他ならない. よって関手 (7.10) は, あたかも X から A_0 への導来押し出しだと思うことができる.

以上の議論を応用して, f のファイバー次元が 2 の場合の予想 7.17 を考えよう. まず, 定理 7.13 の真似をしてみる. $\mathcal{L}$ を大域切断で生成される X 上の豊富直線束とし, 消滅条件 $R^2f_*\mathcal{L}^{-1} = 0$ が成立すると仮定する. すると, 定理 7.13 の構成を真似してベクトル束 ${}^0\mathcal{E}$ が構成できる. このベクトル束は条件 $\operatorname{Ext}^{>0}({}^0\mathcal{E}, {}^0\mathcal{E}) = 0$ を満たす. 定理 7.13 の場合と異なるのは, ${}^0\mathcal{E}$ が定義 7.7 の 2 番目の条件を満たさないことにある. しかし, 上の議論のように関手 (7.10) を構成すると, これはあたかもファイバー次元が 1 以下の代数多様体の射の導来押し出しのように思うことができる. つまり, 関手 (7.10) は定理 7.13 の状況での導来押し出しのアナロジーとみなせる. すると, 定理 7.13 の議論を関手 (7.10) に対してもう一度適用すると良いと考えられる. この点に着目して, 筆者は上原北斗氏と共同で以下の定理を証明した:

定理 7.19 (戸田-上原 [126]) $Y = \operatorname{Spec} R$ をアフィン代数多様体とし, $f\colon X \to Y$ を射影的な射とする. 以下を仮定する.

- f のすべてのファイバーは高々 2 次元である.
- $\mathbf{R}f_*\mathcal{O}_X = \mathcal{O}_Y$ が成立する.
- X 上の豊富直線束 $\mathcal{L}$ で, $\mathcal{L}$ は大域切断で生成され, $R^2f_*\mathcal{L}^{-1} = 0$ となるものが存在する.

このとき, X には傾斜ベクトル束が存在する.

例 7.20 $f\colon X \to Y$ を例 6.1 のように取る. $E = f^{-1}(p) \subset \mathbb{P}^3$ は特異 2 次曲面である. すると X 上にベクトル束 $\mathcal{V}$ が存在して, 完全系列

$$0 \to \mathcal{O}_X(2E) \to \mathcal{V} \to \mathcal{O}_X(E)^{\oplus 4} \to \mathcal{O}_X \to 0$$

を満たす. 定理 7.19 によって得られる傾斜ベクトル束 $\mathcal{E}$ は次で与えられる:

$$\mathcal{E} = \mathcal{O}_X \oplus \mathcal{O}_X(E) \oplus \mathcal{V}.$$

詳細については [125] を参照されたい.

注意 7.21 残念ながら定理 7.19 の最後の条件は非常に強く, これが成立しない例は多く存在する. この最後の条件を外した定理が望まれるが, 現時点ではより強い結果は得られていない.

7.7 次数付き行列因子化の圏

定理 7.3 や定理 7.4 におけるクレパント特異点解消は, 非コンパクトなカラビ・ヤウ多様体である. 一方, 射影的 (とくにコンパクト) なカラビ・ヤウ多様体を考えると, その連接層の導来圏が有限群の表現論の導来圏や予想 7.17 のように非可換代数の導来圏と同値になることはありえない[5]. たとえば, 射影空間の超平面切断で与えられるカラビ・ヤウ多様体を考える. これは射影的であるが, このような場合に定理 7.3 や 7.4 の類似物は存在するだろうか？ 上の場合, 有限群の表現論や非可換代数が対応するわけではないが, その代わり次数付き行列因子化の圏と関連することが知られている. これは Orlov [96] による結果であるが, これは超弦理論における**カラビ・ヤウ/ランダウ・ギルツブルグ (CY/LG) 対応**から示唆されたものである.

W を次数が d の同次多項式

$$W \in A := \mathbb{C}[x_1, x_2, \cdots, x_n] \tag{7.11}$$

とし, X を超曲面

---

[5] X を n 次元の射影的なカラビ・ヤウ多様体とすると, 任意の X 上のベクトル束 $\mathcal{E}$ は $\mathrm{Ext}^n(\mathcal{E}, \mathcal{E}) = \mathrm{Hom}(\mathcal{E}, \mathcal{E})^{\vee} \neq 0$ を満たす. よって X 上に傾斜ベクトル束は存在しない.

$$X = (W(x_1, x_2, \cdots, x_n) = 0) \subset \mathbb{P}^{n-1}$$

とする. 多項式環 A は, 通常の次数付け $\deg x_i = 1$ によって次数付き環の構造を持つ. 次数付き A-加群 M に対して, $M(1)$ をその次数付けを 1 つずらした次数付き A-加群とする. (つまり, $M(1)$ の次数 k の部分は M の次数 $k+1$ の部分である.) 同様に, $M(l)$ を $M \mapsto M(1)$ を l 回繰り返した次数付き A-加群とする. W に付随する次数付き行列因子化は, 次で定義される:

定義 7.22 W の次数付き行列因子化とは, 次のデータのことである:
$$P^0 \xrightarrow{p^0} P^1 \xrightarrow{p^1} P^0(d). \tag{7.12}$$

ここで各 P^i は次数付き有限生成自由 A-加群, p^i は次数付き A-加群としての準同型であり, 次の条件を満たしている.

$$p^0 \circ p^1 = \cdot W, \quad p^1 \circ p^0 = \cdot W \tag{7.13}$$

各 P^i は次数付き自由 A-加群なので p^i は同次多項式を成分とする行列で表示できる. よって W の行列因子化は, W を掛け算するという作用の行列の積への分解を与えていると言える. また, 条件 (7.13) より p^0, p^1 は単射であり, よって P^0 と P^1 の階数は等しいことに注意する.

例 7.23 $A = \mathbb{C}[x]$ とし, $W = x^n$ とする. 各 $1 \leq k \leq n-1$ 対して, 次は W の次数付き行列因子化を与える:
$$A \xrightarrow{x^k} A(k) \xrightarrow{x^{n-k}} A(n).$$

例 7.24 $A = \mathbb{C}[x_1, x_2, x_3]$ とし, $W \in A$ を
$$W = x_1^3 + x_2^3 + x_3^3 - 3x_1 x_2 x_3$$
とする. 行列 S, T を次で定める:

$$S = \begin{pmatrix} x_1 & x_3 & x_2 \\ x_2 & x_1 & x_3 \\ x_3 & x_2 & x_1 \end{pmatrix}, \quad T = \begin{pmatrix} x_1^2 - x_2 x_3 & x_2^2 - x_3 x_1 & x_3^2 - x_2 x_1 \\ x_3^2 - x_2 x_1 & x_1^2 - x_2 x_3 & x_2^2 - x_3 x_1 \\ x_2^2 - x_3 x_1 & x_3^2 - x_2 x_1 & x_1^2 - x_2 x_3 \end{pmatrix}.$$

このとき, 次は W の次数付き行列因子化を与える:
$$A^{\oplus 3} \xrightarrow{S} A(1)^{\oplus 3} \xrightarrow{T} A(3)^{\oplus 3}.$$

W の次数付き行列因子化の圏 $\mathrm{HMF}^{\mathrm{gr}}(W)$ を次のように定義する. まず, $\mathrm{HMF}^{\mathrm{gr}}(W)$ の対象は W の次数付き行列因子化からなる. 2 つの W の次数付き行列因子化 $P = (P^\bullet, p^\bullet), Q = (Q^\bullet, q^\bullet)$ に対して, $\mathrm{Hom}'(P, Q)$ を次の可換図式の集合とする:

$$\begin{array}{ccccc} P^0 & \xrightarrow{p^0} & P^1 & \xrightarrow{p^1} & P^0(d) \\ \downarrow f^0 & & \downarrow f^1 & & \downarrow f^1(d) \\ Q^0 & \xrightarrow{q^0} & Q^1 & \xrightarrow{q^1} & Q^0(d). \end{array}$$

ここで f^0, f^1 は次数付き A-加群の準同型である. 2 つの $\mathrm{Hom}'(P, Q)$ の元 $f^\bullet$, $g^\bullet$ がホモトピー同値であるとは, 次数付き A-加群の準同型 $h^0 \colon P^0 \to Q^1(-d)$, $h^1 \colon P^1 \to Q^0$ が存在して次が成立することを言う:

$$f^0 - g^0 = h^1 \circ p^0 + q^1(-d) \circ h^0$$
$$f^1 - g^1 = h^0(d) \circ p^1 + q^0 \circ h^1.$$

W の次数付き行列因子化の圏 $\mathrm{HMF}^{\mathrm{gr}}(W)$ の射 $\mathrm{Hom}(P, Q)$ を次で定義する:
$$\mathrm{Hom}(P, Q) = \mathrm{Hom}'(P, Q)/(\text{ホモトピー同値}).$$

このようにして得られた圏 $\mathrm{HMF}^{\mathrm{gr}}(W)$ は三角圏の構造を持つ. 行列因子化 $P = (P^\bullet, p^\bullet)$ に対して, 対象 $P[1] \in \mathrm{HMF}^{\mathrm{gr}}(W)$ は次で与えられる:
$$P^1 \xrightarrow{p^1} P^0(d) \xrightarrow{p^0(d)} P^1(d).$$

また, 射 $f^\bullet \in \mathrm{Hom}(P, Q)$ に対しその写像錐 $\mathrm{Cone}(f) \in \mathrm{HMF}^{\mathrm{gr}}(W)$ を次で定める:
$$Q^0 \oplus P^1 \xrightarrow{r^0} Q^1 \oplus P^0(d) \xrightarrow{r^1} Q^0(d) \oplus P^1(d).$$

ここで r^0, r^1 は次の行列で与えられる:
$$r^0 = \begin{pmatrix} q^0 & f^1 \\ 0 & p^1 \end{pmatrix}, \quad r^1 = \begin{pmatrix} q^1 & -f^0(d) \\ 0 & p^0(d) \end{pmatrix}.$$

写像錐の構成から，$\mathrm{HMF}^{\mathrm{gr}}(W)$ における次の自然な射の系列が存在する:
$$P \xrightarrow{f} Q \xrightarrow{g} \mathrm{Cone}(f) \xrightarrow{h} P[1]. \tag{7.14}$$
ここで，g は Q-成分への埋め込み，h は P-成分への射影である．$\mathrm{HMF}^{\mathrm{gr}}(W)$ における完全三角形を，射の系列 (7.14) と同型な $\mathrm{HMF}^{\mathrm{gr}}(W)$ における射の系列として定義する．すると，関手 $P \mapsto P[1]$ および上の完全三角形により $\mathrm{HMF}^{\mathrm{gr}}(W)$ に三角圏の構造が入る．詳細については [96] を参照されたい．

注意 7.25 連接層の導来圏は連接層の圏のアーベル圏の導来圏として構成されたため，そこには標準的な t-構造が存在した．一方，行列因子化の三角圏は何らかのアーベル圏の導来圏として構成されたわけではない．よって $\mathrm{HMF}^{\mathrm{gr}}(W)$ に有界な t-構造が存在するか否かは明らかではない．

A-加群としての次数を 1 つずらす操作により，次の関手が定義できる:
$$\tau \colon \mathrm{HMF}^{\mathrm{gr}}(W) \to \mathrm{HMF}^{\mathrm{gr}}(W), \quad P^\bullet \to P^\bullet(1).$$
上の関手は $\mathrm{HMF}^{\mathrm{gr}}(W)$ の三角圏としての構造を保つ自己同値である．関手 τ はシフト関手 [1] とは異なることに注意する．しかし，次の関係式が成立する:
$$\tau^{\times d} = [2] \colon \mathrm{HMF}^{\mathrm{gr}}(W) \to \mathrm{HMF}^{\mathrm{gr}}(W). \tag{7.15}$$
実際，
$$(P^0 \rightleftarrows P^1)[2] = (P^1 \rightleftarrows P^0(d))[1] = (P^0(d) \rightleftarrows P^1(d))$$
である．また，$\mathrm{HMF}^{\mathrm{gr}}(W)$ にはセール関手 $\mathcal{S}_W$ も存在する．これは τ を用いて
$$\mathcal{S}_W = \tau^{-n}[n] \colon \mathrm{HMF}^{\mathrm{gr}}(W) \to \mathrm{HMF}^{\mathrm{gr}}(W) \tag{7.16}$$
と記述される．詳細については，たとえば [61] を参照されたい．とくに，関係式 (7.15) を用いると次が従う:
$$\mathcal{S}_W^{\times d} = [dn - 2n]. \tag{7.17}$$
ここで，カラビ・ヤウ多様体の連接層の導来圏のセール関手はシフト関手の合成であったことに注意する．行列因子化の圏におけるセール関手の関係式 (7.17) は，行列因子化の圏 $\mathrm{HMF}^{\mathrm{gr}}(W)$ がカラビ・ヤウ多様体の連接層の導来圏に近い圏論的性質を持つことを示唆する．

7.8 特異点の三角圏

$W \in \mathbb{C}[x_1, \cdots, x_n]$ を次数 d の同次多項式とする. $(W=0) \subset \mathbb{C}^n$ は原点で特異点を持つ. 前節で定義した三角圏 $\mathrm{HMF}^{\mathrm{gr}}(W)$ は, 特異点 $(W=0) \subset \mathbb{C}^n$ に付随した三角圏と関連付けることができる. このことについて述べる.

まず一般に, 三角圏 $\mathcal{D}$ とその部分三角圏 $\mathcal{C} \subset \mathcal{D}$ が与えられたとする. このとき, $\mathcal{D}$ の $\mathcal{C}$ による**商圏** $\mathcal{D}/\mathcal{C}$ を構成できる. $\mathcal{D}/\mathcal{C}$ の対象は $\mathcal{D}$ の対象からなる. $\mathcal{D}/\mathcal{C}$ における射を定義するために, アーベル圏の導来圏における射の定義を思い起こそう. これは必ずしも複体の間の射ではなく, 一度ホモトピー圏の中で擬同型を経由してから複体の射になるのであった. $\mathcal{D}/\mathcal{C}$ における射も, 同様の方法で定義される. この場合, 擬同型の代わりとなるのは, $\mathcal{D}$ における射のクラス $\Sigma(\mathcal{C})$ である. ここで $E, F \in \mathcal{D}$ の間の $\mathcal{D}$ における射 $f\colon E \to F$ がクラス $\Sigma(\mathcal{C})$ に入るとは, f を完全三角形

$$E \xrightarrow{f} F \to G \to E[1]$$

に当てはめたときに $G \in \mathcal{C}$ となるものとして定義される. $E, F \in \mathcal{D}$ に対して, $\mathcal{D}/\mathcal{C}$ における E から F への射は次の図式で代表される:

(7.18)

ただし, $g \in \Sigma(\mathcal{C})$ である. 図式 (7.18) 達の間に, 定義 4.4 において導来圏における射を定義したときと同様の同値関係を入れる. $\mathrm{Hom}_{\mathcal{D}/\mathcal{C}}(E, F)$ は, 図式 (7.18) の同値類の集合として定義される.

上のように構成した圏 $\mathcal{D}/\mathcal{C}$ は, 三角圏の構造を持つ. シフト関手 $[1]$ は $\mathcal{D}$ 上のシフト関手から誘導される. また $\mathcal{D}/\mathcal{C}$ における完全三角形は, $\mathcal{D}$ 上の完全三角形の自然な商関手

$$Q\colon \mathcal{D} \to \mathcal{D}/\mathcal{C}$$

による像として定義される. さらに, 商関手 Q は次の性質を持つ: 任意の $E \in \mathcal{C}$ に対して $Q(E) \cong 0$ であり, 三角圏 $\mathcal{D}'$ と三角圏の構造を保つ関手 $Q'\colon \mathcal{D} \to \mathcal{D}'$ で $Q'(E) \cong 0$ が任意の $E \in \mathcal{C}$ に対して成立するものは Q を経由する:

$$Q': \mathcal{D} \xrightarrow{Q} \mathcal{D}/\mathcal{C} \to \mathcal{D}'.$$

例 7.26 $\mathcal{D}$ を三角圏とし, $\mathcal{D} = \langle \mathcal{D}_1, \mathcal{D}_2 \rangle$ を準直交分解とする. このとき, $\mathcal{D}/\mathcal{D}_2 \cong \mathcal{D}_1$ である.

R を次数付き有限生成 $\mathbb{C}$ 代数とし, $\mathrm{mod}^{\mathrm{gr}}(R)$ を次数付き有限生成 R-加群がなすアーベル圏とする. その有界な導来圏 $D^b(\mathrm{mod}^{\mathrm{gr}}(R))$ には, 完全複体からなる部分圏

$$\mathrm{Perf}^{\mathrm{gr}}(R) \subset D^b(\mathrm{mod}^{\mathrm{gr}}(R))$$

が存在する. ここで $D^b(\mathrm{mod}^{\mathrm{gr}}(R))$ の対象は, 次数付き有限生成射影的 R-加群の有界複体と擬同型であるときに完全複体であると言う. $\mathrm{Perf}^{\mathrm{gr}}(R)$ は $D^b(\mathrm{mod}^{\mathrm{gr}}(R))$ の部分三角圏である. 上述により, 商圏

$$D^{\mathrm{gr}}_{\mathrm{sg}}(R) := D^b(\mathrm{mod}^{\mathrm{gr}}(R))/\mathrm{Perf}^{\mathrm{gr}}(R)$$

が定義される. $X = \mathrm{Spec}\, R$ が非特異ならば任意の有限生成次数付き R-加群は有限の次数付き射影的レゾリューションを持つ. とくにこの場合, $D^{\mathrm{gr}}_{\mathrm{sg}}(R) = 0$ となる. よって三角圏 $D^{\mathrm{gr}}_{\mathrm{sg}}(R)$ は $\mathrm{Spec}\, R$ の特異点の様子を測っていると言える. そのため, $D^{\mathrm{gr}}_{\mathrm{sg}}(R)$ は **(次数付き) 特異点の三角圏**と呼ばれている.

次数 d の同次多項式 $W \in A = \mathbb{C}[x_1, \cdots, x_n]$ に対し, 行列因子化の圏 $\mathrm{HMF}^{\mathrm{gr}}(W)$ を前節で定義した. 三角圏 $\mathrm{HMF}^{\mathrm{gr}}(W)$ の対象は行列因子化 (7.12) であった. データ (7.12) に対して, p^0 の余核 $\mathrm{Cok}(p^0)$ を考える. これは有限生成次数付き A-加群であるが, 性質 (7.13) より $W \cdot \mathrm{Cok}(p^0) = 0$ となる. よって $\mathrm{Cok}(p^0)$ は有限生成次数付き $A/(W)$-加群である. データ (7.12) に対して $\mathrm{Cok}(p^0)$ を対応させることで, 次の関手が定義できる:

$$\mathrm{Cok}\colon \mathrm{HMF}^{\mathrm{gr}}(W) \to D^{\mathrm{gr}}_{\mathrm{sg}}(A/(W)). \tag{7.19}$$

上の関手 (7.19) は三角圏の構造を保つ関手であることがチェックできる. さらに, 次が成立する:

定理 7.27 (Orlov [96])　関手 (7.19) は三角圏の同値である.

$m \subset A$ を極大イデアル $(x_1, \cdots, x_n)$ とし, $\mathbb{C}(0) = A/m$ とする. これは次数付き $A/(W)$-加群なので, $D_{\mathrm{sg}}^{\mathrm{gr}}(A/(W))$ の対象を定める. $\mathbb{C}(j) = \mathbb{C}(0)(j)$ とし, 対象 $E_j \in \mathrm{HMF}^{\mathrm{gr}}(W)$ を次で定義する:

$$E_j = \mathrm{Cok}^{-1}(\mathbb{C}(j)).$$

定理 7.27 より E_j は矛盾なく定義される. 上の対象 $E_j \in \mathrm{HMF}^{\mathrm{gr}}(W)$ は次節で用いられる.

7.9 Orlov の定理

論文 [96] において, Orlov は行列因子化の三角圏 $\mathrm{HMF}^{\mathrm{gr}}(W)$ と超曲面

$$X = (W = 0) \subset \mathbb{P}^{n-1}$$

の連接層の導来圏を比較する定理を得た. d を W の次数として, ε を次で定義する:

$$\varepsilon = n - d \in \mathbb{Z}.$$

X は次数 d の超曲面なので, (3.13) より $-K_X = \mathcal{O}_X(\varepsilon)$ となる. よって, ε の値と X の幾何学は密接に関連している.

- $\varepsilon > 0$ なら $-K_X$ は豊富であり, X の小平次元は $-\infty$ である.
- $\varepsilon = 0$ なら $K_X = 0$ であり, X はカラビ・ヤウ多様体である.
- $\varepsilon < 0$ なら K_X は豊富であり, X は一般型である.

ε のそれぞれの符号に応じて, $D^b \mathrm{Coh}(X)$ と $\mathrm{HMF}^{\mathrm{gr}}(W)$ の関係が定まる. 次が Orlov による結果である.

定理 7.28 (Orlov [96])　(i) $\varepsilon > 0$ なら, 各整数 $i \in \mathbb{Z}$ に対して充満忠実関手 $\Phi_i \colon \mathrm{HMF}^{\mathrm{gr}}(W) \hookrightarrow D^b \mathrm{Coh}(X)$ および次の準直交分解が存在する:

$$D^b \mathrm{Coh}(X) = \langle \mathcal{O}_X(-i-\varepsilon+1), \cdots, \mathcal{O}_X(-i), \Phi_i \mathrm{HMF}^{\mathrm{gr}}(W) \rangle.$$

(ii) $\varepsilon = 0$ なら, 各整数 $i \in \mathbb{Z}$ に対して次の圏同値が存在する:

$$\Psi_i \colon D^b \mathrm{Coh}(X) \stackrel{\cong}{\to} \mathrm{HMF}^{\mathrm{gr}}(W).$$

(iii) $\varepsilon < 0$ なら,各整数 $i \in \mathbb{Z}$ に対して充満忠実関手 $\Psi_i \colon D^b\operatorname{Coh}(X) \hookrightarrow$ $\operatorname{HMF}^{\mathrm{gr}}(W)$ および次の準直交分解が存在する:

$$\operatorname{HMF}^{\mathrm{gr}}(W) = \langle E_{-i}, \cdots, E_{-i+\varepsilon+1}, \Psi D^b\operatorname{Coh}(X)\rangle.$$

ここで $\langle E_{-i}, \cdots, E_{-i+\varepsilon+1}\rangle$ は例外コレクションである.

証明 証明の詳細は [96] に委ねることにして,ここでは $\varepsilon \leq 0$ の場合の関手 Ψ_i の構成のみ説明する.まず,次数付き環として次の同型が存在することに注意する:

$$A/(W) \cong \bigoplus_{j\geq 0} H^0(X, \mathcal{O}_X(j)).$$

よって,各 $E \in D^b\operatorname{Coh}(X)$ に対して次の対象は次数付き $A/(W)$-加群の複体であるとみなせる:

$$\mathbf{R}\omega_i(E) := \bigoplus_{j\geq i} \mathbf{R}\operatorname{Hom}(\mathcal{O}_X, E(j)).$$

関手 Ψ_i は次の関手の合成として構成される:

$$\Psi_i \colon D^b\operatorname{Coh}(X) \xrightarrow{\mathbf{R}\omega_i} D^b(\operatorname{mod}^{\mathrm{gr}}(A/(W))) \xrightarrow{\pi} D^{\mathrm{gr}}_{\mathrm{sg}}(A/(W)) \xrightarrow{\operatorname{Cok}^{-1}} \operatorname{HMF}^{\mathrm{gr}}(W).$$

ここで π は自然な商関手であり,Cok は定理 7.27 による同値である. □

例 7.29 $W = x^d \in \mathbb{C}[x], d \geq 2$ とする.このとき $\varepsilon = 1-d < 0$ であり,$X = \emptyset$ である.よって定理 7.28 (iii) より次の完全例外コレクションが存在する:

$$\operatorname{HMF}^{\mathrm{gr}}(W) = \langle E_{-i}, E_{-i+1}, \cdots, E_{-i+2-d}\rangle.$$

例 7.30 W を次数 3 の同次多項式

$$W \in \mathbb{C}[x_1, x_2, x_3, x_4, x_5, x_6]$$

とする.このとき $\varepsilon = 3$ であり,$X \subset \mathbb{P}^5$ は次数が 3 の 4 次元超曲面である.定理 7.28 (i) より次の準直交分解が存在する:

$$D^b\operatorname{Coh}(X) = \langle \mathcal{O}_X(-3), \mathcal{O}_X(-2), \mathcal{O}_X(-1), \operatorname{HMF}^{\mathrm{gr}}(W)\rangle.$$

$\operatorname{HMF}^{\mathrm{gr}}(W)$ のセール関手は (7.15) と (7.16) により $\mathcal{S}_W = [2]$ である.つまり,$\operatorname{HMF}^{\mathrm{gr}}(W)$ は K3 曲面の連接層の導来圏と共通の圏論的性質を持つ.実際,あ

る特別な W に対しては $\mathrm{HMF}^{\mathrm{gr}}(W)$ が K3 曲面の連接層の導来圏と同値であることが Kuznetsov [75] により示されている. このような W の性質 (つまり $\mathrm{HMF}^{\mathrm{gr}}(W)$ が K3 曲面の連接層の導来圏と同値になる) ことと X が有理的 (つまり $\mathbb{P}^4$ と双有理同値) であることが同値であると Kuznetsov [75] により予想されている.

定理 7.28 (ii) により, $X = (W = 0) \subset \mathbb{P}^{n-1}$ が次数 n の超曲面カラビ・ヤウ多様体ならば, X の連接層の導来圏は W の次数付き行列因子化のなす三角圏と同値になる. 行列因子化は代数的な対象なので, これは定理 7.3, 定理 7.4, 予想 7.17 と同様に代数多様体の導来圏と何らかの代数的な対象から構成される三角圏との間の対応を意味している. しかし, 注意 7.25 で述べたように $\mathrm{HMF}^{\mathrm{gr}}(W)$ は何らかのアーベル圏の導来圏として得られているわけではない. その点, 定理 7.28 (ii) による同値は定理 7.3, 定理 7.4, 予想 7.17 とは様子が異なる. この相違点は, 次章で述べる安定性条件を考察する際には大きな問題点となる.

第8章

三角圏の安定性条件

この章では，三角圏の安定性条件の理論について解説する．これは，2002年にBridgeland氏 [19] によって導入された概念である．ただし，2002年というのはarXivに投稿された年であって，出版された年ではない．出版は2006年であり，実に4年もの月日を要している．論文 [19] そのものが非常に難しくて，審査に時間が掛かったわけではないと思う．実際，論文 [19] は非常に読みやすく，導来圏や三角圏の基礎を押さえているなら数日で読めると思う．恐らく，論文 [19] の価値判断が難しかったのだろう．論文 [19] の主結果を一言でいうと，「**三角圏から出発して，安定性条件の空間と呼ばれる複素多様体が構成できる**」と言える．このような数学は，聞いたことがなかった．これが果たしてどこに行くのか，見当もつかなかった．

彼の論文がarXivに投稿されたとき，筆者は修士課程1年の大学院生であった．当時，筆者は導来圏の研究を志していたため，Bridgeland氏の論文は隅から隅まで勉強していた．ところが論文 [19] を見たとき，わくわくした反面，その重要性をあまり理解もできなかった．論文 [19] の主結果はミラー対称性や超弦理論に基づくのであるが，筆者にその辺りのバックグラウンドが不足していたのが原因である．実際，論文 [19] は極めて独創的で，その後の導来圏の研究を一変させるものだったのである．

安定性条件とは，数学的には代数曲線上の連接層の安定性条件 (例 3.45 を参照) を自然に拡張したものである．Bridgeland氏による安定性条件の空間は，とくに3次元カラビ・ヤウ多様体 X 上の連接層の導来圏の場合が最も重要である．このとき，安定性条件は超弦理論における Douglas [33] のパイ安定性条件の数学的定式化と考えられ，また安定性条件の空間 $\mathrm{Stab}(X)$ は，X のミラー多様体 $X^\vee$ の複素構造のモジュライ空間と関係すると考えられている．よって，

Stab(X) は超弦理論における弦理論的ケーラーモジュライ空間を数学的に実現すると期待されている. その後, Bridgeland 氏は K3 曲面や ADE 特異点解消の連接層の導来圏の安定性条件の空間を記述している [20], [21]. とくに, 論文 [20] の主結果は K3 曲面の自己同値群と安定性条件の空間の位相構造が関係するという, 驚異的な結果であった. 以上が 2005 年頃までの進展である. それまでの間, Bridgeland 氏以外に安定性条件の研究に携わった数学者はほとんどいなかった.

筆者は大学院博士課程 2 年だった 2005 年の秋から冬にかけて, 当時英国・シェフィールド大学に勤めていた Bridgeland 氏を訪ねた. 筆者の宿泊先からシェフィールド大学に向かう途中で, 筆者は Bridgeland 氏に「3 次元フロップ収縮に付随する三角圏の安定性条件の空間はどうなるのか?」という質問をしたところ, 「その問題は面白いから, 君にあげるよ」という返答をもらい, これが契機となって筆者は安定性条件の空間に携わることになった. シェフィールド大学滞在中に, Bridgeland 氏の指導の下で上記の問を解決し, 論文 [116] に纏めた. この結果の特殊な場合を第 8.7 節で解説する. シェフィールド大学での上記の研究とその後の研究により, 様々な状況で第 6 章における双有理幾何学と導来圏との関係, 第 7 章における代数多様体と有限群の表現, 非可換代数, 行列因子化との関係が安定性条件空間を通じてより自然に解釈できるようになった. よって, これまでの章で議論してきた導来圏に関する様々な対称性が, すべて安定性条件の空間を通じて統一的に理解できると期待される.

その一方, 安定性条件の理論は未だ発展途上の段階にあるとも言わざるを得ない. 最大の難点は, 実際に安定性条件が存在することを示すことが困難な点にある[1]. とくに, 3 次元射影的カラビ・ヤウ多様体 (たとえば $\mathbb{P}^4$ 内の 5 次超曲面) 上に安定性条件が存在するか否かは, 現時点でも未解決である. 2011 年に筆者は Bayer 氏, Macri 氏らと共同でこの問題に対する 1 つのアプローチを提供した. 我々のアプローチが実際に安定性条件を与えることを要請すると, 従来の代数幾何学では予想もつかなかったチャーン標数の間の不等式が予想される. この不等式予想については, 第 8.12 節で解説する. 今後, 我々の不等式予想の解決が安定性条件の空間の研究における最重要課題である.

---

[1] つまり, 安定性条件の空間が空集合でないことを示すのが極めて非自明である.

8.1 代数曲線上の安定層

まず最初に, 例 3.45 における代数曲線上の安定層について復習する. C を滑らかな射影的代数曲線とする. $E \in \mathrm{Coh}(C)$ に対してその傾斜関数は

$$\mu(E) = \frac{\deg E}{\mathrm{rank}\, E} \in \mathbb{Q} \cup \{\infty\}$$

と定義された. ここで E が捩れ層 (つまり $\mathrm{rank}\, E = 0$) のときは $\mu(E) = \infty$ と定める. 定義より, $E \in \mathrm{Coh}(C)$ が (半) 安定であるとは, 任意の部分層 $0 \neq F \subsetneq E$ に対して不等式

$$\mu(F) < (\leq)\mu(E) \tag{8.1}$$

が成立することを言う. とくに E が半安定で $\mathrm{rank}(E) > 0$ ならば, E は捩れがなく, よって E は代数的ベクトル束である.

代数曲線上の安定層を考察するメリットを 2 つ挙げよう:

- 階数 r と次数 d を固定しても, 条件

$$(\mathrm{rank}\, E, \deg E) = (r, d) \tag{8.2}$$

を満たす C 上の連接層はたくさんありすぎて, このような層をパラメータ付けする有限型のモジュライ空間は存在しない. 一方, 条件 (8.2) を満たす安定層は有限型のモジュライ空間でパラメータ付けされる. したがって, 連接層全体の集合より安定層全体の集合の方が理解しやすい.

- 任意の $E \in \mathrm{Coh}(C)$ に対して, フィルトレーション

$$0 = E_0 \subset E_1 \subset \cdots \subset E_n = E \tag{8.3}$$

で, 次の条件を満たすものが存在する: 各部分商 $F_i = E_i/E_{i-1}$ が半安定であり, $\mu(F_i) > \mu(F_{i+1})$ が任意の i に対して成立する. フィルトレーション (8.3) は **Harder-Narasimhan (HN)** フィルトレーションと呼ばれ, 上記の条件で同型を除いて一意的に定まる. HN フィルトレーションの存在により, 原理的にはすべての半安定層を理解すればすべての連接層を理解できたことになる.

安定層に関する以上の性質の詳細については，[53] を参照されたい．ここで，$E \in \mathrm{Coh}(C)$ に対して $Z(E) \in \mathbb{C}$ を次のように置く：

$$Z(E) = -\deg E + \sqrt{-1}\,\mathrm{rank}\,E. \tag{8.4}$$

$0 \neq E \in \mathrm{Coh}(C)$ ならば $\mathrm{rank}(E) > 0$ であるか，あるいは $\mathrm{rank}\,E = 0$ で $\deg E > 0$ となる (図 8.1 を参照). このことから，

$$\arg Z(E) := \mathrm{Im}\log Z(E) \in (0, \pi]$$

がただ 1 つに定まる．すると，不等式 (8.1) は次の不等式で置き換えることができる：

$$\arg Z(F) < (\leq) \arg Z(E).$$

上記の Z は，代数曲線上の連接層の安定性条件の定義を一般のアーベル圏上に拡張する際に重要な役割を果たす．次節で詳しく解説する．

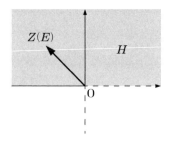

図 8.1　$Z(E)$ の図

8.2　アーベル圏の安定性条件

この節では，前節の代数曲線上の安定層の定義を踏まえて，一般のアーベル圏の安定性条件を定義する．$\mathcal{A}$ をアーベル圏 (たとえば代数多様体上の連接層の圏) とする．まず，$\mathcal{A}$ の K 群 $K(\mathcal{A})$ を次で定義する：

$$K(\mathcal{A}) = \bigoplus_{E \in \mathcal{A}} \mathbb{Z}[E] / \sim .$$

ここで直和はすべての同型類 $E \in \mathcal{A}$ に渡り，関係式 $\sim$ は完全系列 $0 \to E_1 \to E_2 \to E_3 \to 0$ に対する次の関係式で生成される：

$$[E_2] \sim [E_1] + [E_3].$$

定義 8.1　アーベル圏 $\mathcal{A}$ 上の安定性条件とは, 群準同型 $Z\colon K(\mathcal{A}) \to \mathbb{C}$ であって次の 2 条件を満たすものである:

- **(正値性)** 次が成立する:
$$Z(\mathcal{A} \setminus \{0\}) \subset \mathbb{H} := \{r\exp(i\pi\phi) : r > 0, 0 < \phi \le 1\}. \quad (8.5)$$
とくに, 任意の $0 \ne E \in \mathcal{A}$ に対して $\arg Z(E) \in (0, \pi]$ が一意的に定まる.
- **(HN 性質)** 任意の $E \in \mathcal{A}$ に対して, E におけるフィルトレーション (HN フィルトレーション)
$$0 = E_0 \subset E_1 \subset \cdots \subset E_n = E$$
が存在して, すべての i で $F_i = E_i/E_{i-1}$ は Z-半安定であり, $\arg Z(F_i) > \arg Z(F_{i+1})$ が成立する. ここで $E \in \mathcal{A}$ が **Z-(半) 安定**であるとは, 任意の部分対象 $0 \ne F \subsetneq E$ に対して $\arg Z(F) < \arg Z(E)$ が $(0, \pi]$ において成立するものと定める.

いくつか例を述べる.

例 8.2　C を滑らかな射影的代数曲線とし, $\mathcal{A} = \mathrm{Coh}(C)$ とする. すると (8.4) で定まる Z は $K(\mathcal{A})$ から $\mathbb{C}$ への群準同型であり, 定義 8.1 における安定性条件を定める. さらにこの場合, $E \in \mathcal{A}$ が Z-半安定であることと E が前節の意味での半安定層であることは同値である.

例 8.3　A を $\mathbb{C}$ 上の有限次元 (可換とは限らない) 代数とし, $\mathcal{A} = \mathrm{mod}\, A$ を有限生成右 A 加群のなすアーベル圏とする. このとき, 有限個の単純対象 $S_1, \cdots, S_k \in \mathcal{A}$ が存在して
$$K(\mathcal{A}) = \bigoplus_{j=1}^{k} \mathbb{Z}[S_i]$$
となる. さらに,
$$\mathrm{Im}(\mathcal{A} \setminus \{0\} \to K(\mathcal{A})) = \left(\bigoplus_{j=1}^{k} \mathbb{Z}_{\ge 0}[S_i] \right) \setminus \{0\} \quad (8.6)$$

である.各 $1 \leq j \leq k$ に対して $z_j \in \mathbb{H}$ を選び,$Z\colon K(\mathcal{A}) \to \mathbb{C}$ を $Z([S_j]) = z_j$ となるように定める.すると,(8.6) より Z は条件 (8.5) を満たす.この Z が HN 性質を満たすことも容易にわかり,Z が $\mathcal{A}$ 上の安定性条件を定めることが従う.

一般に,例 8.3 のように代数に由来するアーベル圏上の安定性条件を構成するのは易しいことが多い.これは (8.6) のように $\mathcal{A} \setminus \{0\}$ の $K(\mathcal{A})$ における像が簡単になる場合が多いためである.しかし,連接層の圏のように幾何に由来するアーベル圏上に安定性条件を構成するのは困難な場合が多い (存在しない場合もある).代数に由来する場合とは異なり,$\mathcal{A}$ が幾何に由来する場合は $\mathcal{A} \setminus \{0\}$ の $K(\mathcal{A})$ における像は一般に非常に複雑であり,これが安定性条件を構成する困難さを引き起こす.たとえば,次の例を考える.

例 8.4 X を d 次元の複素射影的代数多様体とし,$\mathcal{A} = \mathrm{Coh}(X)$ とする.ω を X 上の豊富因子とすると,$E \in \mathrm{Coh}(X)$ に対して $c_1(E) \cdot \omega^{d-1}$ が代数曲線上の連接層の次数の類似を与える.よって例 8.2 の真似をして群準同型 $Z\colon K(\mathcal{A}) \to \mathbb{C}$ を
$$Z(E) = -c_1(E) \cdot \omega^{d-1} + \sqrt{-1}\,\mathrm{rank}\,E$$
と定めてみる.しかし,$d \geq 2$ なら Z は $\mathrm{Coh}(X)$ 上の安定性条件ではない.実際 $Z(\mathcal{O}_x) = 0$ であり,よって $Z(\mathcal{O}_x) \notin \mathbb{H}$ である.

8.3 三角圏の安定性条件

この節では,前節のアーベル圏の安定性条件の定義を基にして,三角圏の安定性条件の定義を与える.まず最初に,アイデアについて述べる.仮に三角圏 $\mathcal{D}$ がアーベル圏 $\mathcal{A}$ の有界な導来圏 $D^b(\mathcal{A})$ で与えられるとしよう.任意の $E \in D^b(\mathcal{A})$ に対して,次の完全三角形の列が存在する (補題 6.23 を参照):

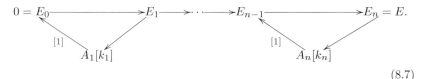

(8.7)

ここで, 次が成り立つ:
$$A_j[k_j] = \mathcal{H}_{\mathcal{A}}^{-k_j}(E)[k_j] \in \mathcal{A}[k_j], \quad k_1 > k_2 > \cdots > k_n.$$

上の完全三角形の列を, さらに細かくすることを考える. そこで, アーベル圏 $\mathcal{A}$ に定義 8.1 の意味での安定性条件 $Z\colon K(\mathcal{A}) \to \mathbb{C}$ が定まっているとする. すると各 $\mathcal{H}_{\mathcal{A}}^{-k_j}(E) \in \mathcal{A}$ には Z-安定性に関する HN フィルトレーションが存在する. それらを
$$0 = E_{j,0} \subset E_{j,1} \subset \cdots \subset E_{j,m_j} = \mathcal{H}_{\mathcal{A}}^{-k_j}(E) \tag{8.8}$$
とする. 各 $A_{j,i} = E_{j,i}/E_{j,i-1}$ は Z-半安定で, 次が成立する:
$$\arg Z(A_{j,i}) = \pi \theta_{j,i}, \quad 1 \geq \theta_{j,1} > \theta_{j,2} > \cdots > \theta_{j,m_j} > 0. \tag{8.9}$$

完全三角形の列 (8.7) と, 各 j に対する HN フィルトレーション (8.8) を組み合わせる. すると, 次の形の完全三角形の列を得る:

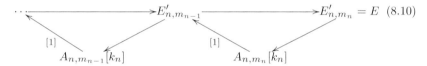

ここで, 各 $A_{j,i}[k_j]$ に対して $\phi(A_{j,i}[k_j])$ を次のように置く:
$$\phi(A_{j,i}[k_j]) = k_j + \theta_{j,i} \in (k_j, k_j + 1]. \tag{8.11}$$
すると $k_1 > k_2 > \cdots > k_n$ および (8.9) より, 完全三角形の列 (8.10) は次のように書き変えることができる [2]:

$$0 = E_0 \longrightarrow E_1 \longrightarrow \cdots \longrightarrow E_{l-1} \longrightarrow E_l = E. \tag{8.12}$$

(with F_1, F_l and $[1]$ shifts)

各 F_k は $A_{j,i}[k_j]$ の形であり, (8.9), (8.11) より次の不等号が成立する:
$$\phi(F_1) > \phi(F_2) > \cdots > \phi(F_l). \tag{8.13}$$

ここで, Z-半安定対象のシフトとして得られる各 F_k を $D^b(\mathcal{A})$ における「半安定対象」とみなそう. すると, 完全三角形の列 (8.12) は導来圏 $D^b(\mathcal{A})$ における

---

[2] 記号の乱用であるが, ここでの E_i は (8.7) のものとは異なる.

HN フィルトレーションとみなすことができる.

$\mathcal{A} \subset D^b(\mathcal{A})$ は $D^b(\mathcal{A})$ の有界な t-構造の核であった. 上の議論は $D^b(\mathcal{A})$ を一般の三角圏 $\mathcal{D}$ に置き換え, $\mathcal{A} \subset \mathcal{D}$ を任意の有界な t-構造の核に置き換えても適用される. つまり, $\mathcal{D}$ の有界な t-構造の核 $\mathcal{A} \subset \mathcal{D}$, および $\mathcal{A}$ 上の安定性条件 $Z\colon K(\mathcal{A}) \to \mathbb{C}$ が存在すると, 三角圏 $\mathcal{D}$ における HN フィルトレーション (8.12) が得られる. よって, $\mathcal{D}$ 上の安定性条件とは上記の $\mathcal{A}$ と Z からなるデータと定義するのが自然である. 一方, K 群 $K(\mathcal{A})$ は有界な t-構造の核 $\mathcal{A} \subset \mathcal{D}$ の取り方に依存しない. 実際, これは標準的に次で定義される $\mathcal{D}$ の K 群と同型である:

$$K(\mathcal{D}) = \bigoplus_{E \in \mathcal{D}} \mathbb{Z}[E]/\sim.$$

ここで直和はすべての同型類 $E \in \mathcal{D}$ に渡り, 関係式 $\sim$ は完全三角形 $E_1 \to E_2 \to E_3 \to E_1[1]$ に対する次の関係式で生成される:

$$[E_2] \sim [E_1] + [E_3].$$

以上より, 次の定義に行き着く.

定義 8.5 (Bridgeland [19]) $\mathcal{D}$ を三角圏とする. $\mathcal{D}$ 上の**安定性条件**とは, データ $(Z, \mathcal{A})$ であって, 次の条件を満たすものである.

- $\mathcal{A} \subset \mathcal{D}$ は有界な t-構造の核である.
- $Z\colon K(\mathcal{D}) \to \mathbb{C}$ は $\mathcal{A}$ 上の安定性条件を与える.

注意 8.6 定義により, $\mathcal{A}$ をアーベル圏とし Z を $\mathcal{A}$ 上の安定性条件とすると, $(Z, \mathcal{A})$ は $D^b(\mathcal{A})$ 上の安定性条件である. 一方, 別のアーベル圏 $\mathcal{B}$ と同値 $\Phi\colon D^b(\mathcal{B}) \cong D^b(\mathcal{A})$ が存在することがあり得る. この場合, $\mathcal{B}$ 上の安定性条件 W は $D^b(\mathcal{A})$ 上の安定性条件

$$(\Phi(\mathcal{B}), W \circ \Phi_K^{-1})$$

を定める. ここで $\Phi_K\colon K(\mathcal{B}) \to K(\mathcal{A})$ は Φ が誘導する K 群の同型写像である.

三角圏 $\mathcal{D}$ 上の安定性条件 $(Z, \mathcal{A})$ から完全三角形の列 (8.12) が構成できる. 逆に, 半安定対象達から成る完全三角形の列 (8.12) のデータから出発して, 定義 8.5 における安定性条件を再構成できる. 実際, 次の補題が成り立つ:

補題 8.7 三角圏 $\mathcal{D}$ 上の安定性条件を与えることと, データ

$$(Z, \{\mathcal{P}(\phi)\}_{\phi \in \mathbb{R}}), \quad \mathcal{P}(\phi) \subset \mathcal{D} \tag{8.14}$$

であって次の条件を満たすものを与えることは同値である:

- 各 $\mathcal{P}(\phi)$ は $\mathcal{D}$ の部分圏であって, $\mathcal{P}(\phi+1) = \mathcal{P}(\phi)[1]$ が成り立つ.
- $\phi_1 > \phi_2$ で $E_i \in \mathcal{P}(\phi_i)$ ならば, $\mathrm{Hom}(E_1, E_2) = 0$ である.
- $Z \colon K(\mathcal{D}) \to \mathbb{C}$ は群準同型であり, 任意の対象 $0 \neq E \in \mathcal{P}(\phi)$ に対して, 次が成り立つ:

$$Z(E) \in \mathbb{R}_{>0} \exp(\sqrt{-1}\pi\phi).$$

- 任意の対象 $E \in \mathcal{D}$ に対して, 非負整数 n, 実数列 $\phi_1 > \phi_2 > \cdots > \phi_n$, および完全三角形の列

(8.15)

が存在して, 各 i に対して $F_i \in \mathcal{P}(\phi_i)$ となる.

証明 まず, $\mathcal{D}$ 上の安定性条件 $(Z, \mathcal{A})$ から出発してデータ (8.14) を構成する. 各 $0 < \phi \leq 1$ に対して, $\mathcal{P}(\phi)$ を次で定義する:

$$\mathcal{P}(\phi) = \{E \in \mathcal{A} : E \text{ は } Z\text{-半安定で } Z(E) \in \mathbb{R}_{>0} e^{i\pi\phi}\} \cup \{0\}.$$

任意の $\phi \in \mathbb{R}$ に対し, 整数 k が存在して $\phi \in (k, k+1]$ となる. よって, $\mathcal{P}(\phi) = \mathcal{P}(\phi - k)[k]$ と定める. このように定めたデータ (8.14) は, 構成から補題の最初と 3 番目の性質を満たしている. また, 最後の性質は完全三角形の列 (8.12) の導出と同様の議論で得られる. 2 番目の性質を示す. $i = 1, 2$ に対して, 整数 k_i が存在して $\phi_i \in (k_i, k_i + 1]$ となる. $\phi_1 > \phi_2$ より $k_1 \geq k_2$ である. $k_1 > k_2$ ならば, $E_1 \in \mathcal{A}[k_1]$, $E_2 \in \mathcal{A}[k_2]$ および t-構造の核の性質より $\mathrm{Hom}(E_1, E_2) = 0$ が従う (補題 6.23 を参照). よって, $k_1 = k_2 = 0$ として良い. とくに $E_1, E_2 \in \mathcal{A}$ である. 背理法により, 0 ではない射 $\psi \colon E_1 \to E_2$ が存在すると仮定する. $\mathcal{A}$ における ψ の像を E_3 と置くと, これは 0 ではなく, E_1 と E_2 の Z-半安定性より

$$\arg Z(E_1) \leq \arg Z(E_3) \leq \arg Z(E_2)$$

が従う. これは $\phi_1 > \phi_2$ に矛盾する.

逆に, 補題の性質を満たすデータ (8.14) が与えられたとする. このとき, 部分圏 $\mathcal{A} \subset \mathcal{D}$ を次で定める:

$$\mathcal{A} = \langle \mathcal{P}(\phi) : 0 < \phi \leq 1 \rangle_{\mathrm{ex}} \subset \mathcal{D}.$$

ここで, $\langle * \rangle_{\mathrm{ex}}$ は $*$ の拡大閉包である (第 6.4 節を参照). $\mathcal{A}$ の構成から, $E \in \mathcal{A}$ であることと E を完全三角形の列 (8.15) に分解したときに $1 \geq \phi_1 > \phi_2 > \cdots > \phi_n > 0$ となることが同値になる. このように $\mathcal{A}$ を定めると, データ (8.14) が満たす性質と補題 6.23 から $\mathcal{A}$ が有界な t-構造の核であることが従う. さらに 3 番目の性質から性質 (8.5) が従う. また, $E \in \mathcal{A}$ に対して完全三角形の列 (8.15) を当てはめると定義 8.1 における HN フィルトレーションを与える. よって Z は $\mathcal{A}$ 上の安定性条件である. □

データ (8.14) における Z は**中心電荷**と呼ばれ, $\mathcal{P}(\phi)$ は**位相 ϕ の半安定対象の圏**と呼ばれる. 以後, 安定性条件とデータ (8.14) を同一視する.

8.4 安定性条件の空間

$\mathcal{D}$ を三角圏とする. Bridgeland は論文 [19] において, ある「良い」性質を満たす $\mathcal{D}$ 上の安定性条件全体の集合 $\mathrm{Stab}(\mathcal{D})$ に複素多様体の構造が入ることを示した. その複素多様体のイメージを掴むために, まずは簡単な例で $\mathrm{Stab}(\mathcal{D})$ の様子を観察しよう. A を有限次元 $\mathbb{C}$-代数とし, $\mathcal{A} = \mathrm{mod}\, A$, $\mathcal{D} = D^b(\mathcal{A})$ とする. $U(\mathcal{A}) \subset \mathrm{Stab}(\mathcal{D})$ を $\mathcal{D}$ 上の安定性条件の集合で, 対応する t-構造の核が標準的 t-構造の核 $\mathcal{A} \subset \mathcal{D}$ であるものとする. (つまり, $U(\mathcal{A})$ は $\mathcal{A}$ 上の安定性条件全体の集合である.) 例 8.3 により, $U(\mathcal{A})$ の元を与えることと $z_1, \cdots, z_k \in \mathbb{H}$ を与えることは同値である. したがって

$$\mathbb{H}^k = U(\mathcal{A}) \subset \mathrm{Stab}(\mathcal{D})$$

となる. $U(\mathcal{A})$ の内点の集合は複素多様体の構造を持つ. 一方, $U(\mathcal{A})$ 自体は境界を持つため複素多様体ではない. $S_1, \cdots, S_k \in \mathrm{mod}\, A$ を単純対象達とする.

$U(\mathcal{A})$ の余次元 1 の境界は $1 \leq i \leq k$ に対する次の集合 $\partial_i U(\mathcal{A})$ で与えられる:
$$\partial_i U(\mathcal{A}) = \{(Z, \mathcal{A}) \in U(\mathcal{A}) : Z([S_i]) \in \mathbb{R}_{<0}\}.$$
後述するように $\mathrm{Stab}(\mathcal{D})$ は複素多様体になるため, 境界 $\partial_i U(\mathcal{A})$ を超えた部分にも安定性条件が存在するはずである. そのような安定性条件は $\mathcal{A}$ とは異なる別の t-構造の核が対応する. そのような t-構造は, ある場合には次のように $\mathcal{A}$ の傾斜で与えられる: $\mathcal{F}_i \subset \mathcal{A}$ を
$$\mathcal{F}_i = \{E \in \mathcal{A} : \mathrm{Hom}(S_i, E) = 0\}$$
と定める. $(\langle S_i \rangle_{\mathrm{ex}}, \mathcal{F}_i)$ は $\mathcal{A}$ 上の捻れ対となるため, その傾斜
$$\mathcal{A}_i = \langle \mathcal{F}_i, S_i[-1] \rangle_{\mathrm{ex}} \subset D^b(\mathcal{A})$$
は t-構造の核である. もし $\mathcal{A}_i$ も有限次元 $\mathbb{C}$ 代数 A_i の有限生成右加群の圏 $\mathrm{mod}\, A_i$ ならば, $U(\mathcal{A}_i)$ も $\mathbb{H}^k$ と同一視でき, その閉包は $\partial_i U(\mathcal{A})$ を含む. つまり,
$$U(\mathcal{A}) \cup \bigcup_{i=1}^{k} U(\mathcal{A}_i) \subset \mathrm{Stab}(\mathcal{D})$$
は連結である. $U(\mathcal{A}_i)$ の境界に対しても同様の操作を施すことで, $\mathrm{Stab}(\mathcal{D})$ 内の領域を拡大していくことができる (図 8.2 を参照).

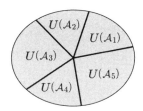

図 8.2 $\mathrm{Stab}(\mathcal{D})$ の領域構造: $\mathcal{A}_1, \cdots, \mathcal{A}_5$ は $\mathcal{D}$ 上の有界 t-構造の核

このように (上のように状況が簡単になる場合には) $\mathrm{Stab}(\mathcal{D})$ には領域と壁の構造が存在して, 領域の内部では対応する t-構造の核は一定であり, 壁を超えると t-構造は変化する.

注意 8.8 上のような $\mathrm{Stab}(\mathcal{D})$ の記述は, 必ずしも常に正しいわけではない. とくに $\mathcal{D}$ が代数多様体上の連接層の導来圏で与えられるときは, 状況はより複雑である.

上で述べた状況では $K(\mathcal{D})$ は有限生成であったが,一般には $K(\mathcal{D})$ は必ずしも有限生成ではない.多くの場合では中心電荷の集合 $\mathrm{Hom}(K(\mathcal{D}),\mathbb{C})$ が無限次元になるため,安定性条件の空間も無限次元になる.一方で,たとえばミラー対称性との関係を論じる際にはすべての中心電荷を考える必要はない.たとえば $\mathcal{D}$ が滑らかな射影的代数多様体上の連接層の導来圏の場合には,チャーン標数の線形結合で記述できる中心電荷のみ考えればよく,そのような中心電荷の空間は有限次元になる.このように考察する中心電荷を与えられた有限次元の空間に制限することで,安定性条件の空間に有限次元の複素多様体の構造を与えることができる.

そこで,与えられた三角圏 $\mathcal{D}$ に対して有限生成自由アーベル群 Γ,および群準同型
$$\mathrm{cl}\colon K(\mathcal{D}) \to \Gamma$$
を固定しておく.さらに,$\Gamma_\mathbb{R} := \Gamma \underset{\mathbb{Z}}{\otimes} \mathbb{R}$ 上のノルム $\|*\|$ も固定しておく.

注意 8.9 $\Gamma_\mathbb{R}$ は有限次元実ベクトル空間なので,すべてのノルムは同値である.よってこのノルムの取り方は今後何の影響も及ぼさない.

例 8.10 A を有限次元 $\mathbb{C}$ 代数とし,$\mathcal{D} = D^b(\mathrm{mod}\,A)$ とする.すると $K(\mathcal{D})$ は有限生成自由アーベル群になる.このとき,$\Gamma = K(\mathcal{D})$ と置き,$\mathrm{cl} = \mathrm{id}$ と置くことができる.

例 8.11 X を滑らかな射影的代数多様体とし,$\mathcal{D} = D^b\mathrm{Coh}(X)$ とする.この場合,$K(\mathcal{D})$ は有限生成とは限らない.Γ を次のように置く:
$$\Gamma = \mathrm{Im}\left(\mathrm{ch}\colon K(\mathcal{D}) \to H^*(X,\mathbb{Q})\right). \tag{8.16}$$
このとき,Γ は有限生成自由アーベル群であり,$\mathrm{cl} = \mathrm{ch}$ と置くことができる.

以上の設定の下で,集合 $\mathrm{Stab}_\Gamma(\mathcal{D})$ を次で定義する:

定義 8.12 集合 $\mathrm{Stab}_\Gamma(\mathcal{D})$ を次を満たす組 $(Z, \{\mathcal{P}(\phi)\}_{\phi \in \mathbb{R}})$ の集合とする.

- $Z\colon \varGamma \to \mathbb{C}$ は群準同型であり, $(Z \circ \mathrm{cl}, \{\mathcal{P}(\phi)\}_{\phi \in \mathbb{R}})$ はデータ (8.14) の意味で $\mathcal{D}$ の安定性条件である.
- 次が成立する (台条件と呼ばれる):

$$\sup\left\{\frac{\|\mathrm{cl}(E)\|}{|Z(E)|} : 0 \neq E \in \bigcup_{\phi \in \mathbb{R}} \mathcal{P}(\phi)\right\} < \infty. \tag{8.17}$$

注意 8.13 台条件は技術的な条件であるが, 集合 $\mathrm{Stab}_\varGamma(\mathcal{D})$ が局所的に $\varGamma_\mathbb{C}^\vee$ の元でパラメータ付けされることを保証する重要な性質である. 大雑把に言うと, Z を少し変えると半安定対象達の位相も少し変わるが, 台条件はその変わり方を半安定対象に依らずに抑えられるという条件である.

集合 $\mathrm{Stab}_\varGamma(\mathcal{D})$ に複素多様体の構造を入れるには, まず位相を入れる必要がある. $\mathrm{Stab}_\varGamma(\mathcal{D})$ の位相を定める開基底は次のように与えられる: $\sigma \in \mathrm{Stab}_\varGamma(\mathcal{D})$ と $E \in \mathcal{D}$ に対して, (8.15) のように完全三角形の列を取り, $\phi_\sigma^+(E) = \phi_1, \phi_\sigma^-(E) = \phi_n$ と置く. $\varepsilon_1 > 0, \varepsilon_2 > 0$ に対して, $B_{\varepsilon_1, \varepsilon_2}(\sigma) \subset \mathrm{Stab}_\varGamma(\mathcal{D})$ を次で定める:

$$B_{\varepsilon_1,\varepsilon_2}(\sigma) = \left\{(W, \{\mathcal{Q}(\phi)\}_{\phi \in \mathbb{R}}) : \begin{array}{c} \|W - Z\| < \varepsilon_1, \\ \text{任意の } 0 \neq E \in \bigcup_{\phi \in \mathbb{R}} \mathcal{Q}(\phi) \text{ に対して} \\ \phi_\sigma^+(E) - \phi_\sigma^-(E) < \varepsilon_2 \end{array}\right\}.$$

定理 8.14 (Bridgeland [19]) $\mathrm{Stab}_\varGamma(\mathcal{D})$ には, 開基底が

$$\{B_{\varepsilon_1,\varepsilon_2}(\sigma)\}_{\varepsilon_1 > 0, \varepsilon_2 > 0, \sigma \in \mathrm{Stab}_\varGamma(\mathcal{D})}$$

で与えられる位相が入る. さらに $(Z, \{\mathcal{P}(\phi)\}_{\phi \in \mathbb{R}}) \mapsto Z$ で与えられる忘却写像

$$\mathrm{Stab}_\varGamma(\mathcal{D}) \to \varGamma_\mathbb{C}^\vee$$

は局所同相写像である. ここで, $\varGamma_\mathbb{C}^\vee := \mathrm{Hom}_\mathbb{Z}(\varGamma, \mathbb{C})$ である. とくに, $\mathrm{Stab}_\varGamma(\mathcal{D})$ は複素多様体である.

上の定理より, 次の定義が意味をなす:

定義 8.15 X を滑らかな射影的代数多様体とし, $\varGamma, \mathrm{cl}$ を例 8.11 のように定める. このとき, 複素多様体 $\mathrm{Stab}(X)$ を

$$\mathrm{Stab}(X) := \mathrm{Stab}_\Gamma(D^b\,\mathrm{Coh}(X)) \tag{8.18}$$

と定義する.

注意 8.16 例 8.11 の状況では $K(\mathcal{D}) \to \Gamma$ は全射なので, 自然な写像

$$\Gamma_\mathbb{C}^\vee \to \mathrm{Hom}(K(\mathcal{D}), \mathbb{C}).$$

は単射である. 以後, $\mathrm{Stab}(X)$ の元の中心電荷は上の埋め込みを通じて $K(\mathcal{D})$ から $\mathbb{C}$ への群準同型の特別なものとみなす.

注意 8.17 対象 $E \in \mathcal{D}$ を与えると $\mathrm{Stab}_\Gamma(\mathcal{D})$ 上の 2 つの関数

$$\phi_*^\pm(E)\colon \mathrm{Stab}_\Gamma(\mathcal{D}) \ni \sigma \mapsto \phi_\sigma^\pm(E) \in \mathbb{R}$$

が定まる. これらは連続写像であることが容易にわかる. とくに $E \in \mathcal{D}$ が σ-半安定であることと $\phi_\sigma^+(E) = \phi_\sigma^-(E)$ となることが同値になるため, 集合

$$\{\sigma \in \mathrm{Stab}_\Gamma(\mathcal{D}) : E \text{ は } \sigma \text{ について半安定}\}$$

は $\mathrm{Stab}_\Gamma(\mathcal{D})$ の閉部分集合である.

8.5 安定性条件の空間への群作用

$\mathcal{D}$ を三角圏とし, Γ, cl を前節の通りとする. ここでは $\mathrm{Stab}_\Gamma(\mathcal{D})$ に入る群作用について解説する. まず, $\mathrm{GL}_2^+(\mathbb{R})$ を次で定義する:

$$\mathrm{GL}_2^+(\mathbb{R}) = \{A \in \mathrm{GL}_2(\mathbb{R}) : \det A > 0\}.$$

これは $\mathrm{GL}_2(\mathbb{R})$ の連結成分の 1 つであり, その基本群は $\mathbb{Z}$ と同型である. $\mathrm{GL}_2^+(\mathbb{R})$ の普遍被覆

$$\widetilde{\mathrm{GL}}_2^+(\mathbb{R}) \to \mathrm{GL}_2^+(\mathbb{R})$$

を取る. これは, $A \in \mathrm{GL}_2^+(\mathbb{R})$ と単調増加関数 $f\colon \mathbb{R} \to \mathbb{R}$ の組 (A, f) で, 次の条件を満たすものの集合である:

- すべての $x \in \mathbb{R}$ に対して $f(x+1) = f(x) + 1$.

- 次の同一視
$$S^1 = \mathbb{R}/2\mathbb{Z} = (\mathbb{R}^2 \setminus \{0,0\})/\mathbb{R}_{>0}$$
によって f と A が S^1 に誘導する写像は等しい．

$\sigma = (Z, \{\mathcal{P}(\phi)\}_{\phi \in \mathbb{R}})$ と $(A, f) \in \widetilde{\mathrm{GL}}_2^+(\mathbb{R})$ に対して，安定性条件 $\sigma \cdot (A, f)$ を次で定める：
$$\sigma \cdot (A, f) = (A^{-1} \circ Z, \{\mathcal{P}(f(\phi))\}_{\phi \in \mathbb{R}}).$$

ここで $\mathbb{C}$ を $\mathbb{R}^2$ と同一視した．これは，$\widetilde{\mathrm{GL}}_2^+(\mathbb{R})$ の $\mathrm{Stab}_\Gamma(\mathcal{D})$ への右作用を定める．この作用で，半安定対象達は不変であることに注意する．また，$\mathbb{C}^*$ は $\mathbb{C} = \mathbb{R}^2$ に複素数の通常の掛け算で作用するので，これは $\mathrm{GL}_2^+(\mathbb{R})$ の部分群である．よって普遍被覆 $\mathbb{C} \to \mathbb{C}^*$ は $\widetilde{\mathrm{GL}}_2^+(\mathbb{R})$ の部分群である．具体的には，この埋め込みは次で与えられる：
$$\mathbb{C} \ni \lambda \mapsto (e^{\pi i \lambda}, f: x \mapsto x + \mathrm{Re}\,\lambda) \in \widetilde{\mathrm{GL}}_2^+(\mathbb{R}).$$

とくに $\mathbb{C}$ は $\mathrm{Stab}_\Gamma(\mathcal{D})$ に作用し，次のように記述される：
$$(Z, \{\mathcal{P}(\phi)\}_{\phi \in \mathbb{R}}) \cdot \lambda = (e^{-\pi i \lambda} Z, \{\mathcal{P}(\phi + \mathrm{Re}\,\lambda)\}_{\phi \in \mathbb{R}}).$$

次に $\mathcal{D}$ の自己同値群 $\mathrm{Auteq}(\mathcal{D})$ の作用について解説する．この作用については，次の追加の仮定を置く：群準同型
$$\alpha \colon \mathrm{Auteq}(\mathcal{D}) \to \mathrm{Aut}(\Gamma) \tag{8.19}$$
が存在して，各 $\varPhi \in \mathrm{Auteq}(\mathcal{D})$ に対して次の図式が可換になる：

例 8.18 X を滑らかな射影的代数多様体とし，$\mathcal{D} = D^b\,\mathrm{Coh}(X)$ とする．(Γ, cl) を例 8.11 のように取ると，上の条件を満たす群準同型 α が存在する．これを示すには $E \in D^b\,\mathrm{Coh}(X)$ が $\mathrm{ch}(E) = 0$ ならば $\mathrm{ch}\varPhi(E) = 0$ がすべての $\varPhi \in \mathrm{Auteq}(X)$ で成立することを見れば十分である．これは Orlov による定理 4.11 と Grothendieck-Riemann-Roch の定理から従う．

上の仮定の下で, $\Phi \in \mathrm{Auteq}(\mathcal{D})$ と $\sigma = (Z, \{\mathcal{P}(\phi)\}_{\phi \in \mathbb{R}})$ に対して安定性条件 $\Phi \cdot \sigma$ を次で定める:
$$\Phi \cdot \sigma = (Z \circ \alpha(\Phi)^{-1}, \{\Phi(\mathcal{P}(\phi))\}_{\phi \in \mathbb{R}}).$$
これは $\mathrm{Stab}_\Gamma(\mathcal{D})$ への $\mathrm{Auteq}(\mathcal{D})$ の左作用を定めている.

8.6 ミラー対称性との関係

複素多様体 (8.18) はとくに X がカラビ・ヤウ多様体のときが重要であり, ミラー対称性の研究と密接に関わる. X をカラビ・ヤウ多様体とし, $\mathcal{K}(X)_\mathbb{C}$ を以下で定義される**複素化されたケーラー錐**とする:
$$\mathcal{K}(X)_\mathbb{C} = \{B + \sqrt{-1}\omega \in H^2(X, \mathbb{C}) : \omega \text{ はケーラー類}\}.$$
$B + \sqrt{-1}\omega \in \mathcal{K}(X)_\mathbb{C}$ に付随して安定性条件
$$\sigma_{B,\omega} = (Z_{B,\omega}, \mathcal{A}_{B,\omega}) \in \mathrm{Stab}(X)$$
が存在すると考えられている. ここで $Z_{B,\omega}$ は次のように与えられる中心電荷である.
$$Z_{B,\omega}(E) = -\int_X e^{-(B+\sqrt{-1}\omega)} \mathrm{ch}(E). \tag{8.20}$$
上の対応により, 次の埋め込みが期待できることになる:
$$\mathcal{K}(X)_\mathbb{C} \hookrightarrow \mathrm{Stab}(X).$$
つまり, 安定性条件の空間 $\mathrm{Stab}(X)$ は複素化されたケーラー錐を拡張したものであると考えられる.

ここで $X^\vee$ を X のミラー多様体とする. 第 5 章で述べたように, $X^\vee$ の複素構造の小変形と X のシンプレクティック構造の小変形 (この場合は複素化されたケーラー類の変形) が 1 対 1 に対応する. これは小変形の間の対応であるが, 大域的な変形空間についても何らかの関係があると考えられる. その関係を記述するのが安定性条件の空間であり, $\mathrm{Stab}(X)$ は複素化されたケーラー類の大域的な変形空間を与えると考えられている. より正確に述べると, 次の 2 重商が複素化されたケーラー類の大域的な変形空間

$$[\mathrm{Auteq}(X)\backslash \mathrm{Stab}(X)/\mathbb{C}]. \qquad (8.21)$$

を実現すると期待される. $\mathcal{M}(X^\vee)$ を $X^\vee$ の複素構造のモジュライ空間とする. 大域的変形空間の関係は, 次で述べられる.

予想 8.19 複素解析的スタックとしての埋め込み

$$\mathcal{M}(X^\vee) \hookrightarrow [\mathrm{Auteq}(X)\backslash \mathrm{Stab}(X)/\mathbb{C}] \qquad (8.22)$$

が存在する.

最も簡単なカラビ・ヤウ多様体は楕円曲線である. この場合, 予想 8.19 は肯定的に解決されている. 次の例でそのことを見る.

例 8.20 C を楕円曲線とする. このとき, 例 8.2 により定まる安定性条件 $\sigma_0 \in \mathrm{Stab}(C)$ が存在する [3]. σ_0 と $\widetilde{\mathrm{GL}}_2^+(\mathbb{R})$ の作用で定義される写像

$$\widetilde{\mathrm{GL}}_2^+(\mathbb{R}) \ni (A,f) \mapsto \sigma_0 \cdot (A,f) \in \mathrm{Stab}(C)$$

は位相同型であることが示される ([19] を参照). 一方, この場合

$$\varGamma = H^0(C,\mathbb{Z}) \oplus H^2(C,\mathbb{Z}) \cong \mathbb{Z}^{\oplus 2}$$

であり, 群準同型 (8.19) の像は $\mathrm{SL}_2(\mathbb{Z})$ と同一視できる ([95] を参照). よって 2 重商 (8.21) は

$$\mathrm{SL}_2(\mathbb{Z})\backslash \mathrm{GL}_2^+(\mathbb{R})/\mathbb{C}^* = \mathrm{SL}_2(\mathbb{Z})\backslash \mathbb{H}^\circ \qquad (8.23)$$

となる. ここで $\mathbb{H}^\circ$ は $\mathbb{H}$ の内点の集合 (つまり上半平面の空間) であり, $\mathrm{SL}_2(\mathbb{Z})$ は $\tau \in \mathbb{H}^\circ$ に次で作用している:

$$\begin{pmatrix} a & b \\ c & d \end{pmatrix} \cdot \tau = \frac{a\tau + b}{c\tau + d}.$$

良く知られているように (8.23) の右辺はモジュラー曲線と呼ばれ, 楕円曲線の複素構造のモジュライ空間を与える. 楕円曲線は自分自身とミラーなので, これは予想 8.19 がこの場合は正しいことを意味している. (8.23) の右辺と 2 重商

---

[3] σ_0 の台条件は容易にチェックできる.

(8.21) の間の具体的な同型写像は次で与えられる:
$$\mathrm{SL}_2(\mathbb{Z})\backslash \mathbb{H}^\circ \stackrel{\cong}{\to} [\mathrm{Auteq}(C)\backslash \mathrm{Stab}(C)/\mathbb{C}]$$
$$B+\sqrt{-1}\omega \mapsto (Z_{B,\omega}, \mathrm{Coh}(C)).$$

ここで $Z_{B,\omega}$ は (8.20) と同様に次で与えられる:
$$Z_{B,\omega}(E) = -\deg(E) + (B+\sqrt{-1}\omega)\mathrm{rank}(E).$$

8.7 局所 $(-1,-1)$-曲線上の安定性条件の空間

$f\colon X \to Y$ を図式 (6.3) で与えられる 3 次元フロップ収縮とする. X は非コンパクトな 3 次元カラビ・ヤウ多様体であるので, X の連接層の導来圏の代わりに次の三角圏を考察する:
$$\mathcal{D}_{X/Y} := \{E \in D^b\mathrm{Coh}(X) : \mathrm{Supp}(E) \text{ はコンパクト}\}.$$

$\mathcal{D}_{X/Y}$ は $D^b\mathrm{Coh}(X)$ よりも, 少なくとも次の 2 点において良い性質を持つ:

- $D^b\mathrm{Coh}(X)$ における射の空間は無次元であるが, $\mathcal{D}_{X/Y}$ における射の空間は有限次元である.
- $D^b\mathrm{Coh}(X)$ の対象のチャーン標数の類似物を定義することはできないが, $\mathcal{D}_{X/Y}$ では以下に述べるチャーン標数の類似物 cl が定義できる.

この節では, 三角圏 $\mathcal{D}_{X/Y}$ の安定性条件の空間の記述を与える. X は 3 次元カラビ・ヤウ多様体であるが, 対象 $E \in \mathcal{D}_{X/Y}$ は台がコンパクトであるため, E は X における有限個の点と例外集合 $C = f^{-1}(0) = \mathbb{P}^1$ のみに台を持つ. よって, 技術的には代数曲線上の安定性条件の研究と大差はない. しかしこの場合, 第 6 章と第 7 章でフロップや非可換代数との間の導来同値が存在することをすでに述べた. 三角圏 $\mathcal{D}_{X/Y}$ の安定性条件の空間の研究には, これら非自明な導来同値が重要な役割を果たす.

まず, $\mathcal{D}_{X/Y}$ の安定性条件の空間を定める設定を固定しておく. $\Gamma = \mathbb{Z}^{\oplus 2}$ とし, 群準同型 cl を次で定める:
$$\mathrm{cl}\colon K(\mathcal{D}_{X/Y}) \to \Gamma \qquad (8.24)$$
$$E \mapsto (l_C(E), \chi(E)).$$

ここで, $l_C(E)$ の意味を説明する. $l_C(E)$ を定義するには, E を X 上のコンパクト台を持つ連接層として良い. すると, E にはフィルトレーション

$$0 = E_0 \subset E_1 \subset \cdots \subset E_n = E$$

が存在して, 各 $F_i = E_i/E_{i-1}$ は 0 次元の層になるか C 上の直線束になる. すると $l_C(E)$ は F_i が直線束になる i の個数として定義される.

注意 8.21 $l_C(E)$ は次のようにも定義される. $\eta \in X$ を C の生成点 (つまり $\overline{\eta} = C$ となる X のスキーム論的な点) とすると, E_η は有限次元 $\mathbb{C}(\eta)$-ベクトル空間となる. そこで $l_C(E)$ は E_η の $\mathbb{C}(\eta)$ 上の次元としても定義される.

注意 8.22 群準同型 (8.24) は全射であり, 例 8.11 と同様に $\Gamma_{\mathbb{C}}^\vee$ の元を群準同型 $K(\mathcal{D}_{X/Y}) \to \mathbb{C}$ とみなすことができる.

上の (Γ, cl) を用いて, 次の複素多様体が定まる:

$$\text{Stab}(X/Y) := \text{Stab}_\Gamma(\mathcal{D}_{X/Y}).$$

また, $\text{Auteq}(X/Y)$ を $X \times_Y X$ に台を持つ対象を核対象とする $\mathcal{D}_{X/Y}$ の自己同値群とする. 次の結果は, 筆者の論文 [113] の主結果の特殊な場合である [4]:

定理 8.23 (戸田 [113])   複素多様体として, 次の同型が成立する:

$$\text{Stab}(X/Y) \cong \widetilde{(\mathbb{C} \setminus \mathbb{Z})} \times \mathbb{C}. \tag{8.25}$$

ここで $\widetilde{(\mathbb{C} \setminus \mathbb{Z})}$ は $\mathbb{C} \setminus \mathbb{Z}$ の普遍被覆空間である. さらに次の 2 重商の同型が存在する:

$$\mathbb{P}^1 \setminus \{0, 1, \infty\} \cong \left[\text{Auteq}(X/Y) \backslash \text{Stab}(X/Y)/\mathbb{C}\right]. \tag{8.26}$$

同型 (8.26) の左辺において, $\mathbb{P}^1 \setminus \{\infty\}$ を複素平面 $\mathbb{C}$ と同一視している. 左辺の点 $q \in \mathbb{P}^1 \setminus \{0, 1, \infty\}$ に対応する右辺の安定性条件は, 次のように得られる:

- $|q| < 1$ ならば, X の連接層の圏の安定性条件に対応する.

---

[4] [17], [116] も参照されたい.

- $|q| > 1$ ならば, X のフロップ $X^\dagger$ の連接層の圏の安定性条件が同値 $\mathcal{D}_{X^\dagger/Y} \xrightarrow{\sim} \mathcal{D}_{X/Y}$ の下で対応する.
- $|q| = 1$ で $q \ne 1$ ならば, 偏屈連接層の安定性条件に対応している. これは定理 7.13 より, 非可換代数の有限次元表現の安定性条件となる.

このように, 第 6 章や第 7 章で議論した導来圏の同値を, 安定性条件の空間を通じて観察することができる. 図 8.3 を参照されたい.

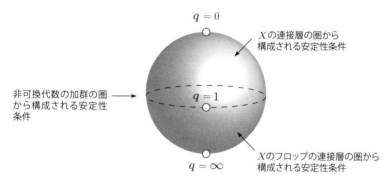

図 **8.3** $\mathrm{Stab}(X/Y)$ の図

8.8 定理 8.23 の証明の方針

まず, $\mathrm{Stab}_n(X/Y)$ を次のように正規化された安定性条件の集合とする.

$$\mathrm{Stab}_n(X/Y) = \{(Z, \mathcal{A}) \in \mathrm{Stab}(X/Y) : Z([\mathcal{O}_x] = -1\}.$$

ここで $x \in X$ であり, $\mathrm{Stab}_n(X/Y)$ は $\mathrm{Stab}(X/Y)$ の複素余次元 1 の部分多様体である. よって, $\mathrm{Stab}_n(X/Y)$ は 1 次元の複素多様体である. $B + \sqrt{-1}\omega \in \mathbb{C}$ に対して, $Z_{B,\omega} \in \Gamma_{\mathbb{C}}^\vee$ を次で定める:

$$Z_{B,\omega}(r, d) = -d + (B + \sqrt{-1}\omega)r.$$

すると, $Z_{*,*}$ は次の線形空間としての同型を与える:

$$\mathbb{C} \xrightarrow{\cong} \{Z \in \Gamma_{\mathbb{C}}^\vee : Z([\mathcal{O}_x]) = -1\} \tag{8.27}$$

$$B + \sqrt{-1}\omega \mapsto Z_{B,\omega}. \tag{8.28}$$

同型 (8.27) と定理 8.14 により, 次の局所同相写像が存在する:
$$\mathcal{Z}\colon \mathrm{Stab}_n(X/Y) \to \mathbb{C}. \tag{8.29}$$
$\mathbb{H}^\circ \subset \mathbb{H}$ を複素上半平面の空間として, これを同型 (8.27) を通じて X 上の複素化されたケーラー錐とみなす. また, 部分圏
$$\mathrm{Coh}_c(X) \subset \mathcal{D}_{X/Y}$$
を X 上のコンパクトな台を持つ連接層の圏とする. これは $\mathcal{D}_{X/Y}$ の t-構造の核であり, すべての $\mathrm{Coh}_c(X)$ の対象は X 上の有限個の点か C に台を持つ. 次の補題が成立する:

補題 8.24 次の組
$$\sigma_{B,\omega} = (Z_{B,\omega}, \mathrm{Coh}_c(X)) \tag{8.30}$$
は $\mathrm{Stab}_n(X/Y)$ の点を定める.

証明 例 8.2 と同様に, $\sigma_{B,\omega}$ が安定性条件を定めることが容易に示せる. さらに $Z_{B,\omega}([\mathcal{O}_x]) = -1$ であるため, $\sigma_{B,\omega} \in \mathrm{Stab}_n(X/Y)$ である. □

上の補題により, 安定性条件 (8.30) から定まる次の連結開領域
$$U(X) := \{\sigma_{B,\omega} : B + \sqrt{-1}\omega \in \mathbb{H}^\circ\} \subset \mathrm{Stab}_n(X/Y)$$
が構成できた. 構成から, $\mathcal{Z}(U(X)) = \mathbb{H}^\circ$ であることに注意する. ここで, $\mathrm{Stab}_n^\circ(X/Y)$ を $\mathrm{Stab}_n(X/Y)$ の連結成分で $U(X)$ を含むものとする. 次に調べるのは $U(X)$ の $\mathrm{Stab}_n^\circ(X/Y)$ における境界である. $\tau \in \partial U(X)$ とすると, これは $\tau = (Z_{B,0}, \mathcal{A})$ の形をしていなければならない. ここで $B \in \mathbb{R}$ であり, $\mathcal{A} \subset \mathcal{D}_{X/Y}$ は有界な t-構造の核である. この t-構造の核 $\mathcal{A}$ を記述する際に, 第 6.5 節で導入した偏屈連接層が登場することになる. $^p\mathrm{Per}(X/Y)$ を定義 6.26 による偏屈連接層の圏とし, $^p\mathrm{Per}_0(X/Y)$ を次で定義する:
$$^p\mathrm{Per}_0(X/Y) := {}^p\mathrm{Per}(X/Y) \cap \mathcal{D}_{X/Y}.$$
$^p\mathrm{Per}_0(X/Y)$ は $\mathcal{D}_{X/Y}$ の有界な t-構造の核であり, 次が成立することが [31] で示されている (例 6.28, 6.29 も参照):

$$^{-1}\mathrm{Per}_0(X/Y) = \langle \mathcal{O}_C(-1)[1], \mathcal{O}_C, \mathcal{O}_x : x \notin C \rangle_{\mathrm{ex}}$$
$$^{0}\mathrm{Per}_0(X/Y) = \langle \mathcal{O}_C(-2)[1], \mathcal{O}_C(-1), \mathcal{O}_x : x \notin C \rangle_{\mathrm{ex}}. \quad (8.31)$$

次の補題が成立する:

補題 8.25 $B \in \mathbb{R}$ に対して, $\tau = (Z_{B,0}, \mathcal{A})$ の形の $\tau \in \partial U(X)$ が存在することと $B \notin \mathbb{Z}$ は同値である. さらに $k \in \mathbb{Z}$ に対して $B \in (k-1, k)$ のとき, τ に対応する t-構造の核は次で与えられる:
$$\mathcal{A}_k := {}^0\mathrm{Per}_0(X/Y) \otimes \mathcal{O}_X(k).$$

証明 まず, $\tau = (Z_{B,0}, \mathcal{A}) \in \partial U(X)$ とする. 各 $k \in \mathbb{Z}$ に対して, $\mathcal{O}_C(k-1)$ は通常の意味での安定層であるため, 任意の $\sigma \in U(X)$ に対して σ-安定である. よって注意 8.17 より, $\mathcal{O}_C(k-1)$ は τ でも半安定でなければいけない. したがって,
$$Z_{B,0}(\mathcal{O}_C(k-1)) = -k + B \neq 0.$$
これはすべての $k \in \mathbb{Z}$ について成立するので, $B \notin \mathbb{Z}$ が従う.

逆に $B \notin \mathbb{Z}$ とすると, ある $k \in \mathbb{Z}$ に対して $B \in (k-1, k)$ となる. このとき, 組
$$\sigma_{B,0} = (Z_{B,0}, \mathcal{A}_k)$$
は $\mathcal{D}_{X/Y}$ の安定性条件を定める. 実際
$$Z_{B,0}(\mathcal{O}_C(k-2)[1]) = k - 1 - B < 0$$
$$Z_{B,0}(\mathcal{O}_C(k-1)) = -k + B < 0$$
なので (8.5) が成立する. HN 性質や台性質も容易に証明できる. $\sigma_{B,0} \in \partial U(X)$ となることは ${}^0\mathrm{Per}_0(X/Y)$ が $\mathrm{Coh}_c(X)$ の傾斜で与えられることを用いると容易に示せる. □

上の補題により, $\partial U(X)$ は次のように書ける:
$$\partial U(X) = \coprod_{k \in \mathbb{Z}} \partial_k U(X)$$

ただし, $\partial_k U(X)$ は次で定義される:

$$\partial_k U(X) = \{(Z_{B,0}, \mathcal{A}_k) : B \in (k-1, k)\}.$$

一方, $f^\dagger \colon X^\dagger \to Y$ を f のフロップとし, 導来同値

$$\Phi \colon D^b\operatorname{Coh}(X^\dagger) \xrightarrow{\sim} D^b\operatorname{Coh}(X)$$

を定理 6.18 のように取る. Φ は $\mathcal{D}_{X^\dagger/Y}$ を $\mathcal{D}_{X/Y}$ に移し, さらに Φ は同値 (6.17) も誘導するので, Φ は次の同値を誘導する:

$$\Phi \colon \mathcal{A}_0 = {}^0\!\operatorname{Per}_0(X^+/Y) \xrightarrow{\sim} {}^{-1}\!\operatorname{Per}_0(X/Y) = \mathcal{A}_1.$$

ここで, 最後の等式は (8.31) より従う. 上のような同値 Φ を標準的同値と呼ぶことにする. 以上より, 次が従う:

$$\Phi \cdot \partial_0 U(X^\dagger) = \partial_1 U(X).$$

ここで, $U(X^\dagger) \subset \operatorname{Stab}_n(X^\dagger/Y)$ は $U(X)$ と同様の方法で構成された $\mathcal{D}_{X^\dagger/Y}$ の安定性条件の集合である. また, $\otimes \mathcal{O}_X(1)$ の $\operatorname{Stab}(X/Y)$ への作用は明らかに $U(X)$ を保ち, 境界上では次が成立する:

$$\otimes \mathcal{O}_X(1) \cdot \partial_i U(X) = \partial_{i+1} U(X).$$

したがって, 次の $\operatorname{Stab}_n^\circ(X/Y)$ の部分集合

$$\overline{U}(X) \cup \bigcup_{k \in \mathbb{Z}} \left(\otimes \mathcal{O}_X(k) \cdot \Phi \cdot \overline{U}(X^\dagger) \right) \tag{8.32}$$

は連結である. また, 写像 (8.29) によって $\otimes \mathcal{O}_X(k) \cdot U(X^\dagger)$ は $-\mathbb{H}^\circ$ に移されるため, 写像 (8.29) による (8.32) の像は $\mathbb{C} \setminus \mathbb{Z}$ と一致する. 上の議論を $U(X^\dagger)$ にも適用して, これをさらに繰り返していく. すると, 上のように $U(X)$ あるいは $U(X^\dagger)$ を標準的同値と直線束のテンソルの合成で移した開領域が $\operatorname{Stab}_n^\circ(X/Y)$ に構成され, その写像 (8.29) による像は $\mathbb{H}^\circ$ か $-\mathbb{H}^\circ$ である. $\operatorname{Stab}_n^\circ(X/Y)$ は連結なので, 上のように構成された開領域の合併が $\operatorname{Stab}_n^\circ(X/Y)$ と一致することがわかる. 以上より, 写像 (8.29) は被覆写像

$$\operatorname{Stab}_n^\circ(X/Y) \to \mathbb{C} \setminus \mathbb{Z} \tag{8.33}$$

を与えることがわかる. 同型 (8.25) を示すには, さらに次の 2 点を示す必要がある:

- $\mathrm{Stab}_\mathrm{n}^\circ(X/Y)$ は単連結である.
- $\mathbb{C}$ の $\mathrm{Stab}(X/Y)$ への作用により誘導される写像

$$\mathrm{Stab}_\mathrm{n}^\circ(X/Y) \times \mathbb{C} \to \mathrm{Stab}(X/Y)$$

は同型である.

本書では上の 2 点についての証明は与えない. 詳細は [113], [116] に委ねる. 最後に同型 (8.26) について述べる. $\mathrm{Auteq}(X/Y)$ は次で与えられる ([116] を参照):

$$\mathrm{Auteq}(X/Y) = \langle \mathrm{ST}_{\mathcal{O}_C}, \otimes \mathcal{O}_X(1), [1] \rangle.$$

ここで $\mathrm{ST}_{\mathcal{O}_C}$ は球面対象 $\mathcal{O}_C$ に付随した球面捻りであり, これはフロップによる標準的同値を 2 回合成したものと等しい. またシフト $[1]$ の $\mathrm{Stab}(X/Y)$ への作用は, $1 \in \mathbb{C}$ の作用と等しい. よって, 被覆写像 (8.33) の存在と組み合わせると, 次が従う:

$$[\mathrm{Auteq}(X/Y) \backslash \mathrm{Stab}(X/Y) / \mathbb{C}] = (\mathbb{C} \setminus \mathbb{Z}) / \mathbb{Z}.$$

ただし, 右辺の $\mathbb{Z}$ の作用は $\otimes \mathcal{O}_X(1)$ から誘導されており, $1 \in \mathbb{Z}$ は複素数 $z \in \mathbb{C}$ に $z \mapsto z+1$ で作用する. よって, 求める同型 (8.26) は次の同型から従う:

$$(\mathbb{C} \setminus \mathbb{Z})/\mathbb{Z} \ni B + i\omega \mapsto e^{2\pi i (B+i\omega)} \in \mathbb{P}^1 \setminus \{0, 1, \infty\}.$$

以上が定理 8.23 の証明の概略である.

8.9 その他の例

これまでの間, 様々な三角圏の安定性条件の空間が研究されてきた. まず, 射影的な代数多様体の導来圏の安定性条件については [19], [84] で代数曲線の場合に調べられている. 代数曲面については, K3 曲面やアーベル曲面の場合に Bridgeland [20] 自身が調べている. 代数曲面上の安定性条件の構築は代数曲線の場合よりも明らかではないが, 連接層の圏の傾斜と Bogomolov-Gieseker 不等式[5] を用いることで構成できる. この構成については, 次節で詳しく解説する. 筆者の論文 [109] では代数曲面 X 上の安定性条件の空間に入る領域構造と X

---

[5] 定理 8.32 を参照.

の極小モデルプログラムとの関連について示している．一方，前節で述べたような非コンパクトなカラビ・ヤウ多様体上の安定性条件の空間も興味深いトイモデルである．第 7 章で有限部分群 $G \subset \mathrm{SL}_2(\mathbb{C})$ と商特異点 $\mathbb{C}^2/G$ のクレパント特異点解消の関係について述べた．クレパント特異点解消 $X \to \mathbb{C}^2/G$ は非コンパクトな 2 次元カラビ・ヤウ多様体であり，この場合の安定性条件の空間は [21]，[54]，[106] で研究されている．非コンパクトな 3 次元カラビ・ヤウ多様体については，3 次元クレパント小特異点解消の場合 [113]，3 次元カラビ・ヤウファイバー空間の場合 [116] に筆者が調べている．

X を $\mathbb{P}^2$ の標準束 $\omega_{\mathbb{P}^2} = \mathcal{O}_{\mathbb{P}^2}(-3)$ の全空間とする．これも非コンパクトな 3 次元カラビ・ヤウ多様体であり，特異点解消

$$\pi\colon X \to \mathbb{C}^3/(\mathbb{Z}/3\mathbb{Z})$$

を与えている (例 7.5 を参照)．X のコンパクト台を持つ連接層の導来圏の安定性条件の空間は Bridgeland [18] および Bayer-Macri [4] により調べられている．特に Bayer-Macri [4] によって，埋め込み

$$\left[\{\psi \in \mathbb{C} : \psi^3 \neq 1\}/\mu_3\right] \hookrightarrow [\mathrm{Auteq}(X)\backslash \mathrm{Stab}(X)/\mathbb{C}] \tag{8.34}$$

の存在が示されている (図 8.4 を参照)．左辺は次で与えられる $\omega_{\mathbb{P}^2}$ のミラー族のパラメータ空間である：

$$\{y_0^3 + y_1^3 + y_2^3 - 3\psi y_0 y_1 y_2 = 0\} \subset \mathbb{P}^2. \tag{8.35}$$

ただし，正確には上の楕円曲線から何点か除いたものが $\omega_{\mathbb{P}^2}$ のミラー族である．埋め込み (8.34) は，予想 8.19 の妥当性を示したものである．(8.34) の左辺の $\psi = \infty$ の点は極大体積極限と呼ばれ，この点の近傍に対応する安定性条件は次節の命題 8.31 と同様に X 上のコンパクト台を持つ連接層の圏の傾斜を用いて構成される．$\psi^3 = 1$ の点はコニフォールド点と呼ばれ，この点でミラー多様体 (8.35) は特異点を持つ．$\psi = 0$ の点は軌道体点[6]と呼ばれ，この点に対応する安定性条件の t-構造の核は例 7.5 における導来 McKay 対応

$$D^b\,\mathrm{Coh}(X) \xrightarrow{\sim} D^b\,\mathrm{Coh}_{\mathbb{Z}/3\mathbb{Z}}(\mathbb{C}^3) \tag{8.36}$$

を通じて同変連接層の圏 $\mathrm{Coh}_{\mathbb{Z}/3\mathbb{Z}}(\mathbb{C}^3)$ と対応している．このように，安定性条件の空間を通じて第 7 章で論じた導来 McKay 対応を観察できる．

---

[6] 英語で orbifold point と書く．

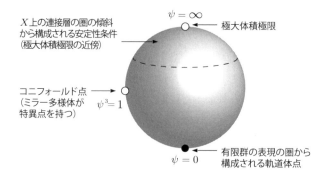

図 8.4 $X = \mathcal{O}_{\mathbb{P}^2}(-3)$ 上の安定性条件の空間の図

8.10 極大体積極限の近傍の安定性条件

これまでいくつかの幾何的状況で安定性条件を具体的に構成してきたが，これらはすべて本質的に 1 次元の代数多様体上の安定性条件である[7]．しかし，例 8.4 で見たように 2 次元以上の代数多様体上に安定性条件を構成しようとしても安直な方法では上手くいかない．実際，次の補題が成立する ([115, Lemma 2.7] を参照):

補題 8.26 X を滑らかで射影的な代数多様体とし，$\dim X \geq 2$ とする．このとき，$\sigma = (Z, \mathcal{A}) \in \mathrm{Stab}(X)$ で $\mathcal{A} = \mathrm{Coh}(X)$ となるものは存在しない．

証明 群準同型 $Z \colon \varGamma \to \mathbb{C}$ で条件

$$Z(\mathrm{Coh}(X) \setminus \{0\}) \subset \mathbb{H} \tag{8.37}$$

を満たすものが存在しないことを示せば十分である．$\dim X \geq 2$ より，X は滑らかな射影的代数曲面を部分代数多様体として含む．よって X は 2 次元であるとして良い．すると，$u_j + \sqrt{-1} v_j \in H^{4-2j}(X, \mathbb{C})$, $j = 0, 1, 2$ を用いて Z は次のように書ける:

---

[7] 第 8.7 節で構成した安定性条件は非コンパクト 3 次元カラビ・ヤウ多様体上のものであるが，その上のコンパクトな代数サイクルが高々 1 次元であるため，この場合でも本質的に 1 次元であるとみなせる．

$$Z(E) = \sum_{j=0}^{2} (u_j + \sqrt{-1} v_j) \operatorname{ch}_j(E).$$

$C \subset X$ を滑らかな射影的代数曲線として, $D \subset C$ を C の因子とする. 条件 (8.37) より

$$\operatorname{Im} Z(\mathcal{O}_C(D)) = v_2(\deg D + \operatorname{ch}_2(\mathcal{O}_C)) + v_1 \cdot [C] \geq 0$$

が成り立つ. これがすべての D に対して成立するので, $v_2 = 0$ となる. 同様に, すべての $m \in \mathbb{Z}$ に対して

$$\operatorname{Im} Z(\mathcal{O}_X(mC)) = m v_1 \cdot [C] + v_0 \geq 0$$

となるため, $v_1 \cdot [C] = 0$ とある. よって, $\operatorname{Im} Z(\mathcal{O}_C(D)) = 0$ となり, したがって (8.37) より

$$\operatorname{Re} Z(\mathcal{O}_C(D)) = u_2(\deg D + \operatorname{ch}_2(\mathcal{O}_C)) + u_1 \cdot [C] < 0$$

がすべての D で成立する. 上と同様の議論を繰り返して, $u_2 = 0$ が従う. ところが,

$$Z(\mathcal{O}_x) = u_2 + \sqrt{-1} v_2 = 0$$

となり, これは (8.37) に矛盾する. □

上の補題により, 2 次元以上の代数多様体上に安定性条件を構成するには標準的な t-構造の核とは異なるものを考察しなければいけない. 2 次元の場合, 標準的な t-構造の核を傾斜すると安定性条件が得られることが知られている. そのような安定性条件は, 極大体積極限の近傍に対応する. 2 次元の場合に限らず一般の次元でも, 極大体積極限の近傍に対応する安定性条件が存在すると信じられている. そのような安定性条件の中心電荷は $B + \sqrt{-1} \omega \in H^2(X, \mathbb{C})$, ω を豊富な $\mathbb{R}$-因子類として次の群準同型で与えられると考えられている:

$$Z_{B,\omega} \colon K(X) \to \mathbb{C} \tag{8.38}$$
$$E \mapsto -\int_X e^{-i\omega} \operatorname{ch}^B(E).$$

ここで, $\operatorname{ch}^B(E)$ は

$$e^{-B} \operatorname{ch}(E) = \left(1 - B + \frac{1}{2} B^2 - \cdots\right)(\operatorname{ch}_0(E) + \operatorname{ch}_1(E) + \cdots)$$

で与えられる $H^*(X, \mathbb{Q})$ の元である. まとめると, 次の予想を得る:

予想 8.27 X を滑らかな射影的代数多様体, $B + \sqrt{-1}\omega \in H^2(X, \mathbb{C})$ とし, ω が豊富な $\mathbb{R}$-因子類であるとする. このとき, t-構造の核 $\mathcal{A}_{B,\omega} \subset D^b \operatorname{Coh}(X)$ が存在して,

$$\sigma_{B,\omega} = (Z_{B,\omega}, \mathcal{A}_{B,\omega}) \in \operatorname{Stab}(X)$$

となる. ここで $Z_{B,\omega}$ は (8.38) で与えられる中心電荷である.

$\dim X = 1$ の場合, $H^2(X, \mathbb{C})$ と $\mathbb{C}$ を同一視して

$$Z_{B,\omega}(E) = -\deg(E) + (B + \sqrt{-1}\omega) \operatorname{rank}(E)$$

となる. この場合, $\mathcal{A}_{B,\omega} = \operatorname{Coh}(X)$ とすることで予想 8.27 が満たされる.

$\dim X = 2$ の場合を考える. この場合, 補題 8.26 より $\mathcal{A}_{B,\omega} = \operatorname{Coh}(X)$ は予想 8.27 を満たさない. 一方, この場合の中心電荷は

$$Z_{B,\omega}(E) = -\operatorname{ch}_2^B(E) + \frac{\omega^2}{2} \operatorname{ch}_0^B(E) + \sqrt{-1}\omega \operatorname{ch}_1^B(E) \tag{8.39}$$

となる. よって少なくとも $\omega \operatorname{ch}_1^B(E)$ が 0 以上となるような t-構造の核を構成しなければいけない. そこで, $\mu_{B,\omega}$ を次の傾斜関数とする:

$$\mu_{B,\omega} \colon \operatorname{Coh}(X) \setminus \{0\} \to \mathbb{R} \cup \{\infty\} \tag{8.40}$$

$$E \mapsto \frac{\omega \operatorname{ch}_1^B(E)}{\operatorname{rank} E}.$$

ただし, $\operatorname{rank}(E) = \infty$ ならば常に $\mu_{B,\omega}(E) = \infty$ である. 代数曲線上の傾斜安定性条件と同様に, $\operatorname{Coh}(X)$ 上に次の $\mu_{B,\omega}$-安定性を入れる.

定義 8.28 $E \in \operatorname{Coh}(X)$ は任意の部分層 $0 \neq F \subsetneq E$ に対して不等式 $\mu_{B,\omega}(F) \leq \mu_{B,\omega}(E)$ が成立するとき, $\mu_{B,\omega}$-半安定であると呼ぶ.

注意 8.29 例 8.4 で述べたように, $\mu_{B,\omega}$-安定性が $\operatorname{Coh}(X)$ 上に定義 8.1 の意味での安定性条件を与えるわけではない.

注意 8.30 定義により, 任意の捩れ層は $\mu_{B,\omega}$-半安定である. また, 通常の安定性条件と同様に HN フィルトレーションが存在する. つまり, 任意の $E \in \mathrm{Coh}(X)$ に対して $\mathrm{Coh}(X)$ におけるフィルトレーション

$$0 = E_0 \subset E_1 \subset \cdots \subset E_N = E \tag{8.41}$$

が存在して, 各 $F_i = E_i/E_{i-1}$ は $\mu_{B,\omega}$-半安定で $\mu_{B,\omega}(F_1) > \cdots > \mu_{B,\omega}(F_N)$ となる.

上の $\mu_{B,\omega}$-安定性を用いて, $\mathrm{Coh}(X)$ の部分圏の組 $(\mathcal{T}_{B,\omega}, \mathcal{F}_{B,\omega})$ を次で定義する:

$$\mathcal{T}_{B,\omega} := \langle E \in \mathrm{Coh}(X) : E \text{ は } \mu_{B,\omega}\text{-半安定で } \mu_{B,\omega}(E) > 0 \rangle_{\mathrm{ex}}$$

$$\mathcal{F}_{B,\omega} := \langle E \in \mathrm{Coh}(X) : E \text{ は } \mu_{B,\omega}\text{-半安定で } \mu_{B,\omega}(E) \leq 0 \rangle_{\mathrm{ex}}.$$

$\mu_{B,\omega}$-半安定性に関する HN フィルトレーション (8.41) の存在により, 組 $(\mathcal{T}_{B,\omega}, \mathcal{F}_{B,\omega})$ は $\mathrm{Coh}(X)$ の捩れ対である. 実際, (8.41) において $\mu_{B,\omega}(F_k) > 0$, $\mu_{B,\omega}(F_{k+1}) \leq 0$ となる k を取ると, 完全系列

$$0 \to E_k \to E \to E/E_k \to 0$$

は $E_k \in \mathcal{T}_{B,\omega}, E/E_k \in \mathcal{F}_{B,\omega}$ を満たしている. 捩れ対 $(\mathcal{T}_{B,\omega}, \mathcal{F}_{B,\omega})$ による傾斜を取ることで, 次の t-構造の核を得る:

$$\mathcal{A}_{B,\omega} = \langle \mathcal{F}_{B,\omega}[1], \mathcal{T}_{B,\omega} \rangle_{\mathrm{ex}} \subset D^b \mathrm{Coh}(X). \tag{8.42}$$

次の命題が成立する ([1], [20], [125] を参照).

命題 8.31 X を滑らかな射影的代数曲面, $B + \sqrt{-1}\omega \in H^2(X, \mathbb{C})$ とし, ω が豊富な $\mathbb{R}$-因子類であるとする. すると次が成立する:

$$\sigma_{B,\omega} = (Z_{B,\omega}, \mathcal{A}_{B,\omega}) \in \mathrm{Stab}(X).$$

ここで $Z_{B,\omega}$ は (8.39) で与えられ, $\mathcal{A}_{B,\omega}$ は (8.42) で与えられる. とくに, $\dim X = 2$ ならば予想 8.27 は正しい.

証明 $0 \neq E \in \mathcal{A}_{B,\omega}$ に対し, 性質 (8.5) を示す. $\mathcal{A}_{B,\omega}$ の定義より, $\mathcal{A}_{B,\omega}$ における次の完全系列が存在する:

$$0 \to \mathcal{H}^{-1}(E)[1] \to E \to \mathcal{H}^0(E) \to 0. \tag{8.43}$$

ここで $\mathcal{H}^{-1}(E) \in \mathcal{F}_{B,\omega}$, $\mathcal{H}^0(E) \in \mathcal{T}_{B,\omega}$ である.捩れ対 $(\mathcal{T}_{B,\omega}, \mathcal{F}_{B,\omega})$ の定義により,次が成り立つ:

$$\omega \operatorname{ch}_1^B(\mathcal{H}^{-1}(E)) \leq 0, \quad \omega \operatorname{ch}_1^B(\mathcal{H}^0(E)) \geq 0. \tag{8.44}$$

よって中心電荷の記述 (8.39) により $\operatorname{Im} Z_{B,\omega}(E) \geq 0$ である.

性質 (8.5) を示すには,$\operatorname{Im} Z_{B,\omega}(E) = 0$ となる $0 \neq E \in \mathcal{A}_{B,\omega}$ に対して

$$\operatorname{Re} Z_{B,\omega}(E) = \left(\operatorname{ch}_2^B(\mathcal{H}^{-1}(E)) - \frac{\omega^2}{2} \operatorname{ch}_0^B(\mathcal{H}^{-1}(E)) \right)$$
$$+ \left(-\operatorname{ch}_2^B(\mathcal{H}^0(E)) + \frac{\omega^2}{2} \operatorname{ch}_0^B(\mathcal{H}^0(E)) \right) \tag{8.45}$$

が負の実数であることを示せば良い.完全系列 (8.43) と不等式 (8.44),および $\operatorname{Im} Z_{B,\omega}(E) = 0$ により

$$\omega \operatorname{ch}_1^B(\mathcal{H}^{-1}(E)) = \omega \operatorname{ch}_1^B(\mathcal{H}^0(E)) = 0$$

となる.これと $(\mathcal{T}_{B,\omega}, \mathcal{F}_{B,\omega})$ の定義を組み合わせると,$\mathcal{H}^{-1}(E)$ は $\mu_{B,\omega}$-半安定,そして $\mathcal{H}^0(E)$ は 0 次元の層であることが従う.よって (8.45) の第 2 項は 0 以下である.第 1 項が 0 以下であることを見るために,まず $\omega \operatorname{ch}_1^B(\mathcal{H}^{-1}(E)) = 0$ とホッジ指数定理[8]から $\operatorname{ch}_1^B(\mathcal{H}^{-1}(E))^2 \leq 0$ となる.よって,定理 8.32 で述べる Bogomolov-Gieseker 不等式を用いると $\operatorname{ch}_2^B(\mathcal{H}^{-1}(E)) \leq 0$ が従う.$\mathcal{H}^{-1}(E) \neq 0$ ならば $\operatorname{ch}_0^B(\mathcal{H}^{-1}(E)) > 0$ であるため,(8.45) の第 1 項も 0 以下である.さらに,$0 \neq E$ なら $\mathcal{H}^{-1}(E)$ か $\mathcal{H}^0(E)$ のどちらかは 0 ではないので,(8.45) の第 1 項か第 2 項は負になる.よって,(8.45) は負になる.以上で,$\sigma_{B,\omega}$ が性質 (8.5) を満たすことが示された.(命題を完全に示すには,さらに HN フィルトレーションの存在と台性質を示さなければいけないが,これらは技術的なので省略する.)

□

上の命題の証明では,次の古典的な不等式を用いた.後のため,2 次元以上の場合で定理を述べておく.

---

[8] 滑らかな射影的代数曲面 X 上の豊富因子 ω と X 上の因子 C に対して,$\omega \cdot C = 0$ ならば $C^2 \leq 0$ となると言う定理.

定理 8.32 (Bogomolov [11], Gieseker [43])　X を滑らかな d 次元の射影的代数多様体とする．$d \geq 2$, $B + \sqrt{-1}\omega \in H^2(X, \mathbb{C})$ とし，ω が豊富類であるとする．すると任意の捩れのない $\mu_{B,\omega}$-半安定層 $E \in \mathrm{Coh}(X)$ に対し，次が成立する：
$$\mathrm{ch}_1^B(E)^2 \omega^{d-2} \geq \mathrm{ch}_2^B(E)\omega^{d-2} \cdot \mathrm{ch}_0^B(E).$$

注意 8.33　上の定理において，$\mu_{B,\omega}$-半安定性は定義 (8.28) と同様に $F \in \mathrm{Coh}(X)$ に対する傾斜関数
$$\mu_{B,\omega}(F) = \frac{\mathrm{ch}_1^B(E) \cdot \omega^{d-1}}{\mathrm{rank}(E)} \tag{8.46}$$
を用いて定義される．

8.11　5 次超曲面の安定性条件に関する予想

これまで，本質的に 2 次元以下の代数多様体上の安定性条件の空間について述べてきた．しかし，ミラー対称性で最も重要なのは射影的な 3 次元カラビ・ヤウ多様体の場合である．たとえば，第 5.5 節で議論した $\mathbb{P}^4$ 内の 5 次超曲面のミラー対称性と安定性条件の空間の関係を調べるのは重要な研究課題である．しかし，ここで深刻な問題が発生する．実は，Bridgeland が安定性条件の理論を導入してから 10 年以上経過しているにも関わらず，5 次超曲面上に定義 8.5 の意味での安定性条件が存在するか否かは現時点でも未解決である．つまり，$X \subset \mathbb{P}^4$ を 5 次超曲面として，$\mathrm{Stab}(X) \neq \emptyset$ であることが証明されていない．それどころか，$\mathrm{Stab}(X) \neq \emptyset$ となる射影的 3 次元カラビ・ヤウ多様体の例も発見されていない．次節で述べるように，予想 8.27 を満足すると期待される有界 t-構造の核 $\mathcal{A}_{B,\omega}$ の候補は存在する．しかし，これが定義 8.5 の公理を満たすことを示すことが極めて困難なのである．このことは，安定性条件の理論を発展させる上での大きな障害となってきた．

仮に 5 次超曲面 $X \subset \mathbb{P}^4$ に対して $\mathrm{Stab}(X) \neq \emptyset$ が示されたとしよう．すると，$\mathrm{Stab}(X)$ は予想 8.19 により X のミラー多様体族のパラメータ空間を含むはずである．これは，第 5.5 節の (5.21) で導入した $\mathcal{M}_K$ に他ならない．よって，5 次超曲面に対する予想 8.19 は次のようになる：

予想 8.34 $X \subset \mathbb{P}^4$ を滑らかな 5 次超曲面とする．このとき，次の埋め込みが存在する：
$$I\colon \mathcal{M}_K \hookrightarrow [\mathrm{Auteq}(X) \backslash \mathrm{Stab}(X)/\mathbb{C}].$$

さらに，上の予想における埋め込み I は次のように与えられると期待されている．$\psi \in \mathcal{M}_K$ に対して，
$$I(\psi) = (Z_\psi, \{\mathcal{P}_\psi(\phi)\}_{\phi \in \mathbb{R}})$$

と書く．各 $E \in D^b \mathrm{Coh}(X)$ に対して，$Z_\psi(E)$ は X のミラー族の周期積分が満たす Picard-Fuchs 方程式 (5.23) の解になる必要がある．方程式 (5.23) の解空間の基底は，$\psi = 0$ の近傍では次で与えられる ([29] を参照)：
$$\varpi_j(\psi) := -\frac{1}{5} \sum_{m=1}^{\infty} \frac{\Gamma(m/5)}{\Gamma(m)\Gamma(1-m/5)^4} (5e^{2\pi\sqrt{-1}(2+j)/5}\psi)^m.$$

ここで $0 \le j \le 3$ であり，$\Gamma(x)$ はガンマ関数
$$\Gamma(x) = \int_0^\infty t^{x-1}e^{-t}dt$$

である．$Z_\psi(E)$ は上の解の線形結合として，次のように書ける：
$$\begin{aligned}
Z_\psi(E) =& (\varpi_0(\psi) - \varpi_1(\psi)) \mathrm{ch}_0(E) \\
&+ \frac{1}{30}\left(16\varpi_0(\psi) - 9\varpi_1(\psi) + 3\varpi_3(\psi)\right) H^2 \mathrm{ch}_1(E) \\
&+ \frac{1}{5}\left(\varpi_0(\psi) - 3\varpi_1(\psi) - 2\varpi_2(\psi) - \varpi_3(\psi)\right) H \mathrm{ch}_2(E) \\
&+ \varpi_0(\psi) \mathrm{ch}_3(E).
\end{aligned}$$

ここで H は超平面クラスである．上の等式は，$Z_\psi(E)$ の $\psi = \infty, 1$ の周りでのモノドロミーが $\otimes \mathcal{O}_X(1), \mathrm{ST}_{\mathcal{O}_X}$ の作用と一致するという要請から決定される．詳細については [108] を参照されたい．

$\mathcal{M}_K$ の $\psi = \infty$ に対応する点は極大体積極限と呼ばれていた．この点の近傍に対応する安定性条件は，近似的に予想 8.27 で与えられる安定性条件と対応すると考えられている．また，$\psi = 0$ に対応する点はゲプナー点と呼ばれていた．このゲプナー点に対応するミラー多様体はフェルマー超曲面の群作用による商であり，他の $\mathcal{M}_K$ の点に対応するミラー多様体には存在しない特殊な $\mathbb{Z}/5\mathbb{Z}$-作

用が存在する．このゲプナー点の性質は，第 8.9 節で述べた $\mathrm{Stab}(\omega_{\mathbb{P}^2})$ の軌道体点の性質と共通のものである．$\mathrm{Stab}(\omega_{\mathbb{P}^2})$ の軌道体点は，第 8.9 節で述べたように McKay 対応 (8.36) を通じて同変連接層の圏を用いて構成された．一方，ゲプナー点に対応する 5 次超曲面上の安定性条件は Orlov による同値 (定理 7.28 を参照)

$$D^b \mathrm{Coh}(X) \cong \mathrm{HMF}^{\mathrm{gr}}(W) \tag{8.47}$$

を通じて，$\mathrm{HMF}^{\mathrm{gr}}(W)$ 上の何らかの「自然な」安定性条件に対応すると考えられる．というのは，ゲプナー点における中心電荷は同値 (8.47) を通じて

$$Z_G\left(\bigoplus_{i=1}^N A(m_i) \rightleftarrows \bigoplus_{i=1}^N A(n_i)\right) = \sum_{i=1}^N \left(e^{\frac{2\pi m_i \sqrt{-1}}{5}} - e^{\frac{2\pi n_i \sqrt{-1}}{5}}\right).$$

と行列因子化の言葉を用いて自然に記述できるためである．$\omega_{\mathbb{P}^2}$ の場合との最大の違いは，$\mathrm{HMF}^{\mathrm{gr}}(W)$ は何らかのアーベル圏の導来圏と構成されているわけではなく，したがって $\mathrm{HMF}^{\mathrm{gr}}(W)$ に標準的な t-構造が存在しないことにある．

5 次超曲面上の連接層の導来圏上に極大体積極限の近傍に対応する安定性条件を構成するにせよ，ゲプナー点に対応する安定性条件を構成するにせよ，中心電荷はわかっているので後は t-構造を構成するだけである．しかし，これが非常に難しいのである．極大体積極限の近傍に対応する t-構造の核 (つまり予想 8.27 における $\mathcal{A}_{B,\omega}$) は $\mathrm{Coh}(X)$ の 2 重傾斜で得られると期待されており，次節で詳しく解説する．本節の議論をまとめると，5 次超曲面の安定性条件は図 8.5 を含むと期待される．

8.12 Bogomolov-Gieseker 型不等式予想

2 次元の代数多様体に対して予想 8.27 を示すには，連接層の圏の傾斜を行う必要があることを第 8.10 節で述べた．構成した傾斜が安定性条件を与えることを示すために，定理 8.32 で述べた Bogomolov-Gieseker 不等式が必要であった．3 次元代数多様体に対する予想 8.27 は未解決であるが，2 次元のときに行った傾斜と同様の傾斜をもう 1 度行い，さらに何らかの Bogomolov-Giesekser 型不等式を証明すれば良いと考えるのは自然な発想である．しかし，さらなる傾斜を

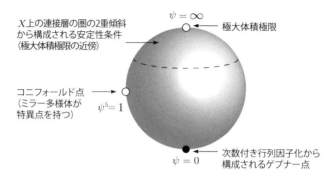

図 8.5　5 次超曲面の安定性条件の空間の図

どのように構成すれば良いのか，見当が付かない状態が暫く続いていた．3 次元代数多様体上の中心電荷 $Z_{B,\omega}$ は次のように記述できる：

$$Z_{B,\omega}(E) = -\operatorname{ch}_3^B(E) + \frac{\omega^2}{2}\operatorname{ch}_1^B(E)$$
$$+ \sqrt{-1}\left(\omega \operatorname{ch}_2^B(E) - \frac{\omega^3}{6}\operatorname{ch}_0^B(E)\right). \tag{8.48}$$

2 次元の場合の中心電荷 (8.39) と違って，$\operatorname{Im} Z_{B,\omega}$ は 2 つのチャーン標数の線形結合である．これを 0 以上にするように傾斜を行うアイデアが出てこなかったのである．

そのような状況は，2011 年の Bayer 氏，Macri 氏そして筆者の共同論文 [5] で打破された．きっかけとなったアイデアは，**3 次元射影的代数多様体上の連接層の圏を傾斜すると，あたかも 2 次元代数多様体上の連接層の圏のように見える**ということである．これがどういうことか説明する．X を 3 次元射影的代数多様体とし，$B + \sqrt{-1}\omega \in H^2(X, \mathbb{C})$ とする．ω を豊富な $\mathbb{Q}$-因子類とし，さらに技術的な理由から $B \in H^2(X, \mathbb{Q})$ も仮定する．代数曲面の場合の真似をして，$\operatorname{Coh}(X)$ に次の捩れ対 $(\mathcal{T}_{B,\omega}, \mathcal{F}_{B,\omega})$ を導入する：

$$\mathcal{T}_{B,\omega} := \langle E \in \operatorname{Coh}(X) : E \text{ は } \mu_{B,\omega}\text{-半安定で } \mu_{B,\omega}(E) > 0\rangle_{\mathrm{ex}} \tag{8.49}$$

$$\mathcal{F}_{B,\omega} := \langle E \in \operatorname{Coh}(X) : E \text{ は } \mu_{B,\omega}\text{-半安定で } \mu_{B,\omega}(E) \leq 0\rangle_{\mathrm{ex}}.$$

ここで，$\operatorname{Coh}(X)$ 上の $\mu_{B,\omega}$-安定性は傾斜関数 (8.46) を用いて定義 8.28 と同様に定義される．上の捩れ対で傾斜して，次の t-構造の核を得る：

$$\mathcal{B}_{B,\omega} = \langle \mathcal{F}_{B,\omega}[1], \mathcal{T}_{B,\omega} \rangle_{\mathrm{ex}} \subset D^b \operatorname{Coh}(X).$$

代数曲面の安定性条件を構成するには，上記のように傾斜すれば十分であった．しかし，射影的 3 次元代数多様体上に安定性条件を構成するにはこれでは不十分である．実際, $\mathcal{B}_{B,\omega}$ 上で $\omega^2 \operatorname{ch}_1^B(*) \geq 0$ は保証されるものの，本来欲しい性質 $\operatorname{Im} Z_{B,\omega}(*) \geq 0$ は保証されない．しかし，次の補題が成立する:

補題 8.35 $0 \neq E \in \mathcal{B}_{B,\omega}$ に対して，次のいずれかが成立する:

- $\omega^2 \operatorname{ch}_1^B(E) > 0$.
- $\omega^2 \operatorname{ch}_1^B(E) = 0$, $\operatorname{Im} Z_{B,\omega}(E) > 0$.
- $\omega^2 \operatorname{ch}_1^B(E) = \operatorname{Im} Z_{B,\omega}(E) = 0$, $-\operatorname{Re} Z_{B,\omega}(E) > 0$.

証明 証明は命題 8.31 の証明と同様である．命題 8.31 における代数曲面上の中心電荷の虚部を $\omega^2 \operatorname{ch}_1^B(E)$ に置き換え，実部を $\operatorname{Im} Z_{B,\omega}(E)$ に置き換える．命題 8.31 の証明をそのまま当てはめ，さらに定理 8.32 の Bogomolov-Gieseker 不等式を用いて最初の 2 つの性質が示される．命題 8.31 との唯一の違いは，3 次元の場合には $\omega^2 \operatorname{ch}_1^B(E) = \operatorname{Im} Z_{B,\omega}(E) = 0$ となる場合があることである．しかしこの場合, E は 0 次元の層になることが容易にわかるため，最後の性質が成り立つ． □

補題 8.35 は, $E \in \mathcal{B}_{B,\omega}$ から定まる 3 つ組み

$$(\omega^2 \operatorname{ch}_1^B(E), \operatorname{Im} Z_{B,\omega}(E), -\operatorname{Re} Z_{B,\omega}(E)) \tag{8.50}$$

が代数曲面 S, $0 \neq F \in \operatorname{Coh}(S)$, および S 上の豊富因子 H から定まる 3 つ組

$$(\operatorname{rank}(F), \operatorname{ch}_1(F)H, \operatorname{ch}_2(F)) \tag{8.51}$$

と同様の振る舞いをすることを意味する．実際, $\operatorname{rank}(F) \geq 0$ であり, $\operatorname{rank}(F) = 0$ ならば F の台は高々 1 次元なので $\operatorname{ch}_1(F)H \geq 0$ である．$\operatorname{rank}(F) = \operatorname{ch}_1(F)H = 0$ ならば, F は 0 次元の層になるので $\operatorname{ch}_2(F) > 0$ である．一方，代数曲面 S 上の安定性条件を構成するには $\operatorname{Coh}(S)$ 上の傾斜関数 $\operatorname{ch}_1(F)H/\operatorname{rank}(F)$ を用いて傾斜を構成するのであった．よって，3 つ組み (8.50) と (8.51) の類似性に着目して, $\mathcal{B}_{B,\omega} \setminus \{0\}$ 上の傾斜関数 $\nu_{B,\omega}$ を次で定める:

$$\nu_{B,\omega}\colon \mathcal{B}_{B,\omega} \setminus \{0\} \to \mathbb{Q} \cup \{\infty\}$$

$$E \mapsto \frac{\operatorname{Im} Z_{B,\omega}(E)}{\omega^2 \operatorname{ch}_1^B(E)}.$$

ただし, $\omega^2 \operatorname{ch}_1^B(E) = 0$ のときは $\nu_{B,\omega}(E) = \infty$ と定める. $\mu_{B,\omega}$-安定性と同様に, $\nu_{B,\omega}$-安定性を次で定める:

定義 8.36 $E \in \mathcal{B}_{B,\omega}$ は任意の $\mathcal{B}_{B,\omega}$ における部分対象 $0 \neq F \subsetneq E$ に対して $\nu_{B,\omega}(F) \leq \nu_{B,\omega}(E)$ が成立するとき, **$\nu_{B,\omega}$-半安定**であると定義する.

$\mu_{B,\omega}$-安定性と同様に, $\nu_{B,\omega}$-安定性についても HN フィルトレーションが存在する. つまり, 任意の $E \in \mathcal{B}_{B,\omega}$ に対して $\mathcal{B}_{B,\omega}$ におけるフィルトレーション

$$0 = E_0 \subset E_1 \subset \cdots \subset E_n = E$$

が存在して, 各 $F_i = E_i/E_{i-1}$ は $\nu_{B,\omega}$-半安定で, 不等式

$$\nu_{B,\omega}(F_1) > \cdots > \nu_{B,\omega}(F_n)$$

が成り立つ. よって, $\operatorname{Coh}(X)$ における捩れ対 (8.49) の構成と同様に, $\mathcal{B}_{B,\omega}$ における捩れ対 $(\mathcal{T}'_{B,\omega}, \mathcal{F}'_{B,\omega})$ を次のように定義できる:

$$\mathcal{T}'_{B,\omega} := \langle E \in \mathcal{B}_{B,\omega} : E \text{ は } \nu_{B,\omega}\text{-半安定で } \nu_{B,\omega}(E) > 0 \rangle_{\mathrm{ex}}$$

$$\mathcal{F}'_{B,\omega} := \langle E \in \mathcal{B}_{B,\omega} : E \text{ は } \nu_{B,\omega}\text{-半安定で } \nu_{B,\omega}(E) \leq 0 \rangle_{\mathrm{ex}}.$$

上の捩れ対で $\mathcal{B}_{B,\omega}$ を傾斜することで, t-構造の核

$$\mathcal{A}_{B,\omega} := \langle \mathcal{F}'_{B,\omega}[1], \mathcal{T}'_{B,\omega} \rangle_{\mathrm{ex}} \subset D^b \operatorname{Coh}(X) \tag{8.52}$$

を得る. すると, 構成から任意の対象 $E \in \mathcal{A}_{B,\omega}$ に対して $\operatorname{Im} Z_{B,\omega}(E) \geq 0$ がわかる. Bayer 氏, Macri 氏と筆者は, この t-構造の核が予想 8.27 における t-構造の核を与えると予想した. つまり, 次が成立すると予想した:

予想 8.37 (Bayer-Macri-戸田 [5]) X を 3 次元射影的代数多様体, $B+\sqrt{-1}\omega \in H^2(X, \mathbb{C})$ とし, ω を豊富な $\mathbb{Q}$-因子類とする. $Z_{B,\omega}$ を (8.48) で定義される中心電荷とし, $\mathcal{A}_{B,\omega}$ を (8.52) で定義される t-構造の核とする. このとき, 次が成立する:

$$\sigma_{B,\omega} = (Z_{B,\omega}, \mathcal{A}_{B,\omega}) \in \operatorname{Stab}(X).$$

上の予想が成立するためには, 組 $(Z_{B,\omega}, \mathcal{A}_{B,\omega})$ が性質 (8.5) を満たさなければいけない. 前述したように, $0 \neq E \in \mathcal{A}_{B,\omega}$ に対して $\operatorname{Im} Z_{B,\omega}(E) \geq 0$ である. よって (8.5) が成立するためには, $\operatorname{Im} Z_{B,\omega}(E) = 0$ となる $0 \neq E \in \mathcal{A}_{B,\omega}$ に対して $\operatorname{Re} Z_{B,\omega}(E) < 0$ を示さなければいけない. ここで $T \in \mathcal{T}'_{B,\omega}$ に対して, $\operatorname{Im} Z_{B,\omega}(T) = 0$ であることと T が 0 次元の層であることは同値であることに注意する. 実際, $\omega^2 \operatorname{ch}_1^B(T) > 0$ ならば $\mathcal{T}'_{B,\omega}$ の定義により $\operatorname{Im} Z_{B,\omega}(T) > 0$ となるため, $\omega^2 \operatorname{ch}_1^B(T) = \operatorname{Im} Z_{B,\omega}(T) = 0$ である. 補題 8.35 の証明で述べたように, このような T は 0 次元層である. したがって, $E \in \mathcal{A}_{B,\omega}$ で $\operatorname{Im} Z_{B,\omega}(E) = 0$ ならば次が成り立つ:

$$E \in \langle F[1], \mathcal{O}_x : F \in \mathcal{B}_{B,\omega} \text{ は } \nu_{B,\omega}\text{-半安定で } \nu_{B,\omega}(F) = 0, x \in X \rangle_{\mathrm{ex}}.$$

$\operatorname{Re} Z_{B,\omega}(\mathcal{O}_x) = -1$ なので, 性質 (8.5) を示すには $\operatorname{Re} Z_{B,\omega}(F[1])$ が負であることを示せば十分である. 中心電荷の記述 (8.48) により, 予想 8.37 は次の予想を導く:

予想 8.38 (Bayer-Macri-戸田 [5]) X を 3 次元射影的代数多様体, $B + \sqrt{-1}\omega \in H^2(X, \mathbb{C})$ とし, ω を豊富な $\mathbb{Q}$-因子類とする. $F \in \mathcal{B}_{B,\omega}$ を $\nu_{B,\omega}$-半安定対象とし, $\nu_{B,\omega}(F) = 0$ を満たすとする. すなわち,

$$\omega \operatorname{ch}_2^B(F) = \frac{\omega^3}{6} \operatorname{ch}_0^B(F)$$

が成立するとする. このとき, 不等式

$$\operatorname{ch}_3^B(E) < \frac{\omega^2}{2} \operatorname{ch}_1^B(E) \tag{8.53}$$

が成立する.

注意 8.39 上述の議論より, 予想 8.38 から組 $(Z_{B,\omega}, \mathcal{A}_{B,\omega})$ に対する性質 (8.5) が従う. B, ω が有理数係数上定義されているなら, 予想 8.38 から $(Z_{B,\omega}, \mathcal{A}_{B,\omega})$ の HN 性質が従うことも [5] で示している. 予想 8.37 を完全に示すには台条件を満たすことも示さなければいけないが, これは未だ示されていない.

予想 8.38 における不等式 (8.53) は最良の評価ではない. 論文 [5] では, さらに強い不等式も予想している. それは次のように述べられる:

予想 8.40 (Bayer-Macri-戸田 [5])　予想 8.38 と同じ仮定の下で, 次の不等式が成立する:
$$\operatorname{ch}_3^B(E) \leq \frac{\omega^2}{18} \operatorname{ch}_1^B(E) \tag{8.54}$$

注意 8.41　$\mathcal{B}_{B,\omega}$ 上で $\omega^2 \operatorname{ch}_1^B(*) \geq 0$ なので, 不等式 (8.54) は (8.53) よりも強い不等式である. 不等式 (8.54) における右辺は, 定理 8.32 における Bogomolov-Gieseker 不等式が等号となるような対象 $E \in \mathcal{B}_{B,\omega}$ に対して, (8.54) が等号となるように調整されている.

予想 8.40 における不等式 (8.54) は, 定理 8.32 で述べた 2 次のチャーン標数を評価する古典的な Bogomolov-Gieseker 不等式の一般化である. 定理 8.32 の Bogomolov-Gieseker 不等式は Bridgeland 安定性条件の導入より 20 年以上も前に証明された定理であり, 次節で述べる藤田予想への応用など様々な幾何的応用があることが発見されてきた. よって定理 8.32 の不等式を, 3 次のチャーン標数を評価する不等式に拡張することは自然な問題である. 仮にそのような不等式が存在するなら, 3 次元代数多様体に関する様々な幾何的応用があると考えられてきた. しかし, 2011 年における我々の予想 8.37 以前はそのような不等式を導き出す指導原理が存在せず, 何らかの意味のある予想すら提出されていなかった. 予想 8.40 は連接層の導来圏上の Bridgeland 安定性条件という比較的新しい研究分野から発見された予想であり, これは元を辿ると超弦理論のアイデアに起因している. よって超弦理論のアイデアは, Bogomolov-Gieseker 型不等式やその応用といった古典的な代数幾何学の問題にも影響を与えていると言える.

8.13　予想 8.40 の根拠

本書を執筆している時点で, 残念ながら予想 8.40 の完全解決を与えそうな有力なアイデアは存在しない. しかし, 具体的な 3 次元射影的代数多様体の場合に予想 8.40 が正しいことがいくつか示されている. それらを以下で述べる.

まず $X = \mathbb{P}^3$ の場合, 予想 8.40 は Macri [83] によって解決された. 部分的には [5] でも示している. アイデアは, 以下の通りである. 簡単のため, $B = 0$ とする. 例 6.40 で述べたように, $D^b\operatorname{Coh}(\mathbb{P}^3)$ には次の完全強例外系列が存在する:

$$D^b\operatorname{Coh}(\mathbb{P}^3) = \langle \mathcal{O}_{\mathbb{P}^3}(-2), \mathcal{O}_{\mathbb{P}^3}(-1), \mathcal{O}_{\mathbb{P}^3}, \mathcal{O}_{\mathbb{P}^3}(1) \rangle.$$

上の完全強例外系列を用いると, $D^b\operatorname{Coh}(\mathbb{P}^3)$ 上に t-構造の核

$$\mathcal{C} = \langle \mathcal{O}_{\mathbb{P}^3}(-2)[3], \mathcal{O}_{\mathbb{P}^3}(-1)[2], \mathcal{O}_{\mathbb{P}^3}[1], \mathcal{O}_{\mathbb{P}^3}(1) \rangle_{\operatorname{ex}} \tag{8.55}$$

を構成できる. また, $\mathbb{P}^3$ 上の豊富な $\mathbb{Q}$-因子 ω と $s \in \mathbb{Q}$ に対し, $D^b\operatorname{Coh}(\mathbb{P}^3)$ 上の中心電荷 Z_ω^s を次で定める:

$$Z_\omega^s(E) = -\operatorname{ch}_3(E) + s\omega^2 \operatorname{ch}_1(E) + \sqrt{-1}\left(\omega \operatorname{ch}_2(E) - \frac{\omega^3}{6} \operatorname{ch}_0(E) \right).$$

すると, $\mathcal{C}$ を生成する 4 つの単純対象 ((8.55) の右辺) に対して $Z_\omega^s(E)$ を当てはめると次がわかる: ある $s < 1/18$ と $\theta \in (0,1)$ が存在して, 任意の $0 < \omega \ll 1$ に対して

$$Z_\omega^s(\mathcal{C} \setminus \{0\}) \subset \{r\exp(i\pi\phi) : r > 0, \theta < \phi < \theta + 1\}.$$

ここで, $H^2(\mathbb{P}^3, \mathbb{Q}) \cong \mathbb{Q}$ なので $\omega \in \mathbb{Q}_{>0}$ の元とみなせることを用いた. これより, 次がわかる:

$$(e^{-\pi i\theta} Z_\omega^s, \mathcal{C}) \in \operatorname{Stab}(\mathbb{P}^3).$$

上の安定性条件に $-\theta \in \mathbb{C}$ の作用を施すと, $\mathcal{C}$ の傾斜 $\mathcal{C}'$ が存在して次が成り立つ:

$$(Z_\omega^s, \mathcal{C}') \in \operatorname{Stab}(\mathbb{P}^3).$$

ここで, $\mathcal{C}'$ と $\mathcal{A}_{0,\omega}$ を比較することを考えると, $0 < \omega \ll 1$ ならば $\mathcal{A}_{0,\omega} = \mathcal{C}'$ となることが示される. よって

$$(Z_\omega^s, \mathcal{A}_{0,\omega}) \in \operatorname{Stab}(\mathbb{P}^3)$$

がわかる. すると, $0 < \omega \ll 1$ に対して予想 8.38 の導出を逆に辿ると, $\mathbb{P}^3$ 上の $\nu_{0,\omega}$-半安定対象 E で $\nu_{0,\omega}(E) = 0$ となるものに対して次の不等式が成立する:

$$\operatorname{ch}_3(E) < s\omega^2 \operatorname{ch}_1(E) < \frac{1}{18}\omega^2 \operatorname{ch}_1(E).$$

上が求める不等式であった. 上の議論は, 少し修正することですべての B と $0 < \omega \ll 1$ に対して適用できる. すべての (B, ω) に対する予想 8.40 は, $0 < \omega \ll 1$ の場合に帰着できることが [83] で示されている.

注意 8.42 上の議論によると, $B = 0$, $0 < \omega \ll 1$ に対しては予想 8.40 よりも強い不等式が得られていることに注意する. これは, 予想 8.40 で等号が成立するのは直線束 $\mathcal{O}_{\mathbb{P}^3}(m)$ かそのシフトしかないと期待できるが, 直線束は $\nu_{0, \omega}(*) = 0$ を $0 < \omega \ll 1$ で満たさないためである.

$Q \subset \mathbb{P}^4$ を滑らかな 2 次曲面とする. 3 次元代数多様体 Q に対する予想 8.40 は Schmidt [100] により解決されている. この場合, $D^b \operatorname{Coh}(Q)$ は次の完全強例外系列を持つ:
$$D^b \operatorname{Coh}(Q) = \langle \mathcal{O}_Q(-1), S(-1), \mathcal{O}_Q, \mathcal{O}_Q(1) \rangle. \tag{8.56}$$
ここで S はスピノル束と呼ばれる階数が 2 の Q 上のベクトル束である. $\iota \colon Q \hookrightarrow \mathbb{P}^4$ を埋め込みとして, $\iota_* S$ は次の完全系列に当てはまる:
$$0 \to \mathcal{O}_{\mathbb{P}^4}(-1)^{\oplus 4} \to \mathcal{O}_{\mathbb{P}^4}^{\oplus 4} \to \iota_* S \to 0.$$
完全強例外系列 (8.56) を用いて, $\mathbb{P}^3$ の場合と同様の議論を適用することで $\mathbb{P}^4$ 内の 2 次曲面 Q の場合の予想 8.40 が証明される.

2013 年に Maciocia-Piyrantne は一連の論文 [81], [82] において, ピカール数が 1 の 3 次元主偏曲アーベル多様体 A の場合に予想 8.40 を解決したと発表した. ここでアーベル多様体 A 上の豊富因子 Θ が主偏曲であるとは, Θ が定めるアーベル多様体の間の射
$$A \to \widehat{A} \tag{8.57}$$
$$x \mapsto \mathcal{O}_A(T_x^* \Theta) \otimes \mathcal{O}_A(-\Theta)$$
が同型になることを指す. ここで T_x は $y \mapsto x + y$ で定まる A の自己同型である. (A, Θ) が主偏曲アーベル多様体のとき, (4.26) で述べたフーリエ・向井変換は同型 8.57 を通じて $D^b \operatorname{Coh}(A)$ の自己同値とみなせる. Maciocia-Piyrantne のアイデアを大雑把に述べると, 予想 8.40 における ch_3 を評価する不等式を, 上述のフーリエ・向井変換を適用して ch_2 を評価する古典的な Bogomolov-Gieseker

不等式 (定理 8.32) に帰着させることにある. このアイデアを実行に移すためには, $\nu_{B,\omega}$-半安定対象のフーリエ・向井変換による像を詳細に調べる必要があり, これには多くの技術的な困難が存在する. 論文 [81], [82] ではこれら技術的な困難を, 多くの計算によって辛抱強く取り除いている.

予想 8.40 の別のタイプの根拠としては, この予想を仮定することで他の研究分野の未解決問題が自然に導かれることがある. その 1 つに, **藤田予想**と呼ばれる予想がある. これは古典的な代数幾何学の問題であり, 次のように述べられる:

予想 8.43 (藤田 [36])　X を滑らかな d 次元射影的代数多様体とし, L を X 上の豊富因子とする. このとき, 次が成立する:

- $K_X + (d+1)L$ は自由である.
- $K_X + (d+2)L$ は非常に豊富である.

定理 3.30 より, $K_X + mL$ は $m \gg 0$ で自由 (非常に豊富) になる. 予想 8.43 は, どれくらい大きな m を取れば $K_X + mL$ が自由 (非常に豊富) になるか予想したものである.

1 次元の場合, 上の予想は古典的な結果である. 2 次元の場合, 上の予想は Reider [99] によって定理 8.32 の応用として得られた. 3 次元の場合, 最初の自由性は解決されている ([34], [65] を参照) が, 2 番目の「非常に豊富」の方は現在でも未解決である. 予想 8.40 は定理 8.32 の 3 次元版とみなせるため, これを仮定すると Reider [99] の結果と同様に 3 次元の藤田予想が従うと期待できる. 実際, これはほぼ正しい. 筆者と Bayer 氏, Bertram 氏, Macri 氏らとの共同研究により, 次が得られた:

定理 8.44 (Bayer-Bertram-Macri-戸田 [3])　X を 3 次元射影的代数多様体とし, 予想 8.40 が成立すると仮定する. このとき, 任意の X 上の豊富因子 L に対して次が成立する:

- $K_X + 4L$ は自由.
- $K_X + 6L$ は非常に豊富.

注意 8.45 3 次元代数多様体の本来の藤田予想は $K_X + 5L$ が非常に豊富という主張であるため, 定理 8.44 の結論は本来の藤田予想よりもやや弱い. しかし, たとえばすべての曲線と K_X との交点数が偶数の場合 (たとえば X がカラビ・ヤウ多様体の場合) は $K_X + 5L$ が非常に豊富であることも従う.

本書では定理 8.44 の導出については詳しく解説しない. 大雑把にどのように予想 8.40 と藤田予想が絡むかだけ解説しておく. L を 3 次元射影的代数多様体 X 上の豊富因子とする. $K_X + 4L$ が自由であることを導きたい. これは, 任意の $x \in X$ に対して制限写像

$$H^0(X, \mathcal{O}_X(K_X + 4L)) \to \mathcal{O}_X(K_X + 4L) \otimes \mathcal{O}_x \tag{8.58}$$

が全射であることと同値である. 連接層の完全系列

$$0 \to \mathcal{O}_X(K_X + 4L) \otimes I_x \to \mathcal{O}_X(K_X + 4L) \to \mathcal{O}_X(K_X + 4L) \otimes \mathcal{O}_x \to 0$$

の大域切断に付随する長完全系列を取ると, 次を得る:

$$H^0(X, \mathcal{O}_X(K_X + 4L)) \to \mathcal{O}_X(K_X + 4L) \otimes \mathcal{O}_x$$
$$\to H^1(X, \mathcal{O}_X(K_X + 4L) \otimes I_x) \to 0.$$

ここで最後の全射性は, 小平消滅定理 $H^1(X, \mathcal{O}_X(K_X + 4L)) = 0$ による (定理 3.31 を参照). したがって, (8.58) の全射性と, 次の消滅が同値になる:

$$H^1(X, \mathcal{O}_X(K_X + 4L) \otimes I_x) = 0.$$

そこで, 仮に上の消滅が成立しないとする. すると, セール双対性定理により次が成立する:

$$\mathrm{Ext}^2(\mathcal{O}_X(4L) \otimes I_x, \mathcal{O}_X) \neq 0.$$

0 ではない上の元を取り, η とする. すると, η を用いて次の完全三角形を構成できる:

$$\mathcal{O}_X[1] \to E \to \mathcal{O}_X(4L) \otimes I_x \xrightarrow{\eta} \mathcal{O}_X[2]$$

上のように構成した $E \in D^b \mathrm{Coh}(X)$ は, ある $s, t \in \mathbb{Q}$ に対して $E \in \mathcal{B}_{sL, tL}$ となり, $\nu_{sL, tL}(E) = 0$ となることが示される. この事実により, 藤田予想と予想 8.40 を絡めることが可能になる. 原論文 [3] では, E の $\nu_{sL, tL}$-半安定性を調べることで予想 8.40 と矛盾することを導き出している. 詳細は [3] に委ねる.

第 9 章
Donaldson-Thomas 不変量

本章では Donaldson-Thomas (DT) 不変量の理論と, 前章の Bridgeland 安定性条件を用いた DT 不変量の研究へのアプローチを紹介する. DT 不変量とは 1998 年に Thomas の学位論文 [105] で導入された, 3 次元カラビ・ヤウ多様体上の安定な連接層を数え上げる不変量である. 元々は実 4 次元多様体 (代数曲面) 上のベクトル束を数え上げる Donaldson 不変量が 1980 年代に Donaldson によって導入され, 4 次元多様体のトポロジーの研究に大きな影響を与えた. DT 不変量は Donaldson 不変量の高次元版と言える. DT 不変量は, 超弦理論における「BPS 状態の数え上げ」の数学的定式化と解釈でき, Donaldson 不変量のようなトポロジーへの応用というよりは超弦理論との関わりという面で注目された. そして 2003 年には Maulik-Nekrasov-Okounkov-Pandharipande (MNOP) によって (階数が 1 の) DT 不変量と GW 不変量の関係が予想され, DT 不変量の研究が加速度的に進展することとなった. その一方で, 連接層の導来圏と MNOP 予想との関連は当初は想定されていなかった.

DT 不変量のこれらの進展とは独立に, Joyce は 2004 年頃から一連の論文 [55], [56], [57], [59] で代数多様体上の半安定層を数え上げる不変量, およびそれらの壁越え理論について研究していた. Joyce が考察していた不変量は DT 不変量とはやや異なるが, DT 不変量に非常に近い性質を持ち, ある場合には DT 不変量と完全に一致する. しかし, Joyce による一連の論文の内容は非常に複雑であり, 当時はあまり注目されていなかったように思える. 何より, 非常に長いため, 少なくとも筆者の周辺で真剣に読んでいる人はいなかった. 2006 年に Joyce が論文 [58] を発表すると, 状況は大きく変わった. 論文 [58] において Joyce はある種のアーベル圏上の安定性条件の空間に半安定層の数え上げ不変量を用いた正則関数を構成した. これは安定性条件の空間に興味深い構造 (フロベニウス構

造, 保型形式等) が存在することを示唆しており, 今後の安定性条件の研究が進むべき道を指し示していた. 筆者が 2006 年にマドリッドで開催された ICM で Bridgeland 氏に会った際, Joyce の論文 [58] の内容は重要だと話し合ったのを覚えている.

筆者は 2006 年の間, Joyce の一連の論文をすべて読み切ることにした. これには非常に根気が必要だったが, どうにか読み終えると論文 [59] で提唱された予想の 1 つを解決することができた ([112] を参照). これは K3 曲面上の半安定層の数え上げ不変量がある種の保型性を持つという予想であり, 導来圏の半安定対象を数え上げる不変量を構成することで証明できた. これは導来圏の対象の数え上げ理論が構築, 応用された初めての結果であった.

その後, 2007 年に Pandharipande-Thomas は 3 次元カラビ・ヤウ多様体上の安定対の理論を導入し, 安定対を数え上げる不変量を導入した. これは Pandharipande-Thomas (PT) 不変量と呼ばれる. Pandharipande-Thomas は PT 不変量と階数が 1 の DT 不変量が本質的に等価であることを予想 (DT/PT 予想) し, この予想が正しければ MNOP 予想をより自然に解釈できると結論付けた. また, 2008 年には Joyce-Song [60], Kontsevich-Soibelman [74] が DT 不変量の壁越え理論に関する論文を発表した. これは, Joyce による以前の一連の論文 [55], [56], [57], [59] の結果を DT 不変量に対して証明したものである. 筆者はこれらの仕事と Bridgeland 安定性条件の理論を組み合わせて, MNOP 予想と関連する DT 不変量の生成関数のいくつかの性質を示した. 上述の DT/PT 予想はその 1 つである. 筆者による導来圏の安定性条件を用いた DT 不変量へのアプローチは, さらに新たな問題, 予想を提供することとなった. 本章ではまず DT 不変量について解説し, その後に導来圏の安定性条件を用いた DT 不変量へのアプローチと, 今後の課題について解説する.

9.1　安定層の変形理論

まず, (半) 安定層のモジュライ理論について復習する. X を滑らかな射影的代数多様体とし, H を X 上の豊富因子とする. $\gamma \in H^*(X, \mathbb{Q})$ を与えると, 例 3.45 において代数的スキーム

$$M_H^s(\gamma) \subset M_H^{ss}(\gamma)$$

が存在することを述べた。$M_H^{s(ss)}(\gamma)$ は $\mathrm{ch}(E) = \gamma$ となる X 上の H-(半) 安定層 E のモジュライ空間である. ここで, $M_H^s(\gamma)$ の $[E] \in M_H^s(\gamma)$ における接空間 $T_{[E]}M_H^s(\gamma)$ を考える. すると, 次の補題が成り立つ:

補題 9.1 次の自然な同型が存在する:
$$T_{[E]}M_H^s(\gamma) \cong \mathrm{Ext}^1(E, E).$$

証明 $S_1 = \mathrm{Spec}\,\mathbb{C}[t]/t^2$ とする. モジュライ空間の定義から, 次が成立する:
$$T_{[E]}M_H^s(\gamma) \tag{9.1}$$
$$\cong \{\mathcal{E} \in \mathrm{Coh}(X \times S_1) : \mathcal{E} \text{ は } S_1 \text{ 上平坦で}, \mathcal{E}|_{X \times \{0\}} \cong E\}/(\text{同型類}).$$

$\mathcal{E}$ を (9.1) の右辺の元とする. すると, 次の完全系列が存在する:
$$0 \to tE \to \mathcal{E} \to \mathcal{E}|_{X \times \{0\}} \cong E \to 0.$$

上の完全系列は $\mathrm{Ext}^1(E, E)$ の元を定める. 逆に, $\eta \in \mathrm{Ext}^1(E, E)$ が与えられたとする. η に対応して, $\mathrm{Coh}(X)$ における次の完全系列が存在する:
$$0 \to E \xrightarrow{u} \mathcal{E} \xrightarrow{v} E \to 0.$$

$\mathcal{E}$ に $\mathbb{C}[t]/t^2$-加群の構造を次のように入れる. 作用 $t\colon \mathcal{E} \to \mathcal{E}$ を定めれば十分であるが, これは合成
$$\mathcal{E} \xrightarrow{v} E \xrightarrow{u} \mathcal{E}$$

で与えられる. 上の写像は 2 回合成すると 0 になるので, $\mathcal{E}$ は $\mathrm{Coh}(X \times S_1)$ の対象とみなせる. このようにして, (9.1) の右辺と $\mathrm{Ext}^1(E, E)$ の 1 対 1 対応が定まる. □

上の補題の証明により, (9.1) の右辺と $\mathrm{Ext}^1(E, E)$ を同一視する. (9.1) の右辺は S_1 上の連接層の族であるが, これが $S_2 = \mathrm{Spec}\,\mathbb{C}[t]/t^3$ に拡張できるか否か考える. これは $M_H^s(\gamma)$ の $[E]$ での (非) 特異性に関わる問題である. 実際, $M_H^s(\gamma)$ が $[E]$ で非特異ならば明らかに (9.1) の右辺の元は S_2 に拡張するが, $[E]$ で特異点であるなら必ずしも S_2 に拡張するとは限らない. S_2 に伸ばせるか否かの障害は, 次の補題で見るように $\mathrm{Ext}^2(E, E)$ に存在する.

補題 9.2 写像
$$\kappa\colon \mathrm{Ext}^1(E,E) \to \mathrm{Ext}^2(E,E)$$
が存在して, $\eta \in \mathrm{Ext}^1(E,E)$ に対応する S_1 上の族 $\mathcal{E}$ が S_2 に拡張することと, $\kappa(\eta) = 0$ となることは同値になる.

証明 簡単のため, E をベクトル束とする. すると
$$\mathrm{Ext}^i(E,E) \cong H^i(X, E^\vee \otimes E)$$
であり, 右辺の元は定理 3.27 によってチェックコホモロジーで表すことができる. X のアフィン開被覆 $\{U_i\}_{1 \le i \le N}$ を取ると, 命題 3.18 により η はコサイクル
$$\{\eta_{ij}\} \in \prod_{i,j} \mathrm{Hom}(E|_{U_{ij}}, E|_{U_{ij}})$$
によって代表される. コサイクル条件は
$$\eta_{ij} + \eta_{jk} + \eta_{ki} = 0$$
である. η に対応する S_1 上の族 $\mathcal{E}$ は, 貼り合わせデータ
$$E|_{U_{ij}}[t]/t^2 \ni a + bt \mapsto a + (\eta_{ij}(a) + b)t \in E|_{U_{ij}}[t]/t^2 \tag{9.2}$$
により得られる. ここで, 貼り合わせデータ (9.2) を S_2 上にまで拡張することを考える. そのような拡張は各 U_{ij} では可能で, 勝手な
$$\{\psi_{ij}\} \in \prod_{i,j} \mathrm{Hom}(E|_{U_{ij}}, E|_{U_{ij}})$$
に対して写像
$$\theta_{ij}\colon E|_{U_{ij}}[t]/t^3 \to E|_{U_{ij}}[t]/t^3 \tag{9.3}$$
$$a \mapsto a + \eta_{ij}(a)t + \psi_{ij}(a)t^2$$
は (9.2) の S_2 への拡張を与えている. ここで $a \in E|_{U_{ij}}$ であり, 左辺の他の元に対する行き先は (9.3) が $\mathcal{O}_{S_2}$-加群としての構造を保つ要請から一意に決定される. 各 U_{ij} における拡張 (9.3) がコサイクル条件を満たせば, $\mathcal{E}$ が S_2 に拡張することになる. 要求するコサイクル条件は
$$\theta_{ki} \circ \theta_{jk} \circ \theta_{ij} = \mathrm{id}$$

である．単純計算により，これは等式

$$\eta_{ki} \circ \eta_{jk} + \eta_{ki} \circ \eta_{ij} + \eta_{jk} \circ \eta_{ij} = -(\psi_{ij} + \psi_{jk} + \psi_{ki}) \tag{9.4}$$

と等価である．つまり η が与えられたとき，上の等式を満たす $\{\psi_{ij}\}_{i,j}$ が存在することと，η に対応する $\mathcal{E}$ が S_2 まで拡張することが同値になる．これは (9.4) の左辺がコバウンダリーになるという条件と等価なので，写像 κ を

$$\kappa(\eta) = \{\eta_{ki} \circ \eta_{jk} + \eta_{ki} \circ \eta_{ij} + \eta_{jk} \circ \eta_{ij}\}_{i,j,k} \in \mathrm{Ext}^2(E, E)$$

と定めると，求める条件が満たされることがわかる．κ が矛盾なく定義されていることは容易にチェックできる． □

9.2 Donaldson-Thomas 不変量

前節の議論によって，$[E] \in M_H^s(\gamma)$ における接空間は $\mathrm{Ext}^1(E, E)$ で与えられ，障害空間は $\mathrm{Ext}^2(E, E)$ で与えられる．これは，$M_H^s(\gamma)$ は $[E]$ の近傍で $\mathrm{Ext}^1(E, E)$ 内の $\mathrm{Ext}^2(E, E)$ 個の方程式の零点集合とみなせることを意味する．よって第 5.6 節における議論と同様に，$M_H^s(\gamma)$ の $[E]$ における「期待次元」は

$$\dim \mathrm{Ext}^1(E, E) - \dim \mathrm{Ext}^2(E, E) \tag{9.5}$$

で与えられる．第 5.6 節の Gromov-Witten 不変量の場合と異なるのは，期待次元 (9.5) は必ずしも $M_H^s(\gamma)$ 上で局所定数関数にならない点にある．その場合，第 5.6 節で議論したように [30, 第 7 章] の枠組みで仮想サイクルを構成することはできない．

しかし，(9.5) が $M_H^s(\gamma)$ 上で定数になる場合が存在する．それは，X が 3 次元カラビ・ヤウ多様体の場合である．この場合，$\omega_X \cong \mathcal{O}_X$ なのでセール双対性定理から

$$\mathrm{Ext}^2(E, E) \cong \mathrm{Ext}^1(E, E)^{\vee}$$

となる．したがって期待次元 (9.5) は X が 3 次元カラビ・ヤウ多様体の場合は常に 0 になる．よって，第 5.6 節の Gromov-Witten 不変量の場合と同様に 0 次元仮想サイクル [1]

---

[1] $A_0(*)$ は 0 次のチャウ群であり，$*$ 上の 0 次元代数サイクルの有理同値類のなす群である．詳細は [38] を参照．

$$[M_H^s(\gamma)]^{\mathrm{vir}} \in A_0(M_H^s(\gamma), \mathbb{Z})$$

が構成される．上の仮想サイクルは，$M_0^s(\gamma)$ が射影的ならばその次数を取り出すことができる [2]．一般に $M_0^s(\gamma)$ は射影的ではないが，$M_H^s(\gamma) = M_H^{ss}(\gamma)$ ならば $M_H^s(\gamma)$ は射影的スキームになる．

定義 9.3 X を 3 次元射影的カラビ・ヤウ多様体，H を X 上の豊富因子，$\gamma \in H^*(X, \mathbb{Q})$ とする．$M_H^s(\gamma) = M_H^{ss}(\gamma)$ であるとき，$\mathrm{DT}_H(\gamma) \in \mathbb{Z}$ を次で定義する：

$$\mathrm{DT}_H(\gamma) := \deg[M_H^s(\gamma)]^{\mathrm{vir}}. \tag{9.6}$$

不変量 (9.6) は **Donaldson-Thomas** (DT) **不変量**と呼ばれる．

注意 9.4 $M_H^{ss}(\gamma)$ は常に射影的スキームであるが，$M_H^s(\gamma)$ は射影的ではない場合がある．その場合，deg を取る操作が意味をなさず，DT 不変量を (9.6) の右辺で定義することはできない．

本書では仮想サイクルの構成については触れていないので，(9.6) は self contained な定義ではない．次の例で，仮想サイクルの「気持ち」について触れておく．

例 9.5 仮に $M_H^s(\gamma) = M_H^{ss}(\gamma)$ であり，これが連結かつ滑らかであるとする [3]．この場合，$\dim \mathrm{Ext}^1(E, E) = \dim \mathrm{Ext}^2(E, E)$ であり，これは $[E] \in M_H^s(\gamma)$ 上の定数関数となる．$\mathcal{E}$ を

$$\mathcal{E} := \bigcup_{[E] \in M_H^s(\gamma)} \mathrm{Ext}^2(E, E) \xrightarrow{\pi} M_H^s(\gamma)$$

と置くと，これは $M_H^s(\gamma)$ 上のベクトル束になる．セール双対性定理により，ベクトル束 $\mathcal{E}$ は接束 $T_{M_H^s(\gamma)}$ の双対に他ならない．s を射影 π の 0 切断とする．

---

[2] 代数的スキーム M 上の 0 次元サイクルは $\sum_i a_i [p_i]$, $p_i \in M$ と記述できるが，M が射影的ならばその次数 $\sum_i a_i$ がサイクルの有理同値に依存せず矛盾なく定義される．

[3] たとえば，γ を点の構造層 $\mathcal{O}_x$ のチャーン標数と定めると $M_H^s(\gamma) = M_H^{ss}(\gamma) = X$ となる．

モジュライ空間 $M_H^s(\gamma)$ は次のように思える:
$$M_H^s(\gamma) = s(M_H^s(\gamma)) \cap s(M_H^s(\gamma)).$$

ここで, 仮に切断 s を少し変形することが可能だと仮定して, 変形した切断を s' とする. すると, $M_H^s(\gamma)$ の $(s' = 0)$ で定義される部分スキームは $\dim \operatorname{Ext}^2(E,E)$ 個の方程式の零点なので, 理想的な状況だと, $(s' = 0)$ は 0 次元になる. そのようになる場合, 仮想サイクルは s' を用いて

$$[M_H^s(\gamma)]^{\mathrm{vir}} = s'(M_H^s(\gamma)) \cap s(M_H^s(\gamma))$$

と書ける. したがってこの場合の不変量 (9.6) は

$$\operatorname{DT}_H(\gamma) = \int_{M_H^s(\gamma)} c_{\dim M_H^s(\gamma)}(T^\vee_{M_H^s(\gamma)})$$
$$= (-1)^{\dim M_H^s(\gamma)} \chi(M_H^s(\gamma))$$

となる.

9.3 Behrend 関数による構成

例 9.5 により, DT 不変量 (9.6) はモジュライ空間 $M_H^s(\gamma)$ の位相的オイラー数と良く似た不変量であると観察できる. 実際, DT 不変量 (9.6) はモジュライ空間 $M_H^s(\gamma)$ の重み付きオイラー数としても定義できる. これは Behrend [6] による仕事であり, 重みを与えるモジュライ空間上の関数は Behrend 関数と呼ばれる. Behrend 関数は一般の複素スキーム上に定義されるが, 3 次元カラビ・ヤウ多様体上のモジュライ空間上の Behrend 関数はある特殊な記述を持つ. 後者の記述を与えるには, 次の定理を用いる:

定理 9.6 (Joyce-Song [60]) X を 3 次元射影的カラビ・ヤウ多様体とする. このとき, 任意の $p \in M_H^s(\gamma)$ に対して複素解析的近傍 $p \in U \subset M_H^s(\gamma)$, 複素多様体 V および正則関数 $f: V \to \mathbb{C}$ が存在して $U \cong \{df = 0\}$ となる.

上の定理の証明は微分幾何的であり, 現在のところ代数的な証明は知られていない. 本書では上の定理の証明は割愛する. 定理 9.6 における f に対して, f

の Milnor ファイバー $M_p(f)$ を次で定義する:
$$M_p(f) = \{z \in V : f(z) = f(p) + \varepsilon,\ \|z - p\| < \delta\}.$$
ここで, $0 < \varepsilon \ll \delta \ll 1$ であり, $\|*\|$ は p の近傍での V のノルムである. $M_p(f)$ の位相型は上の条件から一意に定まる. $\nu(p)$ を次で定める:
$$\nu(p) = (-1)^{\dim V}(1 - \chi(M_p(f))).$$
すると, ν は V や f の取り方に依らないことが示される. 上の ν は構成可能関数
$$\nu \colon M_H^s(\gamma) \to \mathbb{Z}$$
を定める. 構成可能関数 ν は **Behrend 関数**と呼ばれる.

定理 9.7 (Behrend [6]) $M_H^s(\gamma) = M_H^{ss}(\gamma)$ とすると, 次の等式が成立する:
$$\mathrm{DT}_H(\gamma) = \int_{M_H^s(\gamma)} \nu\,d\chi$$
$$:= \sum_{m \in \mathbb{Z}} m \cdot \chi(\nu^{-1}(m)).$$

例 9.8 $M_H^s(\gamma)$ が滑らかなら, 各 $p \in M_H^s(\gamma)$ において定理 9.6 の V を $M_H^s(\gamma)$ に, f を定数関数に選ぶことができる. よって $\nu(p) = (-1)^{\dim M_H^s(\gamma)_p}$ となる. とくに $M_H^s(\gamma)$ が連結ならば
$$\sum_{m \in \mathbb{Z}} m \cdot \chi(\nu^{-1}(m)) = (-1)^{\dim M_H^s(\gamma)} \chi(M_H^s(\gamma))$$
となり, 例 9.5 の結果と一致する.

例 9.9 モジュライ空間 $M_H^s(\gamma)$ がスキーム $\mathrm{Spec}\,\mathbb{C}[t]/t^n$ と同型になると仮定する. すると定理 9.6 における V を $\mathbb{C}$ に, f を $f(z) = z^{n+1}$ に選ぶことができる. この場合, $M_0(f)$ は $n+1$ 個の異なる点からなるため,
$$\nu(0) = (-1)^1(1 - (n+1)) = n$$
である. よって $\mathrm{DT}_H(\gamma) = n$ が成立する.

定理 9.7 により, DT 不変量は仮想サイクルの積分と Behrend 関数による積分という 2 種類の記述が存在することになる. それぞれ, 長所と短所が存在する. 前者の記述は, DT 不変量の一般的な性質を示す際には便利である. たとえば仮想サイクルの積分としての記述を用いれば DT 不変量が X の複素構造の変形によって不変になることを示すことができる. これは Behrend 関数の記述を用いて示すことはできない. 一方, Behrend 関数による記述は DT 不変量を具体的に計算する際には有力な道具となる.

9.4 曲線を数える DT 不変量

この節では, 階数が 1 の安定層を数える DT 不変量を考察する. 階数が 1 の場合, 定義 9.3 における条件 $M_H^s(\gamma) = M_H^{ss}(\gamma)$ は常に成り立つ. 実際, 次の補題が成立する:

補題 9.10 X を滑らかな射影的代数多様体とし, E を階数が 1 の X 上の連接層とする. 以下の条件は同値である.

- ある豊富因子 H に対し, E は H-安定である.
- ある豊富因子 H に対し, E は H-半安定である.
- E は捩れのない層である.
- 余次元が 2 以上の部分スキーム $C \subset X$ と直線束 $\mathcal{L}$ が存在して, $E \cong \mathcal{L} \otimes I_C$ となる. ここで I_C は C の定義イデアル層である.

証明 唯一証明を要するのは, E が捩れのない階数が 1 の層のとき $E \cong \mathcal{L} \otimes I_C$ と記述できることである. E に捩れがないことから, 次の完全系列が存在する:
$$0 \to E \to E^{\vee\vee} \to Q \to 0.$$
ここで, Q の台は余次元 2 以上である. $E^{\vee\vee}$ は階数が 1 の反射層なので, 直線束となる. よって E は $\mathcal{L} \otimes I_C$ と記述できる. □

ここで X を射影的な 3 次元カラビ・ヤウ多様体とし, $\beta \in H_2(X, \mathbb{Z})$, $n \in \mathbb{Z}$ とする. X 内の 1 次元部分スキームのモジュライ空間である Hilbert スキーム

(例 3.42 を参照) を次のように置く:

$$\mathrm{Hilb}_n(X, \beta) = \{C \subset X : \dim C \leq 1, [C] = \beta, \chi(\mathcal{O}_C) = n\}.$$

ここで $C \subset X$ は X の部分スキームであり, $[C]$ は C が定める代数的 1-サイクルのホモロジー類である. C は 1 次元以下であるが, そのスキーム構造は被約とも既約とも限らないことに注意する. また, C は 0 次元の部分スキームを含む可能性もある (図 9.1 を参照).

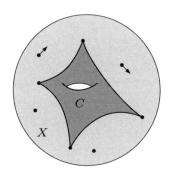

図 9.1 X 内の 1 次元部分スキーム

Hilbert スキーム $\mathrm{Hilb}_n(X, \beta)$ は射影的スキームである. ポアンカレ双対性定理により β, n をそれぞれ $H^4(X, \mathbb{Q})$, $H^6(X, \mathbb{Q})$ の元とみなすことにする. コホモロジー類 γ を次のように置く:

$$\gamma = (1, 0, -\beta, -n) \in H^0(X) \oplus H^2(X) \oplus H^4(X) \oplus H^6(X).$$

補題 9.10 により, 次の写像

$$\mathrm{Hilb}_n(X, \beta) \to M_H^s(\gamma) = M_H^{ss}(\gamma)$$

$$C \mapsto I_C$$

が同型になることがわかる [4]. したがって, この場合の DT 不変量は

$$I_{n,\beta} := \mathrm{DT}_H(\gamma) = \int_{\mathrm{Hilb}_n(X, \beta)} \nu \, d\chi$$

となる. 不変量 $I_{n,\beta}$ は $\beta = 0$ ならば X 内の n 点を数え上げている. また $\beta \neq$

---

[4] この写像が単射になるためには, $\dim X \geq 3$ でなければいけない.

0 ならば X 内のホモロジー類が β である曲線を数え上げている. 次のように生成関数を定義する:
$$I_\beta(X) := \sum_{n \in \mathbb{Z}} I_{n,\beta} q^n,$$
$$I(X) := \sum_{\beta \in H_2(X,\mathbb{Z})} I_\beta(X) t^\beta.$$

$I_\beta(X)$ は, $n \ll 0$ で $I_{n,\beta} = 0$ であることが比較的簡単な議論でわかるため, q についての Laurent 級数になる. いくつかの例で, 上の生成関数を具体的に計算することが可能である.

例 9.11 $\beta = 0$ のとき, 生成関数 $I_0(X)$ は次のように計算されている [8], [78], [79]:
$$I_0(X) = \prod_{k \geq 1} (1 - (-q)^k)^{-k\chi(X)}.$$

例 9.12 $f\colon X \to Y$ を 3 次元フロップ収縮とし, 例外集合 $C \subset X$ が $\mathbb{P}^1$ と同型でその法束が $\mathcal{O}_C(-1)^{\oplus 2}$ と同型であるとする (図式 (6.3) を参照). このとき, 次が成立する [7]:
$$\sum_{m \geq 0} I_{m[C]}(X) t^m = \prod_{k \geq 1} (1 - (-q)^k)^{-k\chi(X)} \prod_{k \geq 1} (1 - (-q)^k t)^k.$$

注意 9.13 上の 2 つの例は, いずれも複素トーラスが作用するトーリック多様体の場合に帰着でき, トーラス局所化を用いて DT 不変量を組み合わせ論的に記述することで計算できる.

ここで例 9.12 をよく見ると, 生成関数が因数分解され, その因数の 1 つが例 9.11 で計算された生成関数であることがわかる. 実際, $I_{n,\beta}$ に寄与する 1 次元部分スキーム $C \subset X$ は 0 次元の部分スキーム $Z \subset C$ を含むかもしれず, そうなると $I_{n,\beta}$ は必ずしも X 上の曲線を正しく数え上げているとは言えない. その代わり, 生成関数の商を取る:
$$\frac{I_\beta(X)}{I_0(X)}, \quad \frac{I(X)}{I_0(X)}. \tag{9.7}$$

生成関数の商を取ることで, 0 次元部分スキームの寄与を打ち消して正しい曲線の数え上げを与えると期待できる. 実際, 上の生成関数の商が次節で述べる GW/DT 対応で活躍することになる.

9.5　GW/DT 対応

前節で, 3 次元カラビ・ヤウ多様体上の曲線を数える DT 不変量を導入した. 一方, 3 次元カラビ・ヤウ多様体上の曲線を数える GW 不変量もミラー対称性において重要な役割を果たすことを第 5 章で述べた. 整数 $g \geq 0$ と $\beta \in H_2(X, \mathbb{Z})$ に対して, GW 不変量

$$\mathrm{GW}_{g,\beta} \in \mathbb{Q}$$

は (5.30) で定義された. これは種数が g で $f_*[C] = \beta$ となる安定写像 $f\colon C \to X$ を数え上げる不変量である. DT 不変量 $I_{n,\beta}$ と GW 不変量は, どちらも 3 次元カラビ・ヤウ多様体上の曲線を数え上げているが, 両者の性質は大きく異なる.

- DT 不変量 $I_{n,\beta}$ は整数であるが, GW 不変量 $\mathrm{GW}_{g,\beta}$ は一般に有理数である.
- GW 不変量に寄与する曲線は, 高々結節点しか持たない. 一方, DT 不変量に寄与する曲線の特異点に制限はなく, 一般に被約ですらない.
- GW 不変量に寄与する曲線は X に埋め込まれているわけではないが, DT 不変量に寄与する曲線は X に埋め込まれている.

このように DT 不変量と GW 不変量は性質が大きく異なるが, 2003 年に Maulik-Nekrasov-Okounkov-Pandharipande (MNOP) はこれらの不変量の間に興味深い関係があると予想した. 彼らの予想は **MNOP 予想**と呼ばれ, 次のように定式化される:

予想 9.14 (MNOP [85])　(i) **(有理性予想)** 生成関数 $I_\beta(X)/I_0(X)$ は q についての有理関数を $q = 0$ で Laurent 展開したものであり, この有理関数は $q \leftrightarrow 1/q$ で不変である.

(ii) **(GW/DT 対応)** 変数変換 $q = -e^{i\lambda}$ の下で, 次の等式が成り立つ.

$$\exp\left(\sum_{g\geq 0,\beta>0}\mathrm{GW}_{g,\beta}\lambda^{2g-2}t^\beta\right)=I(X)/I_0(X).$$

ここで $\beta>0$ とは β が有効な代数的 1-サイクルのホモロジー類ということである.

まず予想 9.14 (i) について解説する. たとえば例 9.12 の状況で生成関数 $I_{[C]}(X)/I_0(X)$ を計算すると, 次のようになる.

$$I_{[C]}(X)/I_0(X)=q-2q^2+3q^3-\cdots \tag{9.8}$$
$$=\frac{q}{(1+q)^2}.$$

つまり, $I_{[C]}(X)/I_0(X)$ は有理関数 $q/(1+q)^2$ を $q=0$ で Laurent 展開したものである. さらに,

$$\frac{q}{(1+q)^2}=\frac{1/q}{(1+1/q)^2}$$

となり, 有理関数 $q/(1+q)^2$ は q を $1/q$ に置き換えても不変になっている. ここで, (9.8) の右辺の級数自体は q を $1/q$ に置き換えると

$$\frac{1}{q}-\frac{2}{q^2}+\frac{3}{q^3}-\cdots$$

となって, 別の級数になることに注意したい. 有理性予想 (i) の意味は, $I_\beta(X)/I_0(X)$ が q についての有理関数として $\mathbb{P}^1$ 上に解析接続され, 解析接続後に $q=0$ での

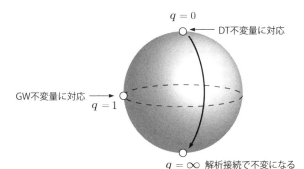

図 **9.2** q-平面の図

振る舞いと $q = \infty$ での振る舞いが変換 $q \mapsto 1/q$ によって等しくなるというものである. (ii) の GW/DT 対応における変数変換 $q = -e^{i\lambda}$ は (i) を認めると意味をなす. つまり, (i) によって得られた有理関数を今度は $q = -1$ で展開してから変数変換を施すのである. もし (ii) が成立するなら, (ii) の左辺は $\lambda \leftrightarrow -\lambda$ で不変になるため, 右辺は $q \leftrightarrow 1/q$ で不変にならなければいけない (図 9.2 を参照).

9.6 Pandharipande-Thomas 安定対

MNOP 予想が正しいなら, 階数が 1 の安定層を数える DT 不変量の生成関数の商 (9.7) が正しい曲線の数え上げを与えるはずである. この生成関数の商 (9.7) の各係数が幾何学的にどのような意味を持つか, というのは自然な問いである. 2007 年に Pandharipande-Thomas [98] は, 生成関数の商 (9.7) の各係数が安定対と呼ばれる幾何的データの数え上げであると予想した. 後述するように, 安定対は連接層の導来圏の対象を定める. これまで, DT 不変量や MNOP 予想と連接層の導来圏との関わりについては論じてこなかった. 実際, 2003 年に MNOP が予想 9.14 を提唱した際には彼らの予想と連接層の導来圏が関連するとは考えられていなかった. そのような状況は, 2007 年の Pandharipande-Thomas の論文 [98] を契機に大きく変動することとなる. 安定対の定義は次で与えられる:

定義 9.15 X を代数多様体とする. 組

$$(F, s), \quad F \in \mathrm{Coh}(X), \quad s\colon \mathcal{O}_X \to F$$

は, F が純 1 次元層 (つまり, F の台の次元は 1 次元で, F は 0 次元部分層を持たない) であり, s の余核は高々 0 次元の層であるときに**安定対**であると呼ばれる.

次の例が示すように, 安定対とは X 上の曲線とその上の有効因子の組のデータを一般化したものである.

例 9.16 $C \subset X$ を滑らかな曲線とし, $D \subset C$ を有効な因子とする (図 9.3 を参照). このとき, $F = \mathcal{O}_C(D)$ とし, s を合成

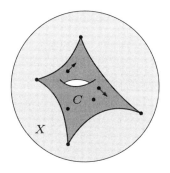

図 9.3 X 上の安定対：C は X 上の代数曲線であり，● は C 上の点を表す．

$$s\colon \mathcal{O}_X \twoheadrightarrow \mathcal{O}_C \subset \mathcal{O}_C(D)$$

とする．すると (F, s) は定義 9.15 の意味での安定対を与える．

階数が 1 の安定層は，本質的に 1 次元部分スキーム $C \subset X$ が定めるイデアル層 I_C であった．これは，自然な全射 $s\colon \mathcal{O}_X \twoheadrightarrow \mathcal{O}_C$ により組 $(\mathcal{O}_C, s)$ を定める．このような組 $(\mathcal{O}_C, s)$ と定義 9.15 の安定対とは，次の 2 点で異なる：

- 部分スキーム $C \subset X$ から定まる組 $(\mathcal{O}_C, s)$ は，$\mathcal{O}_C$ に 0 次元部分層が含まれるかもしれない．しかし，安定対 (F, s) の F には 0 次元部分層が含まれない．
- 部分スキーム $C \subset X$ から定まる組 $(\mathcal{O}_C, s)$ は，射 $s\colon \mathcal{O}_X \to \mathcal{O}_C$ が全射になる．しかし，安定対 (F, s) は射 $s\colon \mathcal{O}_X \to F$ が全射になるとは限らない．

さらに，1 次元部分スキーム $C \subset X$ はイデアル層 I_C を定めるが，これは 2 項複体 $(\mathcal{O}_X \to \mathcal{O}_C)$ と擬同型である．同様に，安定対 (F, s) は次の 2 項複体を定める：

$$I^\bullet = (\mathcal{O}_X \xrightarrow{s} F) \in D^b\,\mathrm{Coh}(X). \tag{9.9}$$

ここで $\mathcal{O}_X$ は次数 0 に位置し，F は次数 1 に位置している．イデアル層の場合と異なり，$I^\bullet$ は連接層と擬同型とは限らない．実際，$\mathcal{H}^1(I^\bullet)$ は s の余核となり，s は全射とは限らないため $\mathcal{H}^1(I^\bullet) \ne 0$ となり得る．

X を射影的 3 次元カラビ・ヤウ多様体とする．$\beta \in H_2(X, \mathbb{Z})$ と $n \in \mathbb{Z}$ に対

して, $P_n(X,\beta)$ を, 次の条件を満たす安定対 (F,s) のモジュライ空間とする:

$$[F] = \beta, \quad \chi(F) = n.$$

ここで, $[F]$ は 1 次元層 F が定める基本 1 サイクルである. 論文 [98] によって, モジュライ空間 $P_n(X,\beta)$ は射影的スキームであることが示されている. さらに, モジュライ空間 $P_n(X,\beta)$ は 2 項複体 (9.9) のモジュライ空間ともみなせる. つまり 2 項複体 (9.9) を導来圏の対象として小変形すると, 安定対から定まる 2 項複体となる.

定義 9.17　不変量 $P_{n,\beta} \in \mathbb{Z}$ を次で定義する:

$$P_{n,\beta} := \int_{P_n(X,\beta)} \nu \, d\chi.$$

ここで, ν は $P_n(X,\beta)$ 上の Behrend 構成可能関数 [6] である.

不変量 $P_{n,\beta}$ は **Pandharipande-Thomas** (PT) 不変量と呼ばれる. DT 不変量のときと同様に, 生成関数 $P_\beta(X)$, $P(X)$ を次で定義する:

$$P_\beta(X) := \sum_{n \in \mathbb{Z}} P_{n,\beta} q^n$$

$$P(X) := 1 + \sum_{\beta > 0} P_\beta(X) t^\beta.$$

次が, Pandharipande-Thomas によって提唱された予想である:

予想 9.18 (Pandharipande-Thomas [98])　次の等式が成立する:

$$I_\beta(X)/I_0(X) = P_\beta(X).$$

上の予想は, 生成関数の商 (9.7) を取るという操作の幾何的な意味を明確にしたものである. 予想 9.18 が正しいと, 予想 9.14 (ii) は

$$\exp\left(\sum_{g \geq 0, \beta > 0} \mathrm{GW}_{g,\beta} \lambda^{2g-2} t^\beta\right) = P(X) \tag{9.10}$$

とより簡潔な形で記述できることになる.

9.7 生成関数の積展開公式

これまで解説した予想 9.14 (i) と予想 9.18 は, 後述する連接層の導来圏の安定性条件 (正確には弱安定性条件) の空間における壁越え理論を用いて証明された. まず筆者 [118], [117] によって, 不変量 $I_{n,\beta}$, $P_{n,\beta}$ をモジュライ空間 $\mathrm{Hilb}_n(X,\beta)$, $P_n(X,\beta)$ の通常のオイラー数 $\chi(\mathrm{Hilb}_n(X,\beta))$, $\chi(P_n(X,\beta))$ に置き換えた「オイラー数版」[5] が示された. 予想 9.18 はともかく, 予想 9.14 (i) と導来圏が絡むのは予想外だったため, この事実を証明した瞬間は非常に驚きであった. 後に, Bridgeland [22] によって証明に Behrend 構成可能関数を取り入れることが可能となり, 本来の DT, PT 不変量に関する予想 9.14 (i), 予想 9.18 が証明された. 実は, 上記の予想はそれらよりも強い次の積展開公式から従う:

定理 9.19 (戸田 [118], [117] (オイラー数版), Bridgeland [22]) X を 3 次元カラビ・ヤウ多様体とする. 各 $n \in \mathbb{Z}$ と $\beta \in H_2(X, \mathbb{Z})$ に対して, 以下の性質を持つ不変量 $N_{n,\beta} \in \mathbb{Q}$ と $L_{n,\beta} \in \mathbb{Q}$ が存在する.

- $N_{n,\beta} = N_{-n,\beta}$ および $L_{n,\beta} = L_{-n,\beta}$ が成立する.
- $N_{n,\beta} = N_{n+\beta \cdot H, \beta}$ が任意の豊富因子 H に対して成立する.
- $L_{n,\beta}$ は $|n| \gg 0$ で 0 になる. (ただし, n をどれだけ大きくすれば良いかは β に依存する.)

さらに, 上記の不変量 $N_{n,\beta}$, $L_{n,\beta}$ を用いた以下の積展開公式が存在する.

$$I(X) = \prod_{n>0} \exp\left((-1)^{n-1} n N_{n,0} q^n\right) P(X) \tag{9.11}$$

$$P(X) = \prod_{n>0, \beta>0} \exp\left((-1)^{n-1} n N_{n,\beta} q^n t^\beta\right) \left(\sum_{n,\beta} L_{n,\beta} q^n t^\beta\right). \tag{9.12}$$

まず, 上の定理が DT/PT 予想と有理性予想を導くことを示す:

系 9.20 予想 9.18 は正しい.

---

[5] これらは, Behrend 構成可能関数を形式的に定数関数 1 と置いた不変量である.

証明 式 (9.11) より

$$I_0(X) = \prod_{n>0} \exp\left((-1)^{n-1} nN_{n,0} q^n\right)$$

が従う. 上の等式を再び (9.11) に代入して, 予想 9.18 が従う. □

系 9.21 予想 9.14 (i) は正しい.

証明 系 9.20 より, 固定された $\beta \in H_2(X,\mathbb{Z})$ に対して $P_\beta(X)$ が q についての有理関数で $q \leftrightarrow 1/q$ で不変になることを示せば十分である. 生成関数

$$L_\beta(q) = \sum_{n \in \mathbb{Z}} L_{n,\beta} q^n \tag{9.13}$$

は $q^{\pm 1}$ に関する多項式であり, $q \leftrightarrow 1/q$ で不変である. これは定理 9.19 における $L_{n,\beta}$ の性質から明らかである. 次に, 生成関数

$$N_\beta(q) = \sum_{n \geq 0} nN_{n,\beta} q^n \tag{9.14}$$

を考える. H を X 上の豊富因子として, $d = H \cdot \beta$ とする. すると, 定理 9.19 における $N_{n,\beta}$ の性質を用いて次のように計算される:

$$\begin{aligned}
N_\beta(q) &= \sum_{j=0}^{d-1} \sum_{m \geq 0} (dm+j) N_{j,\beta} q^{dm+j} \\
&= \frac{1}{2} \sum_{j=0}^{d-1} \sum_{m \geq 0} \left\{(dm+j) N_{j,\beta} q^{dm+j} + (dm+d-j) N_{d-j,\beta} q^{dm+d-j}\right\} \\
&= \sum_{j=0}^{d-1} \frac{N_{j,\beta}}{2} \sum_{m \geq 0} \left\{(dm+j) q^{dm+j} + (dm+d-j) q^{dm+d-j}\right\} \\
&= \sum_{j=0}^{d-1} \frac{N_{j,\beta}}{2} \frac{(d-j)(q^{j+d} + q^{d-j}) + j(q^j + q^{2d-j})}{(1-q^d)^2}.
\end{aligned}$$

よって $N_\beta(q)$ は q についての有理関数の $q=0$ の近傍での Laurent 展開であり, $q \leftrightarrow 1/q$ で不変となる. (9.13) および (9.14) が q についての有理関数で $q \leftrightarrow 1/q$ で不変となることから, 等式 (9.12) を用いて予想 9.14 (i) の主張が従う. □

9.8 不変量 $N_{n,\beta}$ の意味

定理 9.19 における不変量 $N_{n,\beta}, L_{n,\beta}$ はそれぞれ幾何的な意味を持つ. これらについて簡単に解説する. まず, $N_{n,\beta}$ は次のように定義される:

$$N_{n,\beta} = \mathrm{DT}_H(\gamma), \quad \gamma = (0, 0, \beta, n). \tag{9.15}$$

ここで H は X 上の豊富因子である. 上の γ の取り方により, $N_{n,\beta}$ に寄与する層 F は H-半安定な 1 次元 (あるいは 0 次元) の層で, $[F] = \beta, \chi(F) = n$ を満たすものである. ここで, (9.6) や定理 9.7 によって DT 不変量を定義するには $M_H^s(\gamma) = M_H^{ss}(\gamma)$ であることが必要だったことに注意する. この条件は, たとえば n と β が互いに素ならば上手く H を取ることで満たされる. しかし, 定理 9.19 では (n, β) にそのような仮定はない. 実際, $M_H^s(\gamma) \neq M_H^{ss}(\gamma)$ となることがあり得る.

条件 $M_H^s(\gamma) = M_H^{ss}(\gamma)$ を外して DT 不変量を定義したのは, Joyce-Song [60] である. 彼らは $M_H^{ss}(\gamma)$ 上に, $[E] \in M_H^{ss}(\gamma)$ の自己同型群 $\mathrm{Aut}(E)$ を分母に反映する有理数値の構成可能関数を構成した [6]. この有理数値構成可能関数を定義するには, モチーフ的ホール代数の知識が必要となるため, 本書では解説しない. この構成可能関数で重みを付けた $M_H^{ss}(\gamma)$ のオイラー数を取ることで, 条件 $M_H^s(\gamma) = M_H^{ss}(\gamma)$ を外した DT 不変量 (9.6) が定義される. これは「**一般化 DT 不変量**」と呼ばれる. 通常の DT 不変量と異なり, 一般化 DT 不変量は必ずしも整数ではなく, 有理数である.

一般化 DT 不変量も, 通常の DT 不変量と同様に複素構造の変形で不変な量であることが [60] において示されている. また, (9.15) の右辺が H の取り方に依存しないことも [60] において示されている. $N_{n,\beta}$ が満たす性質

$$N_{n+\beta H,\beta} = N_{n,\beta} = N_{-n,\beta}$$

は次のように説明できる. 前者の等式は $F \mapsto F \otimes \mathcal{O}_X(H)$ によって H-半安定対象のモジュライ空間の間に同型が誘導されることに由来する. 後者の等式は,

---

[6] E が安定ならば $\mathrm{Aut}(E) = \mathbb{C}^*$ であるが, 単に半安定ならば $\mathrm{Aut}(E)$ はより複雑になり得る.

F が H-半安定な 1 次元層とすると, その双対

$$\mathbf{R}\mathcal{H}om(F, \mathcal{O}_X)[2] = \mathcal{E}xt^2(F, \mathcal{O}_X)$$

もまた H-半安定な 1 次元層であることに由来する. つまり $F \mapsto \mathcal{E}xt^2(F, \mathcal{O}_X)$ によって $N_{n,\beta}$ と $N_{-n,\beta}$ を定義するモジュライ空間の間に同型が誘導される.

例 9.22 X を 3 次元カラビ・ヤウ多様体, $f\colon X \to Y$ を $(-1,-1)$-曲線 $C \subset X$ を点に潰す 3 次元フロップ収縮とする (図式 (6.3) を参照). すると, $N_{n,m[C]}$ は次のように計算されている ([60, Example 6.2] を参照).

$$N_{n,m[C]} = \begin{cases} 1/m^2 & m|n, \\ 0 & それ以外. \end{cases}$$

9.9 不変量 $L_{n,\beta}$ の意味

不変量 $L_{n,\beta}$ は, ある種の連接層の対象の数え上げ不変量である. これについて説明するために, $\mathcal{A}_X$ を次のように置く:

$$\mathcal{A}_X := \langle \mathcal{O}_X, \mathrm{Coh}_{\leq 1}(X)[-1] \rangle_{\mathrm{ex}} \subset D^b \mathrm{Coh}(X). \tag{9.16}$$

ここで $\mathrm{Coh}_{\leq 1}(X)$ は台の次元が 0 か 1 からなる X 上の連接層の圏である. 上の $D^b \mathrm{Coh}(X)$ の部分圏はアーベル圏の構造を持つことが [117] において示されている. さらに, $I_n(X,\beta)$ や $P_n(X,\beta)$ は $\mathcal{A}_X$ の対象のモジュライ空間とみなせる. たとえば $P_n(X,\beta)$ は安定対 (F,s) から定まる 2 項複体 $I^\bullet = (\mathcal{O}_X \to F)$ のモジュライ空間であるが, 次の完全三角形

$$F[-1] \to I^\bullet \to \mathcal{O}_X \to F$$

により $I^\bullet \in \mathcal{A}_X$ となる. これは, $F[-1] \in \mathcal{A}_X$, $\mathcal{O}_X \in \mathcal{A}_X$ であり, $\mathcal{A}_X$ は拡大で閉じているためである. しかし, $\mathcal{A}_X$ にはさらに多くの対象が存在し, 上記の 2 項複体から定まらない対象も存在する. そのような対象のうち, μ-極限半安定対象と呼ぶ $\mathcal{A}_X$ の対象を次で定義する:

定義 9.23 階数が 1 の対象 $E \in \mathcal{A}_X$ は次の条件を満たすときに μ-極限半安定対象と呼ぶ:

- 任意の $\mathcal{A}_X$ における完全系列 $0 \to F \to E \to G \to 0$ で $F \in \mathrm{Coh}_{\leq 1}(X)[-1]$ となるものに対し, $\chi(F) \geq 0$ である.
- 任意の $\mathcal{A}_X$ における完全系列 $0 \to F \to E \to G \to 0$ で $G \in \mathrm{Coh}_{\leq 1}(X)[-1]$ となるものに対し, $\chi(G) \leq 0$ である.

$\beta \in H_2(X, \mathbb{Z})$ と $n \in \mathbb{Z}$ に対して, μ-極限半安定な $E \in \mathcal{A}_X$ で $\mathrm{ch}(E) = (1, 0, -\beta, -n)$ となるもののモジュライ空間

$$M_\mu(1, 0, -\beta, -n) \tag{9.17}$$

を考える. この空間上に, 不変量 (9.15) を定義した際に用いた有理数値構成可能関数と同様の構成可能関数が存在する. その構成可能関数で重みをつけた (9.17) のオイラー数が $L_{n,\beta}$ である. つまり, $L_{n,\beta}$ は μ-極限半安定対象 $E \in \mathcal{A}_X$ で $\mathrm{ch}(E) = (1, 0, -\beta, -n)$ となるものの数え上げ不変量である. とくに, 任意の $[E] \in M_\mu(1, 0, -\beta, -n)$ に対して定義 9.23 の記号で常に $\chi(F) < 0$, $\chi(G) > 0$ となる場合, 次が言える:

$$L_{n,\beta} = \int_{M_\mu(1, 0, -\beta, -n)} \nu \, d\chi.$$

ここで ν は $M_\mu(1, 0, -\beta, -n)$ 上の Behrend 関数である. 不変量 $L_{n,\beta}$ の構成の詳細については [121] も参照されたい.

$L_{n,\beta}$ が満たす性質

$$L_{n,\beta} = L_{-n,\beta} \quad (= 0, \ |n| \gg 0)$$

は, 次のように説明される. 定義 9.23 における 2 つの条件は, 互いに双対である. よって, 導来双対

$$E \mapsto \mathbf{R}\mathcal{H}om(E, \mathcal{O}_X) \tag{9.18}$$

によって, μ-極限半安定対象の集合は保たれる. よって, 導来双対 (9.18) は次の同型を誘導する:

$$M_\mu(1, 0, -\beta, -n) \xrightarrow{\cong} M_\mu(1, 0, -\beta, n).$$

性質 $L_{n,\beta} = L_{-n,\beta}$ は上の同型から従う. また,

$$\mathcal{M}_\mu(1, 0, -\beta, -n) = \varnothing, \quad |n| \gg 0$$

を示すことにより $L_{n,\beta} = 0$ が $|n| \gg 0$ で成立することが示される.これらの性質 $\mathrm{Hilb}_n(X, \beta)$ は $P_n(X, \beta)$ に関しては成立しない.μ-極限半安定対象のモジュライ空間を考えることで初めて見える性質である.

9.10 定理 9.19 の証明の哲学

定理 9.19 の証明の鍵になるアイデアは,$D^b \mathrm{Coh}(X)$ の安定性条件の空間 $\mathrm{Stab}(X)$ における壁越え現象である.この節では,$\mathrm{Stab}(X)$ における壁越え現象を解説し,定理 9.19 とどのように関わるか述べる.ここで,前章で述べたように X が射影的 3 次元カラビ・ヤウ多様体なら $\mathrm{Stab}(X) \neq \varnothing$ であるかどうかすら未解決だったことに注意しよう.それゆえ,この節の議論は現時点では飽くまでも哲学的なストーリーに過ぎないことに注意する.以下,X は 3 次元射影的カラビ・ヤウ多様体とする.

哲学 9.24 各 $\gamma \in H^*(X, \mathbb{Q})$ に対して,写像

$$\mathrm{DT}_*(\gamma) \colon \mathrm{Stab}(X) \to \mathbb{Q}$$

が存在し,各 $\sigma \in \mathrm{Stab}(X)$ に対して $\mathrm{DT}_\sigma(\gamma)$ は σ-半安定で $\mathrm{ch}(E) = \gamma$ を満たす対象 $E \in D^b \mathrm{Coh}(X)$ を数える DT 型の不変量である.

上の時点で,すでに $\mathrm{Stab}(X) \neq \varnothing$ を仮定していることに注意する.哲学 9.24 は次を意味している:各 $\sigma = (Z, \mathcal{A}) \in \mathrm{Stab}(X)$ に対し,$\mathrm{ch}(E) = \gamma$ を満たす Z-半安定な対象 $E \in \mathcal{A}$ のモジュライ空間 $M_\sigma(\gamma)$ を考える.もしすべての $[E] \in M_\sigma(\gamma)$ が Z-安定ならば,$\mathrm{DT}_\sigma(\gamma)$ は次で定義されるべきである:

$$\mathrm{DT}_\sigma(\gamma) = \int_{M_\sigma(\gamma)} \nu \, d\chi.$$

ここで,ν は $M_\sigma(\gamma)$ 上の Behrend 構成可能関数である.上の不変量が矛盾なく定義されるためには,$M_\sigma(\gamma)$ が有限型のスキーム(あるいは代数空間)であることが必要である.これは非自明な主張であるが,X の次元が 2 以下の場合 (したがって安定性条件が存在する場合) ではこのような主張が成立することが筆者により示されている ([112] を参照).もし Z-安定ではない $[E] \in M_\sigma(\gamma)$ が存

在するなら, $M_\sigma(\gamma)$ 上に第 9.8 節で述べた Joyce-Song [60] による有理数値構成可能関数を導入して, 一般化 DT 不変量と同様に $M_\sigma(\gamma)$ の重み付きオイラー数を $\mathrm{DT}_\sigma(\gamma)$ と定義する. つまり, これまで述べてきた DT 型不変量の構成を, 導来圏の半安定対象に対して拡張できると哲学 9.24 で期待している.

哲学 9.25 $\mathrm{Stab}(X)$ 上には局所有限な高々可算無限個の実余次元 1 の部分多様体の集合 (壁と呼ぶ)

$$\mathcal{W}_\lambda \subset \mathrm{Stab}(X), \quad \lambda \in \Lambda$$

が存在して, $\mathrm{DT}_*(\gamma)$ は各連結成分 (領域と呼ぶ)

$$\mathcal{C} \subset \mathrm{Stab}(X) \setminus \bigcup_{\lambda \in \Lambda} \mathcal{W}_\lambda$$

上では定数であるが壁を越えて別の領域に移ると $\mathrm{DT}_*(\gamma)$ の値はジャンプする (図 9.4 を参照).

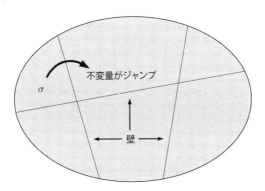

図 **9.4** $\mathrm{Stab}(X)$ の領域と壁の構造

ここで $\{\mathcal{W}_\lambda\}_{\lambda \in \Lambda}$ が局所有限であるとは, 任意の点 $\sigma \in \mathrm{Stab}(X)$ に対してコンパクトな近傍 $\sigma \in K$ が存在して, 次が成立することを意味する:

$$\sharp\{\lambda \in \Lambda : \mathcal{W}_\lambda \cap K \neq \emptyset\} < \infty.$$

哲学 9.25 について説明するため, 有限次元代数の安定性条件で同様の現象を観察する. A を次で定義される非可換代数とする:

$$A = \begin{pmatrix} \mathbb{C} & \mathbb{C} \\ 0 & \mathbb{C} \end{pmatrix}.$$

$\mathcal{A}$ を有限生成右 A-加群のなすアーベル圏とし, $\mathcal{D} = D^b(\mathcal{A})$ とする. $\mathcal{A}$ には, 次の 2 つの単純対象が存在する:

$$S_i = \mathbb{C} \cdot e_i, \quad i = 1, 2.$$

ここで, A の S_i への右作用は以下で与えられる:

$$e_i \cdot \begin{pmatrix} a_1 & a_3 \\ 0 & a_2 \end{pmatrix} = a_i e_i.$$

$K(\mathcal{A})$ は $[S_1]$ と $[S_2]$ を自由基底とするアーベル群である. そこで $\varGamma = K(\mathcal{A})$, cl = id とおいた安定性条件の空間 $\mathrm{Stab}_\varGamma(\mathcal{D})$ を考える. $\mathrm{Stab}_\varGamma(\mathcal{D})$ には, 対応する t-構造の核が $\mathcal{A} \subset \mathcal{D}$ で与えられる部分集合

$$U(\mathcal{A}) \subset \mathrm{Stab}_\varGamma(\mathcal{D})$$

が存在する. 第 8.4 節で述べたように, $U(\mathcal{A})$ は $\mathcal{A}$ 上の中心電荷の空間 $\mathbb{H}^2$ と同一視できる. ここで, $E = \mathbb{C}^2 \in \mathcal{A}$ を A の通常の $\mathbb{C}^2$ への右作用から定まる右 A-加群とする. このとき, $\mathcal{A}$ における非分裂完全系列

$$0 \to S_2 \to E \to S_1 \to 0$$

が存在する. すると $Z = (z_1, z_2) \in \mathbb{H}^2$ に対して

$$E \text{ は} \begin{cases} Z\text{-安定} & \arg z_2 < \arg z_1 \\ Z\text{-半安定} & \arg z_2 = \arg z_1 \\ Z\text{-半安定ではない} & \arg z_2 > \arg z_1 \end{cases}$$

となる. そこで $\gamma = \mathrm{cl}(E) = (1,1)$ として Z-半安定かつ $\mathrm{cl}(E) = \gamma$ となる $E \in \mathcal{A}$ のモジュライ空間を $M_Z(\gamma)$ とする. すると, 集合として次のようになる:

$$M_Z(\gamma) = \begin{cases} \{E\} & \arg z_2 < \arg z_1 \\ \{E\} \cup \{S_1 \oplus S_2\} & \arg z_2 = \arg z_1 \\ \varnothing & \arg z_2 > \arg z_1. \end{cases}$$

DT 不変量とは半安定対象のモジュライ空間のオイラー数のようなものだった

ので, 単純化して $\mathrm{DT}_Z(\gamma) = \chi(M_Z(\gamma))$ と定める. すると, 上の考察から次が言える:

$$\mathrm{DT}_Z(\gamma) = \begin{cases} 1 & \arg z_2 < \arg z_1 \\ 2 & \arg z_2 = \arg z_1 \\ 0 & \arg z_2 > \arg z_1. \end{cases}$$

そこで, $\mathcal{W}$ を次で定める:

$$\mathcal{W} = \{(z_1, z_2) \in \mathbb{H}^2 : \arg z_1 = \arg z_2\}.$$

$\mathcal{W}$ は $U(\mathcal{A})$ の実余次元 1 の部分多様体であり, これを壁として不変量 $\mathrm{DT}_Z(\gamma)$ は期待 9.25 と同様の振る舞いをすることがわかる. 上の例では壁は 1 つしか存在しないが, 一般には壁は無限に存在し得る. しかし, それらは高々加算個で局所有限であることが (もし $\mathrm{Stab}(X) \neq \varnothing$ で哲学 9.24 が成立するなら) 台条件を用いて示すことができる.

哲学 9.26 $\sigma \in \mathrm{Stab}(X)$ が壁を越えたときに, 不変量 $\mathrm{DT}_\sigma(\gamma)$ のジャンプの仕方を具体的に記述することが可能である.

哲学 9.26 で述べていることは曖昧なので, 単純化した状況でもう少し具体的に述べる. $\mathcal{C}_1, \mathcal{C}_2$ を $\mathrm{Stab}(X)$ における 2 つの領域として, これらが 1 つの壁 $\mathcal{W}$ で分離されているとする. $\sigma_i \in \mathcal{C}_i$, および $\tau \in \mathcal{W}$ を取る. 簡単のため, σ_i および τ は共通の t-構造の核 $\mathcal{A} \subset D^b \mathrm{Coh}(X)$ に対して次のように書けているとする:

$$\sigma_i = (Z_i, \mathcal{A}), \quad \tau = (W, \mathcal{A}).$$

さらに各 $[E] \in M_{\sigma_i}(\gamma)$ は σ_i-安定であるとする. すると, 注意 8.17 より E は τ について半安定である. しかし, τ-安定ではないかもしれない. そこで, $V_i \subset M_{\sigma_i}(\gamma)$ を次のように置く:

$$V_i = \{[E] \in M_{\sigma_i}(\gamma) : E \text{ は } \tau \text{ について安定ではない}\}.$$

すると各 $[E] \in V_i$ について, $\mathcal{A}$ における完全系列

$$0 \to E' \to E \to E'' \to 0 \tag{9.19}$$

が存在して $\arg W(E') = \arg W(E'')$ となる. さらに単純化して, 完全系列に現

れる E', E'' は $[E] \in V_i$, $i = 1, 2$ に依らない 2 つの W-安定な対象 $E_1, E_2 \in \mathcal{A}$ からなり, 次が成立するとする:

$$\arg Z_1(E_1) < \arg Z_1(E_2),$$
$$\arg Z_2(E_1) > \arg Z_2(E_2). \tag{9.20}$$

すると, $[E] \in V_1$ であることと, 次の非分裂完全系列が存在することが同値になる:

$$0 \to E_1 \to E \to E_2 \to 0.$$

同様に, $[E] \in V_2$ であることと, 非分裂完全系列

$$0 \to E_2 \to E \to E_1 \to 0$$

の存在が同値になる. したがって, 次が言える:

$$V_1 \cong \mathbb{P}(\mathrm{Ext}^1(E_2, E_1)), \quad V_2 \cong \mathbb{P}(\mathrm{Ext}^1(E_1, E_2)).$$

ここで, 哲学 9.24 において存在が期待される DT 不変量 $\mathrm{DT}_{\sigma_i}(\gamma)$ をオイラー数 $\chi(M_{\sigma_i}(\gamma))$ に置き換えて考える. すると,

$$M_{\sigma_1}(\gamma) \setminus V_1 = M_{\sigma_2}(\gamma) \setminus V_2$$

なので, 次が言える:

$$\chi(M_{\sigma_1}(\gamma)) - \chi(M_{\sigma_2}(\gamma)) = \dim \mathrm{Ext}^1(E_2, E_1) - \dim \mathrm{Ext}^1(E_1, E_2).$$

セール双対性定理より $\mathrm{Ext}^1(E_2, E_1) \cong \mathrm{Ext}^2(E_1, E_2)^\vee$ であり, 条件 (9.20) より $\mathrm{Hom}(E_1, E_2) = \mathrm{Hom}(E_2, E_1) = 0$ もわかる. よって

$$\chi(M_{\sigma_1}(\gamma)) - \chi(M_{\sigma_2}(\gamma)) = \chi(E_1, E_2) \tag{9.21}$$

となる. ここで $\chi(E_1, E_2)$ は次で定義される.

$$\chi(E_1, E_2) := \sum_{i \in \mathbb{Z}} (-1)^i \dim \mathrm{Ext}^i(E_1, E_2).$$

等式 (9.21) の右辺は, Riemann-Roch の定理を用いて $\mathrm{ch}(E_i)$ によって記述できる. このように, 一般に壁越えによって安定性を崩すような対象 (上の E_1, E_2 のような対象) 達の数値類を用いて不変量の差を測ることが可能であると考えられる. そのような場合, 不変量の差を測る公式を「**壁越え公式**」と呼ぶ.

注意 9.27 式 (9.21) は，最も簡単な壁越え公式である．一般には完全系列 (9.19) に出現する E', E'' は W-安定とは限らないし，$[E] \in V_i$ にも依存する．また，単なるモジュライ空間のオイラー数ではなく，Behrend 構成可能関数等で重みを付けたオイラー数についての壁越え公式を見つけなくてはいけない．DT 型不変量に関する一般の壁越え公式は Joyce-Song [60] や Kontsevich-Soibelman [74] により得られているが，式 (9.21) よりもはるかに複雑である．

哲学 9.28 $\beta \in H_2(X, \mathbb{Z})$, $n \in \mathbb{Z}$ に対して上手く安定性条件
$$\sigma_I,\ \sigma_P,\ \sigma_L \in \mathrm{Stab}(X)$$
を取ると，次が成立する:
$$\mathrm{DT}_{\sigma_I}(1, 0, -\beta, -n) = I_{n,\beta}$$
$$\mathrm{DT}_{\sigma_P}(1, 0, -\beta, -n) = P_{n,\beta}$$
$$\mathrm{DT}_{\sigma_L}(1, 0, -\beta, -n) = L_{n,\beta}.$$

仮に，哲学 9.28 が正しいとする．すると，$\sigma_I, \sigma_P, \sigma_L$ は哲学 9.25 における壁と領域の構造を通じて繋がっていることになる．よって $I_{n,\beta}, P_{n,\beta}, L_{n,\beta}$ の間

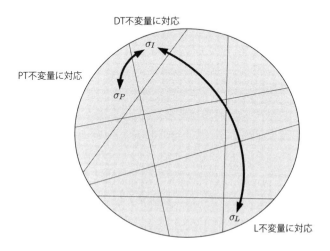

図 **9.5** DT/PT/L 不変量の壁越え

の関係を, 哲学 9.26 で述べた壁越え公式を用いて記述できるはずである (図 9.5 を参照).

哲学 9.28 が正しいとして, σ_I と σ_P の間の壁越え現象がどのように記述されるべきか考察する. まず, σ_I-安定な $E \in D^b \mathrm{Coh}(X)$ で $\mathrm{ch}(E) = (1, 0, -\beta, -n)$ となる対象は $[C] = \beta, \chi(\mathcal{O}_C) = n$ となる 1 次元 (あるいは 0 次元) 部分スキーム $C \subset X$ から定まるイデアル層 I_C である. これは, 2 項複体

$$(\mathcal{O}_X \twoheadrightarrow \mathcal{O}_C) \in D^b \mathrm{Coh}(X)$$

と擬同型である. 上の 2 項複体が定義 9.15 の意味での安定対から定まる 2 項複体 (9.9) であることと, $\mathcal{O}_C$ が純 1 次元であることが同値になる. 今 $\mathcal{O}_C$ が純 1 次元でないとして, $Q \subset \mathcal{O}_C$ をその最大の 0 次元部分層とする. このとき, 以下の $D^b \mathrm{Coh}(X)$ における完全三角形が存在する.

$$Q[-1] \to (\mathcal{O}_X \twoheadrightarrow \mathcal{O}_C) \to (\mathcal{O}_X \twoheadrightarrow \mathcal{O}_{C'}). \qquad (9.22)$$

ここで C' は $\mathcal{O}_{C'} = \mathcal{O}_C/Q$ で定義される X の 1 次元部分スキームである. 上の完全三角形は, 別の安定性条件 σ_P において I_C を非安定化させていると考えられる. そこで, 代わりに上の完全三角形の左右を入れ替えて得られる完全三角形を考える.

$$(\mathcal{O}_X \twoheadrightarrow \mathcal{O}_{C'}) \to E \to Q[-1]. \qquad (9.23)$$

上の完全三角形の中央の対象 E は 2 項複体 $(\mathcal{O}_X \to F)$ の形をしている. これが σ_P について安定になることと, 定義 9.15 の安定対から定まる 2 項複体 (9.9) と同型になることが同値であることが示される. したがって完全三角形 (9.22), (9.23) が σ_I から σ_P への壁越えを表している. 壁越えによって, $I_{n,\beta}$ と $P_{n,\beta}$ の差は 0 次元層 Q の寄与によって与えられることがわかる. これは, 第 9.8 節において解説した一般化 DT 不変量 $N_{0,\beta}$ によって記述される. 壁越え公式を計算することで, 定理 9.19 における等式 (9.11) が得られると期待できる. 等式 (9.12) も同様の壁越え公式で得られると期待するが, 今度は 1 次元の層も壁越え公式に寄与するため, その導出はより複雑になる.

9.11 弱安定性条件の空間

前節で述べた哲学は, 現状では $\mathrm{Stab}(X) \neq \varnothing$ が示されていないため, 机上の空論に過ぎない. しかし, 前節の議論を Bridgeland 安定性条件の改変版に対して適用したり, $D^b \mathrm{Coh}(X)$ の部分圏に制限して議論を行うなど, 人工的な単純化を行うことで議論が進む場合もある. 定理 9.19 はそのようにして得られた. 実際, 論文 [117] において弱安定性条件の概念が導入されたが, これは Bridgeland 安定性条件をある意味で「極限退化」させたものである. まず, 三角圏 $\mathcal{D}$ 上の弱安定性条件の定義を述べる. 第 8.4 節において安定性条件の空間を定義した際に, 有限生成アーベル群 Γ と群準同型 $\mathrm{cl}\colon K(\mathcal{D}) \to \mathbb{C}$ を固定したことを思い出そう. 弱安定性条件を定義するには, さらに Γ のフィルトレーション $\Gamma_\bullet$

$$0 = \Gamma_0 \subsetneq \Gamma_1 \subsetneq \cdots \subsetneq \Gamma_N = \Gamma$$

で Γ_i/Γ_{i-1} が自由アーベル群となるものを固定する必要がある. また, 群準同型 $K(\mathcal{D}) \to \mathbb{C}$ の代わりに群準同型の集まり

$$Z = \{Z_i\}_{i=1}^N \in \prod_{i=1}^N \mathrm{Hom}(\Gamma_i/\Gamma_{i-1}, \mathbb{C}) \tag{9.24}$$

を考える. 上の Z が与えられたとき, 各 $v \in \Gamma$ に対して $Z(v)$ を次のように定義する: $v \in \Gamma_k \setminus \Gamma_{k-1}$ となる唯一の k を取り, $Z(v)$ を $Z_k([v])$ と定義する. ここで $[v] \in \Gamma_k/\Gamma_{k-1}$ である. また, $E \in \mathcal{D}$ に対して $Z(\mathrm{cl}(E))$ を $Z(E)$ と書く.

定義 9.29 $\mathcal{A} \subset \mathcal{D}$ を有界な t-構造の核とし, Z を (9.24) のように取る. データ $(Z, \mathcal{A})$ は次を満たすときに $\mathcal{D}$ 上の**弱安定性条件**であると言う:

- 任意の $0 \neq E \in \mathcal{A}$ に対し, $Z(E) \in \mathbb{H}$ である. ただし $\mathbb{H}$ は (8.5) で定義される. $E \in \mathcal{A}$ が Z-(半) 安定であるとは, 任意の $\mathcal{A}$ における完全系列 $0 \to F \to E \to G \to 0$ に対して $\arg Z(F) < (\leq) \arg Z(G)$ が成立することとして定義する.
- 任意の $E \in \mathcal{A}$ に対して, フィルトレーション

$$0 = E_0 \subset E_1 \subset \cdots \subset E_m = E$$

が存在して, 各 $F_i = E_i/E_{i-1}$ は Z-半安定であり $\arg Z(F_1) > \cdots > \arg Z(F_m)$ となる.

注意 9.30 定義 9.29 における Z-(半) 安定性に用いる不等式 $\arg Z(F) < (\leq) \arg Z(G)$ は定義 8.1 における不等式 $\arg Z(F) < (\leq) \arg Z(E)$ とは異なっている．定義 8.1 における Z は群準同型なので $\arg Z(F) < (\leq) \arg Z(G)$ と $\arg Z(F) < (\leq) \arg Z(E)$ は同値であるが，Z が (9.24) で与えられるときには Z は群準同型ではないため，両者は異なる．

注意 9.31 補題 8.7 と同様に，弱安定性条件を与えることと群準同型の集まり (9.24) および部分圏の集まり $\mathcal{P}(\phi) \subset \mathcal{D}$, $\phi \in \mathbb{R}$ で補題 8.7 と同じ条件を満たすものを与えることは同値である ([117] を参照)．

各 $(\Gamma_k/\Gamma_{k-1})_\mathbb{R}$ にノルム $\|*\|_k$ を入れ，$v \in \Gamma$ に対して $\|v\|$ を $\|[v]\|_k$ と定める．ここで $[v] \in \Gamma_k/\Gamma_{k-1}$ は上述のように定めている．安定性条件の空間 $\mathrm{Stab}_\Gamma(\mathcal{D})$ の類似として，弱安定性条件の空間 $\mathrm{Stab}_{\Gamma_\bullet}(\mathcal{D})$ を次で定義する：

定義 9.32 $\mathrm{Stab}_{\Gamma_\bullet}(\mathcal{D})$ を定義 9.29 の弱安定性条件で，次が成立するもの全体の集合とする：

- 次の台条件が成立する：

$$\sup \left\{ \frac{\|\mathrm{cl}(E)\|}{|Z(E)|} : E \text{ は } Z\text{-半安定} \right\} < \infty. \tag{9.25}$$

$\mathrm{Stab}_\Gamma(\mathcal{D})$ と同様に，忘却写像

$$\mathrm{Stab}_{\Gamma_\bullet}(\mathcal{D}) \to \prod_{i=1}^N \mathrm{Hom}(\Gamma_i/\Gamma_{i-1}, \mathbb{C})$$

$$(Z, \mathcal{A}) \mapsto Z$$

は局所同相写像である ([117] を参照)．とくに $\mathrm{Stab}_{\Gamma_\bullet}(\mathcal{D})$ は複素多様体である．

注意 9.33 $N = 0$ のとき，すなわちフィルトレーション $\Gamma_\bullet$ が自明のときは，定義から $\mathrm{Stab}_{\Gamma_\bullet}(\mathcal{D}) = \mathrm{Stab}_\Gamma(\mathcal{D})$ である．

注意 9.34 $N \geq 1$ のときは，$\mathrm{Stab}_{\Gamma_\bullet}(\mathcal{D})$ は $\mathrm{Stab}_\Gamma(\mathcal{D})$ のある種の極限退化点の集合とみなせる．詳細については [117] を参照．

9.12 弱安定性条件の壁越え：DT/PT 対応

定理 9.19 の結果は，次の三角圏上の弱安定性条件の空間における壁越えによって得られたものである：
$$\mathcal{D}_X = \langle \mathcal{O}_X, \mathrm{Coh}_{\leq 1}(X) \rangle_{\mathrm{tr}} \subset D^b \mathrm{Coh}(X).$$
ここで，$\langle * \rangle_{\mathrm{tr}}$ は $*$ を含む最小の部分三角圏として定義される．有限生成アーベル群 Γ を
$$\Gamma = \mathbb{Z} \oplus H_2(X, \mathbb{Z}) \oplus \mathbb{Z}$$
と置き，群準同型 $\mathrm{cl} \colon K(\mathcal{D}_X) \to \Gamma$ を
$$\mathrm{cl}(E) = (\mathrm{ch}_3(E), \mathrm{ch}_2(E), \mathrm{ch}_0(E))$$
と置く．ここでポアンカレ双対性定理により $H_2(X, \mathbb{Q})$ と $H^4(X, \mathbb{Q})$ を同一視している．また，$\mathcal{D}_X$ の定義により $\mathrm{ch}_3(E) \in H^6(X, \mathbb{Q}) \cong \mathbb{Q}$ は整数値を取る．よって上の写像 cl が意味をなす．さらに，$\mathcal{A}_X \subset \mathcal{D}_X$ を (9.16) と同様に
$$\mathcal{A}_X = \langle \mathcal{O}_X, \mathrm{Coh}_{\leq 1}(X)[-1] \rangle_{\mathrm{ex}} \subset \mathcal{D}_X \tag{9.26}$$
と定める．これは $\mathcal{D}_X$ の t-構造の核であることが示される ([117] を参照)．

まず，等式 (9.11) に関わる壁越えについて説明する．この場合，Γ のフィルトレーション
$$\Gamma_1 \overset{i}{\hookrightarrow} \Gamma_2 \overset{j}{\hookrightarrow} \Gamma_3 = \Gamma \tag{9.27}$$
を次のように置く：$\Gamma_1 = \mathbb{Z}$, $\Gamma_2 = \mathbb{Z} \oplus H_2(X, \mathbb{Z})$, $\Gamma_3 = \Gamma$ であり，
$$i(s) = (s, 0), \quad j(s, l) = (s, l, 0).$$
部分商は次のようになる：
$$\Gamma_1 = \mathbb{Z}, \quad \Gamma_2/\Gamma_1 = H_2(X, \mathbb{Z}), \quad \Gamma_3/\Gamma_2 = \mathbb{Z}.$$
ここで，次のデータを取る：
$$(z_1, z_2) \in \mathbb{C}^2, \ \arg z_i \in (\pi/2, \pi).$$
さらに，X 上の豊富因子 ω も固定する．すると，データ $\xi = (z_1, z_2, \omega)$ に付随して，次の群準同型達が定まる：

$$Z_{1,\xi}\colon \Gamma_1 \ni s \mapsto -sz_1,$$

$$Z_{2,\xi}\colon \Gamma_2/\Gamma_1 \ni l \mapsto -i\omega \cdot l,$$

$$Z_{3,\xi}\colon \Gamma_3/\Gamma_2 \ni r \mapsto rz_2.$$

すると, t-構造の核 (9.26) と上の $Z_{i,\xi}$ 達から定まるデータ

$$\sigma_\xi = (\{Z_{i,\xi}\}_{i=1}^3, \mathcal{A}_X)$$

は $\mathrm{Stab}_{\Gamma_\bullet}(\mathcal{D}_X)$ の元を定めることが容易にわかる. $\beta \in H_2(X,\mathbb{Z})$ と $n \in \mathbb{Z}$, および $\sigma \in \mathrm{Stab}_{\Gamma_\bullet}(\mathcal{D}_X)$ に対して,

$$M_\sigma^{s(ss)}(\beta, n)$$

を σ-(半)安定な対象 $E \in \mathcal{D}_X$ で $\mathrm{cl}(E) = (-n, -\beta, 1)$ を満たすもののモジュライ空間とする. すると, 次がわかる:

$$\arg z_1 < \arg z_2 \Rightarrow M_{\sigma_\xi}^s(\beta, n) = M_{\sigma_\xi}^{ss}(\beta, n) = I_n(X, \beta)$$

$$\arg z_1 > \arg z_2 \Rightarrow M_{\sigma_\xi}^s(\beta, n) = M_{\sigma_\xi}^{ss}(\beta, n) = P_n(X, \beta)$$

ここで, 第 9.9 節で述べた方法で $I_n(X, \beta)$ および $P_n(X, \beta)$ を $\mathcal{A}_X$ の対象のモジュライ空間とみなしている. このようにして, DT/PT 対応は壁

$$\{(z_1, z_2) : \arg z_1 = \arg z_2\}$$

を超えることによって得られることがわかる (図 9.6 を参照). 第 9.10 節の哲学

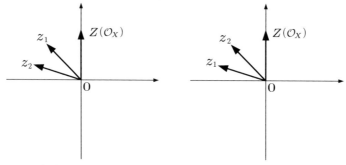

図 **9.6** DT/PT 対応の壁越え

的ストーリーを上述の壁越えに適用することで, 等式 (9.11) が得られる.

9.13 弱安定性条件の壁越え：MNOP 有理性

等式 (9.12) も等式 (9.11) と同様の議論で示すことができる. $\mathcal{D}_X, \mathcal{A}_X, \Gamma$ および cl を前節と同様に定める. ただし, フィルトレーション $\Gamma_\bullet$ は (9.27) とは異なる, 次のフィルトレーションを取る:
$$\Gamma_1 = \mathbb{Z} \oplus H_2(X,\mathbb{Z}) \oplus \{0\} \subset \Gamma_2 = \Gamma.$$
部分商は, 次のようになる:
$$\Gamma_1 = \mathbb{Z} \oplus H_2(X,\mathbb{Z}), \quad \Gamma_2/\Gamma_1 = \mathbb{Z}.$$
ω を X 上の豊富因子とし, $\theta \in [1/2, 1)$ を取る. データ $\xi = (\theta, \omega)$ に対し, $Z_{i,\xi}$ を次で定める:
$$Z_{1,\xi} : \Gamma_1 \ni (s, l) \mapsto s - (\omega \cdot l)\sqrt{-1},$$
$$Z_{2,\xi} : \Gamma_2/\Gamma_1 \ni r \mapsto r \exp(\sqrt{-1}\pi\theta).$$
すると, 次が容易にわかる:
$$\sigma_\xi = (Z_\xi, \mathcal{A}_X) \in \mathrm{Stab}_{\Gamma_\bullet}(\mathcal{D}_X).$$
前節と同様に, 各 $\beta \in H_2(X,\mathbb{Z}), n \in \mathbb{Z}$ および $\sigma \in \mathrm{Stab}_{\Gamma_\bullet}(\mathcal{D}_X)$ に対し,
$$M_\sigma^{s(ss)}(\beta, n)$$
を σ-(半)安定な対象 $E \in \mathcal{D}_X$ で $\mathrm{cl}(E) = (-n, -\beta, 1)$ を満たすもののモジュライ空間とする. すると, 次がわかる:
$$0 < 1 - \theta \ll 1 \Rightarrow M_{\sigma_\xi}^s(\beta, n) = M_{\sigma_\xi}^{ss}(\beta, n) = P_n(X, \beta).$$
さらに $\theta = 1/2$ ならば, 階数が 1 の対象 $E \in \mathcal{A}_X$ が Z_ξ-半安定であることと, 定義 9.23 における μ-極限半安定対象であることが明らかに同値になる. そこで θ を 1 に十分近いところから 1/2 まで変化させる (図 9.7 を参照). それに応じて σ_ξ-半安定対象のモジュライ空間, およびそれらの数え上げ不変量の壁越えが生じ, 結果として $P_{n,\beta}$ と $L_{n,\beta}$ の間の関係式が得られることになる. そのようにして得られた関係式が, 等式 (9.12) である. さらなる詳細については, [118] および [121] も参照されたい.

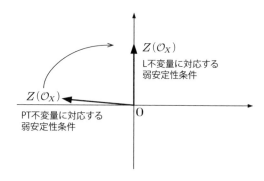

図 **9.7** PT/L 対応の図

9.14 DT 型不変量のフロップ公式

前節の弱安定性条件の空間における壁越えを応用して，DT 型不変量に関する様々な応用を公式を与えることができる．ここでは，3 次元フロップや一般 McKay 対応の下での DT 型不変量の振る舞いを記述する公式を紹介する．X, $X^\dagger$ を滑らかな 3 次元射影的カラビ・ヤウ多様体とし，フロップ

(9.28)

で結ばれているとする．このとき，定理 6.18 と定理 7.13 により，Y 上の非可換代数の層 $\mathcal{A}_Y$ と導来同値

$$D^b \operatorname{Coh}(X) \xrightarrow{\Phi} D^b \operatorname{Coh}(\mathcal{A}_Y) \to D^b \operatorname{Coh}(X^\dagger)$$

が存在する．各 $n \in \mathbb{Z}$ および $\beta \in H_2(X, \mathbb{Z})$ に対して，$\operatorname{Hilb}_n(\mathcal{A}_Y, \beta)$ を $\operatorname{Coh}(\mathcal{A}_Y)$ における全射

$$\Phi(\mathcal{O}_X) \twoheadrightarrow F$$

で次の数値的条件を満たすもののモジュライ空間とする：

$$[\Phi^{-1}(F)] = \beta, \quad \chi(\Phi^{-1}(F)) = n.$$

$\operatorname{Hilb}_n(\mathcal{A}_Y, \beta)$ 上の Behrend 構成可能関数を積分することで，**非可換 DT 不変量**を定義できる：

$$A_{n,\beta} = \int_{\mathrm{Hilb}_n(\mathcal{A}_Y,\beta)} \nu \, d\chi.$$

生成関数 $I(\mathcal{A}_Y)$, $I_0(\mathcal{A}_Y)$ を次のように定める:

$$I(\mathcal{A}_Y) = \sum_{n \in \mathbb{Z}, \beta \in H_2(X,\mathbb{Z})} A_{n,\beta} q^n t^\beta$$

$$I_0(\mathcal{A}_Y) = \sum_{n \in \mathbb{Z}, f_*\beta = 0} A_{n,\beta} q^n t^\beta.$$

また, $I(X/Y)$ を次で定義する:

$$I(X/Y) = \sum_{n \in \mathbb{Z}, f_*\beta = 0} I_{n,\beta} q^n t^\beta.$$

次の定理が成立する:

定理 9.35 (戸田 [124] (オイラー数版), Calabrese [26])　次の等式が成立する:

$$I_0(\mathcal{A}_Y) = I_0(X)^{-1} \cdot I(X/Y) \cdot \phi_* I(X^\dagger/Y)$$

$$\frac{I(X)}{I(X/Y)} = \frac{I(\mathcal{A}_Y)}{I_0(\mathcal{A}_Y)} = \phi_* \frac{I(X^\dagger)}{I(X^\dagger/Y)}.$$

ここで ϕ_* は $\phi_*(n,\beta) = (n, \phi_*\beta)$ で与えられる変数変換である.

注意 9.36　図式 (9.28) が局所的に図式 (6.3) で与えられる場合, 定理 9.35 の最初の等式は Szendrői [104] により予想され, 後に Young [131] および長尾-中島 [90] により証明された.

本章で, 弱安定性条件の空間を用いることで曲線を数える DT 型不変量に関する様々な公式が得られることを解説した. ここで述べた定理以外にも, 様々な公式が成立する. たとえば [111], [120], [119], [112], [122], [123] を参照されたい.

9.15　今後の DT 型不変量の研究の方向

第 9.10 節で述べた哲学を弱安定性条件の空間に適用することで, 曲線を数える DT 不変量に関する様々な結果を得ることに成功した. さらに, 2012 年に Pandharipande-Pixton [97] は射影空間の直積内の完全交差で与えられる 3 次

元カラビ・ヤウ多様体の場合に予想 9.14 (ii) が正しいことを証明したと発表した. とくに $\mathbb{P}^4$ 内の 5 次超曲面で MNOP 予想が成り立つ. 実際に彼らが証明したのは GW 不変量と PT 不変量との等価公式 (9.10) であり, 定理 9.18 と組み合わせることで予想 9.14 (ii) が示された. 完全に一般の場合の MNOP 予想は未だ未解決であるが, 曲線を数える DT 不変量の研究は 1 つの節目を迎えたといえよう.

一方, 階数が 1 ではない安定層を数える DT 不変量の研究も興味深い. たとえばチャーン標数が

$$\gamma = (0, D, \beta, n) \in H^0(X) \oplus H^2(X) \oplus H^4(X) \oplus H^6(X) \quad (9.29)$$

である安定層は台が 2 次元である捩れ層であり, このような層を数える DT 不変量 $\mathrm{DT}_H(\gamma)$ は超弦理論におけるブラックホール・エントロピーと関係している [32]. 超弦理論における大栗-Strominger-Vafa 予想 [93] (OSV 予想) によると, チャーン標数が (9.29) で与えられる DT 不変量の生成関数の $D \gg 0$ における漸近挙動と, 曲線を数える GW 不変量の生成関数とがある意味で近似されると考えられている. 論文 [123] において筆者は, 予想 8.40 を仮定した上で, $D \gg 0$ における DT 不変量 $\mathrm{DT}_H(\gamma)$ と曲線を数える不変量 $I_{n,\beta}$, $P_{n,\beta}$ の間にある種の関係式が存在することを証明した. この関係式は Denef-Moore [32] において, OSV 予想の (弦理論的) アプローチの中で予想されたものであった. しかし, Denef-Moore の予想と筆者達の予想 8.40 が関係するとは想定外であった. 予想 8.40 の重要さが再確認された.

チャーン標数が (9.29) で与えられる DT 不変量 $\mathrm{DT}_H(\gamma)$ の生成関数は, ある種の保型性を持つと予想される. 代数曲面上の類似の不変量の生成関数の保型性は Vafa-Witten [127] によって予想されており, S-双対性予想と呼ばれる. Vafa-Witten の S-双対性予想の数学的アプローチについては, [45], [46], [80], [130] を参照されたい. DT 不変量 $\mathrm{DT}_H(\gamma)$ の保型性は, S-双対性予想の 3 次元版である. Denef-Moore [32] によると, 3 次元版 S-双対性予想も OSV 予想にアプローチする際に必要になると考えられる. しかし, 数学的に 3 次元版 S-双対性予想を支持する数学的結果はまだ少ないのが現状である. たとえば, [41], [42], [107] を参照されたい.

また, 第 9.10 節で述べたストーリーを弱安定性条件ではなく本来の Bridgeland 安定性条件について実現するのは重要な課題である. もちろん, これを実現するには予想 8.40 を解決する必要がある. たとえば $X \subset \mathbb{P}^4$ を 5 次超曲面とし, 安定性条件の空間 $\mathrm{Stab}(X)$ を考える. 仮に予想 8.40 が X に対して成立し, さらに予想 8.34 も成立するとしよう. 弱安定性条件の空間は極大体積極限の形式的な近傍しか実現されないが, 予想 8.34 が正しいならゲプナー点に対応する Bridgeland 安定性条件

$$\sigma_G = (Z_G, \{\mathcal{P}_G(\phi)\}_{\phi \in \mathbb{R}})$$

の存在も保証されることになる. 第 8.11 節で述べたように, ゲプナー点は行列因子化に対応する安定性条件と考えられる. そこで, 哲学 9.24 が正しいなら DT 型不変量

$$\mathrm{DT}_{\sigma_G}(\gamma) \in \mathbb{Q} \tag{9.30}$$

が存在することになるが, これは行列因子化を数え上げる不変量と解釈できる. 第 8.11 節のストーリーを適用すれば, 5 次超曲面上の通常の安定層を数える DT 不変量と行列因子化を数える不変量の間の関係式が得られるはずである. 定理 9.35 は安定層を数える DT 不変量と非可換代数の表現を数える DT 型不変量の比較公式であったが, 同様の公式が行列因子化を数える DT 型不変量 (9.30) に対しても存在すると期待できる. ゲプナー点に対応する GW 型不変量はすでに構成されており, Fan-Jarvis-Ruan-Witten (FJRW) 理論 [35] と呼ばれる. 不変量 (9.30) が存在するなら, これを FJRW 不変量と比較するというのは興味深い問題である. しかし, 上述のように (9.30) を定義するだけでも難しく, 実現には多くの障害が存在する.

これまで述べた問題以外にも, 様々な興味深い未解決問題が存在する. 導来圏の安定性条件の理論やその DT 型不変量への応用の研究は始まったばかりであり, まだまだ発展途上の分野である. そして, 急速に進展している. 本書に刺激された若い世代がこの研究分野に参入することを望んでいる.

関連図書

[1] D. Arcara and A. Bertram. Bridgeland-stable moduli spaces for K-trivial surfaces. With an appendix by Max Lieblich. *J. Eur. Math. Soc.*, Vol. 15, pp. 1–38, 2013.

[2] S. Barannikov and M. Kontsevich. Frobenius manifolds and formality of lie algebras of polyvector fields. *Internat. Math. Res. Notices*, pp. 201–215, 1998.

[3] A. Bayer, A. Bertram, E. Macri, and Y. Toda. Bridgeland stability conditions on 3-folds II: An application to Fujita's conjecture. *J. Algebraic Geom. (to appear)*. arXiv:1106.3430.

[4] A. Bayer and E. Macri. The space of stability conditions on the local projective plane. *Duke Math. J.*, Vol. 160, pp. 263–322, 2011.

[5] A. Bayer, E. Macri, and Y. Toda. Bridgeland stability conditions on 3-folds I: Bogomolov-Gieseker type inequalities. *J. Algebraic Geom.*, Vol. 23, pp. 117–163, 2014.

[6] K. Behrend. Donaldson-Thomas invariants via microlocal geometry. *Ann. of Math.*, Vol. 170, pp. 1307–1338, 2009.

[7] K. Behrend and J. Bryan. Super-rigid Donaldson-Thomas invariants. *Math. Res. Lett.*, Vol. 14, pp. 559–571, 2007.

[8] K. Behrend and B. Fantechi. Symmetric obstruction theories and Hilbert schemes of points on threefolds. *Algebra Number Theory*, Vol. 2, pp. 313–345, 2008.

[9] A. Beilinson. Coherent sheaves on $\mathbb{P}^n$ and problems of linear algebra. *Funct. Anal. Appl.*, Vol. 12, pp. 214–216, 1978.

[10] R. Bezrukavnikov and D. Kaledin. McKay equivalence for symplectic resolutions of quotient singularities. *Proc. Steklov Inst. Math.*, Vol. 246, pp. 13–33, 2004.

[11] F. A. Bogomolov. Holomorphic tensors and vector bundles on projective manifolds. *Izv. Akad. Nauk SSSR Ser. Mat.*, Vol. 42, pp. 1227–1287, 1978.

[12] A. Bondal. Enhanced triangulated categories. *Math. USSR-Sb.*, Vol. 70, pp. 93–107, 1991.

[13] A. Bondal and M. Kapranov. Representable functors, Serre functors, and Mutations. *Math. USSR-Izv.*, Vol. 35, pp. 23–42, 1990.

[14] A. Bondal and D. Orlov. Semiorthogonal decomposition for algebraic varieties. *preprint.* arXiv:9506012.

[15] A. Bondal and D. Orlov. Reconstruction of a variety from the derived category and groups of autoequivalences. *Compositio Math.*, Vol. 125, pp. 327–344, 2001.

[16] T. Bridgeland. Flops and derived categories. *Invent. Math.*, Vol. 147, pp. 613–632, 2002.

[17] T. Bridgeland. Derived categories of coherent sheaves. *Proceedings of the 2006 ICM*, 2006. arXiv:0602129.

[18] T. Bridgeland. Stability conditions on a non-compact Calabi-Yau threefold. *Comm. Math. Phys.*, Vol. 266, pp. 715–733, 2006.

[19] T. Bridgeland. Stability conditions on triangulated categories. *Ann. of Math.*, Vol. 166, pp. 317–345, 2007.

[20] T. Bridgeland. Stability conditions on $K3$ surfaces. *Duke Math. J.*, Vol. 141, pp. 241–291, 2008.

[21] T. Bridgeland. Stability conditions and Kleinian singularities. *Int. Math. Res. Not.*, pp. 4142–4157, 2009.

[22] T. Bridgeland. Hall algebras and curve-counting invariants. *J. Amer. Math. Soc.*, Vol. 24, pp. 969–998, 2011.

[23] T. Bridgeland, A. King, and M. Reid. The McKay correspondence as an equivalence of derived categories. *J. Amer. Math. Soc.*, Vol. 14, pp. 535–554, 2001.

[24] T. Bridgeland and A. Maciocia. Complex surfaces with equivalent derived categories. *Math. Z*, Vol. 236, pp. 677–697, 2001.

[25] T. Bridgeland and A. Maciocia. Fourier-Mukai transforms for $K3$ and elliptic fibrations. *J. Algebraic Geom.*, Vol. 11, pp. 629–657, 2002.

[26] J. Calabrese. Donaldson-Thomas invariants on Flops. *preprint.* arXiv:1111.1670.

[27] Damien Calaque, Carlo A. Rossi, and M. Van den Bergh. Căldăraru's conjecture and Tsygan's formality. *Ann. of Math.*, Vol. 176, pp. 865–923, 2012.

[28] A. Căldăraru. The Mukai pairing, II: The Hochschild-Kostant-Rosenberg isomorphism. *Advances in Math.*, Vol. 194, pp. 34–66 2005.

[29] P. Candelas, X. de la Ossa, P. Green, and L. Parkes. A pair of Calabi-Yau manifolds as an exactly soluble superconformal field theory. *Nuclear Physics*, Vol. B359, pp. 21–74, 1991.

[30] D. A. Cox and S. Katz. *Mirror Symmetry and Algebraic Geometry*, Vol. 68 of *Mathematical Surveys and Monographs*. American Mathematical Society, 1999.

[31] M. Van den Bergh. Three dimensional flops and noncommutative rings. *Duke Math. J.*, Vol. 122, pp. 423–455, 2004.

[32] F. Denef and G. Moore. Split states, Entropy Enigmas, Holes and Halos. arXiv:hep-th/0702146.

[33] M. Douglas. Dirichlet branes, homological mirror symmetry, and stability. *Proceedings of the 1998 ICM*, pp. 395–408, 2002.

[34] L. Ein and R. Lazarsfeld. Global generation of pluri canonical and adjoint linear series on smooth projective threefolds. *J. Amer. Math. Soc.*, Vol. 6, pp. 875–903, 1993.

[35] H. Fan, T. J. Jarvis, and Y. Ruan. The Witten equation and its virtual fundamental cycle. *preprint*. arXiv:0712.4025.

[36] T. Fujita. On polarized manifolds whose adjoint bundles are not semi-positive. *Adv. Stud. Pure Math.*, Vol. 10, pp. 167–178, 1987. Algebraic Geometry, Sendai, 1985.

[37] K. Fukaya, Y-G. Oh, H. Ohta, and K. Ono. *Lagrangian Intersection Floer Theory*. Studies in Advanced Mathematics. American Mathematical Society.

[38] W. Fulton. *Intersection theory. Second edition*, Vol. 2 of *Ergebnisse der Mathematik und ihrer Grenzgebiete. 3. Folge*. Springer-Verlag.

[39] W. Fulton. *Introduction to toric varieties*, Vol. 131 of *Annals of Mathematics Studies*. Princeton University Press, 1993.

[40] S. Gelfand and Y. Manin. *Methods of Homological Algebra (2nd edition)*. Springer Monographs in Mathematics. Springer-Verlag, 2003.

[41] A. Gholampour and A. Sheshmani. Donaldson-Thomas Invariants of 2-Dimensional sheaves inside threefolds and modular forms. *preprint*. arXiv:1309.0050.

[42] A. Gholampour and A. Sheshmani. Generalized Donaldson-Thomas Invariants of 2-Dimensional sheaves on local $\mathbb{P}^2$. *preprint*. arXiv:1309.0056.

[43] D. Gieseker. On a theorem of Bogomolov on Chern Classes of Stable Bundles. *Amer. J. Math.*, Vol. 101, pp. 77–85, 1979.

[44] A. Givental. A mirror theorem for toric complete intersections. *Topological field theory, primitive forms and related topics (Kyoto, 1996)*, pp. 141–175.

[45] L. Göttsche. Theta functions and Hodge numbers of moduli spaces of sheaves on rational surfaces. *Comm. Math. Phys.*, Vol. 206, pp. 105–136, 1999.

[46] L. Göttsche. Invariants of Moduli Spaces and Modular Forms. *Rend. Istit. Mat. Univ. Trieste*, Vol. 41, pp. 55–76, 2009.

[47] P. Griffiths and J. Harris. *Principles of Algebraic Geometry*. New York. Wiley, 1978.

[48] D. Happel, I. Reiten, and S. O. Smalø. *Tilting in abelian categories and quasitilted algebras*, Vol. 120 of *Mem. Amer. Math. Soc.* 1996.

[49] R. Hartshorne. *Residues and Duality : Lecture Notes of a Seminar on the Work of A. Grothendieck, Given at Harvard 1963/1964*.

[50] R. Hartshorne. *Algebraic Geometry*, Vol. 52 of *Graduate Texts in Mathematics*. Springer-Verlag, 1977.

[51] L. Hille and M. Van den Bergh. Fourier-Mukai transforms. In *Handbook of tilting theory*, Vol. 332 of *London Math. Soc. Lecture Note Ser.*, pp. 147–177, 2007.

[52] H. Hironaka. Resolution of singularities of an algebraic variety over a field of characteristic zero. *Ann. of Math.*, Vol. 79, pp. 109–326, 1964.

[53] D. Huybrechts and M. Lehn. *Geometry of moduli spaces of sheaves*, Vol. E31 of *Aspects in Mathematics*. Vieweg, 1997.

[54] A. Ishii, K. Ueda, and H. Uehara. Stability Conditions on A_n-Singularities. *J. Differential. Geom.*, pp. 87–126, 2010.

[55] D. Joyce. Configurations in abelian categories I. Basic properties and moduli stack. *Advances in Math.*, Vol. 203, pp. 194–255, 2006.

[56] D. Joyce. Configurations in abelian categories II. Ringel-Hall algebras. *Advances in Math.*, Vol. 210, pp. 635–706, 2007.

[57] D. Joyce. Configurations in abelian categories III. Stability conditions and identities. *Advances in Math.*, Vol. 215, pp. 153–219, 2007.

[58] D. Joyce. Holomorphic generating functions for invariants counting coherent sheaves on Calabi-Yau 3-folds. *Geometry and Topology*, Vol. 11, pp. 667–725, 2007.

[59] D. Joyce. Configurations in abelian categories IV. Invariants and changing stability conditions. *Advances in Math.*, Vol. 217, pp. 125–204, 2008.

[60] D. Joyce and Y. Song. A theory of generalized Donaldson-Thomas invariants. *Mem. Amer. Math. Soc.*, Vol. 217, , 2012.

[61] H. Kajiura, K. Saito, and A. Takahashi. Triangualted categories of matrix factorizations for regular systems of weights $\varepsilon = -1$. *Advances in Math.*, Vol. 220, pp. 1602–1654, 2009.

[62] D. Kaledin. Derived equivalences by quantization. *To appear in GAFA*. arXiv:0504584.

[63] M. Kapranov and E. Vasserot. Kleinian singularities, derived categories and hall algebras. *Math. Ann.*, Vol. 316, pp. 565–576, 2000.

[64] A. N. Kapustin and D. O. Orlov. Lectures on mirror symmetry, derived categories, and D-branes. *Russian Mathematical Surveys*, Vol. 59, No. 5, pp. 907–940, 2004.

[65] Y. Kawamata. On Fujita's freeness conjecture for 3-folds and 4-folds. *Math. Ann.*, Vol. 308, pp. 491–505, 1997.

[66] Y. Kawamata. D-equivalence and K-equivalence. *J. Differential Geom.*, Vol. 61, pp. 147–171, 2002.

[67] Y. Kawamata. Log crepant birational maps and derived categories. *J. Math. Sci. Univ. Tokyo*, Vol. 12, pp. 1–53, 2005.

[68] Y. Kawamata. Derived categories of toric varieties. *Michigan Math. J.*, Vol. 54, pp. 517–535, 2006.

[69] Y. Kawamata. Derived categories and birational geometry. *Proc. Sympos. Pure Math.*, Vol. 80, pp. 655–665, 2009.

[70] J. Kollár. Flops. *Nagoya Math. J.*, Vol. 113, pp. 15–36, 1989.

[71] J. Kollár. *Rational curves on algebraic varieties*, Vol. 32 of *Ergebnisse Math. Grenzgeb.*(3). Springer-Verlag, 1996.

[72] J. Kollár and S. Mori. *Birational geometry of algebraic varieties*, Vol. 134 of *Cambridge Tracts in Mathematics*. Cambridge University Press, 1998.

[73] M. Kontsevich. *Homological algebra of mirror symmetry*, Vol. 1 of *Proceedings of ICM*. Birkhäuser, Basel, 1995.

[74] M. Kontsevich and Y. Soibelman. Stability structures, motivic Donaldson-Thomas invariants and cluster transformations. *preprint.* arXiv:0811.2435.

[75] A. Kuznetsov. Derived categories of cubic fourfolds. *in: Cohomological and geometric approaches to rationality problems, Progr. Math.*, Vol. 282, pp. 219–243, 2010.

[76] J. Lesieutre. Derived-equivalent rational threefolds. *preprint.* arXiv:1311.0056.

[77] G. Laumon and L. Moret-Bailly. *Champs algébriques*, Vol. 39 of *Ergebnisse der Mathematik und ihrer Grenzgebiete*. Springer Verlag, Berlin, 2000.

[78] M. Levine and R. Pandharipande. Algebraic cobordism revisited. *Invent. Math.*, Vol. 176, pp. 63–130, 2009.

[79] J. Li. Zero dimensional Donaldson-Thomas invariants of threefolds. *Geom. Topol.*, Vol. 10, pp. 2117–2171, 2006.

[80] W. P. Li and Z. Qin. On blowup formulae for the S-duality conjecture of Vafa and Witten. *Invent. Math.*, Vol. 136, pp. 451–482, 1999.

[81] A. Maciocia and D. Piyaratne. Fourier-Mukai Transforms and Bridgeland Stability Conditions on Abelian Threefolds. *preprint.* arXiv:1304.3887.

[82] A. Maciocia and D. Piyaratne. Fourier-Mukai Transforms and Bridgeland Stability Conditions on Abelian Threefolds II. *preprint.* arXiv:1310.0299.

[83] E. Macri. A generalized Bogomolov-Gieseker inequality for the three-dimensional projective space. *preprint.* arXiv:1207.4980.

[84] E. Macri. Stability conditions on curves. *Math. Res. Lett.*, pp. 657–672, 2007.

[85] D. Maulik, N. Nekrasov, A. Okounkov, and R. Pandharipande. Gromov-Witten theory and Donaldson-Thomas theory. I. *Compositio. Math.*, Vol. 142, pp. 1263–1285, 2006.

[86] S. Mori. Projective manifolds with ample tangent bundles. *Ann. of Math.*, Vol. 110, pp. 593–606, 1979.

[87] S. Mori. Threefolds whose canonical bundles are not numerically effective. *Ann. of Math.*, Vol. 116, pp. 133–176, 1982.

[88] S. Mori. Flip theorem and the existence of minimal models for 3-folds. *J. of AMS*, Vol. 1, pp. 117–253, 1988.

[89] S. Mukai. Duality between $D(X)$ and $D(\hat{X})$ with its application to picard sheaves. *Nagoya Math. J.*, Vol. 81, pp. 101–116, 1981.

[90] K. Nagao and H. Nakajima. Counting invariant of perverse coherent sheaves and its wall-crossing. *Int. Math. Res. Not.*, pp. 3855–3938, 2011.

[91] H. Nakajima. *Lectures on Hilbert schemes of points on surfaces*, Vol. 18. University Lecture Series, American Mathematical Society, 1999.

[92] Y. Namikawa. Mukai flops and derived categories. *J. Reine. Angew. Math.*, pp. 65–76, 2003.

[93] H. Ooguri, A. Strominger, and C. Vafa. Black hole attractors and the topological string. *Phys. Rev. D*, Vol. 70, , 2004. arXiv:hep-th/0405146.

[94] D. Orlov. On Equivalences of derived categories and $K3$ surfaces. *J. Math. Sci. (New York)*, Vol. 84, pp. 1361–1381, 1997.

[95] D. Orlov. Derived categories of coherent sheaves on abelian varieties and equivalences between them. *Izv. Ross. Akad. Nauk. Ser. Mat.*, Vol. 66, pp. 131–158, 2002.

[96] D. Orlov. Derived categories of coherent sheaves and triangulated categories of singularities. *Algebra, arithmetic, and geometry: in honor of Yu. I. Manin, Progr. Math.*, Vol. 270, pp. 503–531, 2009.

[97] R. Pandharipande and A. Pixton. Gromov-Witten/Pairs correspondence for the quintic 3-fold. *preprint*. arXiv:1206.5490.

[98] R. Pandharipande and R. P. Thomas. Curve counting via stable pairs in the derived category. *Invent. Math.*, Vol. 178, pp. 407–447, 2009.

[99] I. Reider. Vector bundles of rank 2 and linear systems on algebraic surfaces. *Ann. of Math.*, Vol. 127, pp. 309–316, 1988.

[100] B. Schmidt. A generalized Bogomolov-Gieseker inequality for the smooth quadric threefold. *preprint*. arXiv:1309.4265.

[101] P. Seidel. Homological mirror symmetry for the quartic surface. *Mem. Amer. Math. Soc.* (*to appear*). arXiv:0310414.

[102] P. Seidel and R. P. Thomas. Braid group actions on derived categories of coherent sheaves. *Duke Math. J.*, Vol. 108, pp. 37–107, 2001.

[103] N. Sheridan. Homological Mirror Symmetry for Calabi-Yau hypersurfaces in projective space. *preprint*. arXiv:1111.0632.

[104] B. Szendrői. Non-commutative Donaldson-Thomas theory and the conifold. *Geom. Topol.*, Vol. 12, pp. 1171–1202, 2008.

[105] R. P. Thomas. A holomorphic Casson invariant for Calabi-Yau 3-folds and bundles on $K3$-fibrations. *J. Differential Geom.*, Vol. 54, pp. 367–438, 2000.

[106] R. P. Thomas. Stability conditions and the braid groups. *Comm. Anal. Geom.*, Vol. 14, pp. 135–161, 2006.

[107] Y. Toda. Flops and S-duality conjecture. *preprint*. arXiv:1311.7476.

[108] Y. Toda. Gepner point and strong Bogomolov-Gieseker inequality for quintic 3-folds. *to appear in Professor Kawamata's 60th volume*. arXiv:1305.0345.

[109] Y. Toda. Stability conditions and birational geometry of projective surfaces. *Compos. Math.* (*to appear*). arXiv:1205.3602.

[110] Y. Toda. Fourier-Mukai transforms and canonical divisors. *Compositio Math.*, Vol. 142, pp. 962–982, 2006.

[111] Y. Toda. Birational Calabi-Yau 3-folds and BPS state counting. *Communications in Number Theory and Physics*, Vol. 2, pp. 63–112, 2008.

[112] Y. Toda. Moduli stacks and invariants of semistable objects on K3 surfaces. *Advances in Math.*, Vol. 217, pp. 2736–2781, 2008.

[113] Y. Toda. Stability conditions and crepant small resolutions. *Trans. Amer. Math. Soc.*, Vol. 360, pp. 6149–6178, 2008.

[114] Y. Toda. Deformations and Fourier-Mukai transforms. *J. Differential Geom.*, Vol. 81, pp. 197–224, 2009.

[115] Y. Toda. Limit stable objects on Calabi-Yau 3-folds. *Duke Math. J.*, Vol. 149, pp. 157–208, 2009.

[116] Y. Toda. Stability conditions and Calabi-Yau fibrations. *J. Algebraic Geom.*, Vol. 18, pp. 101–133, 2009.

[117] Y. Toda. Curve counting theories via stable objects I: DT/PT correspondence. *J. Amer. Math. Soc.*, Vol. 23, pp. 1119–1157, 2010.

[118] Y. Toda. Generating functions of stable pair invariants via wall-crossings in derived categories. *Adv. Stud. Pure Math.*, Vol. 59, pp. 389–434, 2010. New developments in algebraic geometry, integrable systems and mirror symmetry (RIMS, Kyoto, 2008).

[119] Y. Toda. On a computation of rank two Donaldson-Thomas invariants. *Communications in Number Theory and Physics*, Vol. 4, pp. 49–102, 2010.

[120] Y. Toda. Curve counting invariants around the conifold point. *J. Differential Geom.*, Vol. 89, pp. 133–184, 2011.

[121] Y. Toda. Stability conditions and curve counting invariants on Calabi-Yau 3-folds. *Kyoto Journal of Mathematics*, Vol. 52, pp. 1–50, 2012.

[122] Y. Toda. Stable pairs on local K3 surfaces. *J. Differential Geom.*, Vol. 92, pp. 285–370, 2012.

[123] Y. Toda. Bogomolov-Gieseker type inequality and counting invariants. *Journal of Topology*, Vol. 6, pp. 217–250, 2013.

[124] Y. Toda. Curve counting theories via stable objects II. DT/ncDT flop formula. *J. Reine Angew. Math.*, Vol. 675, pp. 1–51, 2013.

[125] Y. Toda. Stability conditions and extremal contractions. *Math. Ann.*, Vol. 357, pp. 631–685, 2013.

[126] Y. Toda and H. Uehara. Tilting generators via ample line bundles. *Advances in Mathematics*, Vol. 223, pp. 1–29, 2010.

[127] C. Vafa and E. Witten. A Strong Coupling Test of S-Duality. *Nucl. Phys. B*, Vol. 431, , 1994.

[128] R. O. Wells. *Differential analysis on complex manifolds*, Vol. 65 of *Graduate Texts in Mathematics*. Springer-Verlag, 1980.

[129] E. Witten. Mirror manifolds and topological field theory. *in "Essays on Mirror Manifolds"*, pp. 120–158, 1992.

[130] K. Yoshioka. Chamber structure of polarizations and the moduli space of rational elliptic surfaces. *Int. J. Math.*, Vol. 7, pp. 411–431, 1996.

[131] B. Young. Computing a pyramid partition generating function with dimer shuffling. *J. Combin. Theory Ser.*, pp. 334–350, 2009.

[132] 河田敬義. ホモロジー代数. 岩波基礎数学選書. 岩波書店, 1990.

[133] 川又雄二郎. 代数多様体論, 共立講座　21 世紀の数学, 第 19 巻. 共立出版, 1997.

[134] 桂利行. 代数幾何入門, 共立講座　21 世紀の数学, 第 17 巻. 共立出版, 1998.

索 引

記 号

(-1)-曲線　22
$(-1,-1)$-曲線　122
(半) 安定　59
(有効)Weil 因子　125
K3 曲面　25

あ 行

アーベル圏　32
アーベル多様体　74
アフィンスキーム　37
アフィン代数多様体　11
安定曲線　58
安定写像　107
安定性条件　190
安定対　238
一般化 DT 不変量　243
因子収縮　127
MNOP 予想　236

か 行

核対象　77
拡大閉包　135
仮想サイクル　110
壁越え公式　250
カラビ・ヤウ多様体　91
Cartier 因子　46
関手　33
完全三角形　67
完全複体　152
完全例外コレクション　146
期待次元　109
擬同型　66
Q-因子　126
Q-Gorenstein　125
Q-分解的　125
球面対象　82
球面捻り　83
極小モデル　123
極小モデルプログラム　23
局所環付き空間　36
局所自由層　44
極大体積極限　104
茎　35
クレパント特異点解消　129
Gromov-Witten 不変量　110
傾斜　135
傾斜関数　60
傾斜ベクトル束　167
K-同値　130
ゲプナー点　105
圏　32
弦理論的ケーラーモジュライ空間　104
高次順像　73
構造層　43
交点数　52
小平次元　23
コニフォールド点　104
Gorenstein　125

さ 行

三角圏　67
Gieseker-安定性　60
G-Hilbert スキーム　164
次数付き行列因子化　175
シフト関手　67
射　32
射影平面　25
弱安定性条件　253
写像錐　67
充満忠実　33
純粋　59
準直交分解　145
準連接層　42
商スタック　58
シンプレクティック多様体　102
スキーム　37
正規交差因子　28
セール関手　84
接束　47
切断　35
前層　34
層　34
双対アーベル多様体　74
双有理射　20
双有理写像　20
双有理同値　21
双有理不変量　23

た 行

台　59
大域切断　35
対象　32
代数曲面　21
代数多様体　14

代数的ベクトル束　45
楕円曲線　19
端射線収縮　127
端射的有理曲線　120
単純対象　61
チャーン標数　52
チャーン類　51
中心電荷　192
直線束　45
t-構造　132
t-構造の核　132
定義イデアル層　43
導来押し出し　72
導来圏　65
導来テンソル積　72
導来引き戻し　71
特異点解消　28
特異点の三角圏　179
Donaldson-Thomas 不変量　230
Deligne-Mumford スタック　58

な 行

捩れ層　59
捩れ対　134

は 行

Harder-Narasimhan フィルトレーション　185
反対圏　33
Pandharipande-Thomas 不変量　240
反変関手　33
非可換 DT 不変量　258
被約 Hilbert 多項式　59
標準因子　47

標準直線束　47
標準的 t-構造　132
Hilbert スキーム　56
フーリエ・向井パートナー　75
フーリエ・向井変換　76
深谷圏　114
複素シンプレクティック多様体　149
不正則数　23
フリップ　128
フリップ収縮　127
ブローアップ　44
フロップ　128
フロップ収縮　128
フロベニウス代数　100
フロベニウス多様体　103
閉点　39
Behrend 関数　232
偏屈 Hilbert スキーム　140
偏屈連接層　135
法束　45
飽和　154
ホッジ数　51

ホッホシルト・コホモロジー　86
ホッホシルト・ホモロジー　88

ま 行

末端特異点　121, 126
右 (左) 許容可能部分圏　142
右 (左) 随伴関手　33
ミラー対称　97
モジュライ空間　55
森田同値　166

や 行

ヤコビアン　56
有理曲線　19
歪み環　165
余接束　47

ら 行

量子コホモロジー　113
例外集合　20
例外対象　145
連接層　39

戸田幸伸
とだ・ゆきのぶ

略歴
1979年　秋田県生まれ
2002年　東京大学理学部数学科卒業
2006年　東京大学大学院数理科学研究科博士課程修了
　　　　博士（数理科学）
現　在　東京大学国際高等研究所カブリ数物連携宇宙研究機構准教授

受賞歴　日本数学会幾何学賞（2012）
　　　　日本数学会春季賞（2014）
　　　　日本学術振興会賞（2015）

問題・予想・原理の数学 1
連接層の導来圏に関わる諸問題

2016年 1 月 25 日　第 1 版第 1 刷発行

著者　　　戸田幸伸
発行者　　横山 伸
発行　　　有限会社　数学書房
　　　　　〒101-0051　東京都千代田区神田神保町 1-32-2
　　　　　TEL　03-5281-1777
　　　　　FAX　03-5281-1778
　　　　　mathmath@sugakushobo.co.jp
　　　　　振替口座　00100-0-372475
印刷・製本　モリモト印刷
組版　　　アベリー
装幀　　　岩崎寿文
企画・編集　川端政晴

ⓒYukinobu Toda 2016　Printed in Japan
ISBN 978-4-903342-41-2

問題・予想・原理の数学

加藤文元・野海正俊 編集

1. 連接層の導来圏に関わる諸問題　戸田幸伸 著

2. 周期と実数の0-認識問題 — Kontsevich-Zagierの予想　吉永正彦 著

3. Schubert多項式とその仲間たち　前野俊昭 著

〈以下続巻〉

多重ゼータ値にまつわる諸問題　大野泰生 著

Painlevé方程式　坂井秀隆 著

p進微分方程式・Rigidコホモロジー　志甫淳 著

アクセサリー・パラメーター　竹村剛一 著

非線形波動方程式　中西賢次 著

初等関数と超越関数　西岡斉治 著

Navier-Stokes方程式　前川泰則・澤田宙広 著

Deligne-Simpson問題とその周辺　山川大亮 著

幾何的ボゴモロフ予想　山木壱彦 著